新时代
技术
新未来

Potential Key Technologies for 6G Air Interface

6G无线网络空口关键技术

袁弋非　黄宇红　丁海煜　崔春风　王启星　著

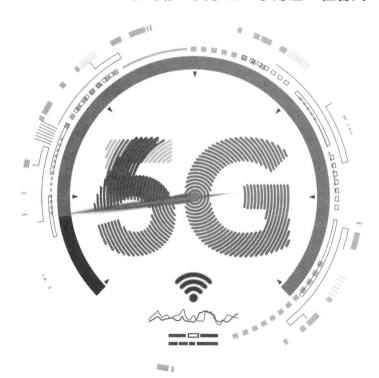

清華大學出版社

北 京

内 容 简 介

本书从未来移动通信的应用场景出发，分析 6G 性能指标要求和频谱资源，结合无线接入网的网络拓扑，对无线物理层的基本功能进行全面描述，包括移动性管理、无线传输、无线定位等。以第四代和第五代空口技术作为铺垫，自然过渡到 6G。本书按照编码多址波形类、多天线空域类和高频段部署类三大技术领域，较为深入地介绍了 6G 无线网络潜在的关键技术。本书内容安排点面结合，文字叙述配合数学公式，强调网络拓扑、部署频段和信道传播特性对空口设计的影响。

本书面向的读者包括无线通信工程技术人员及科研院校的师生。

图书在版编目 (CIP) 数据

6G 无线网络空口关键技术 / 袁弋非等著 . —北京：清华大学出版社，2023.10
（新时代·技术新未来）
ISBN 978-7-302-64462-0

Ⅰ . ① 6… Ⅱ . ① 袁… Ⅲ . ① 无线电通信－移动网 Ⅳ . ① TN929.5

中国国家版本馆 CIP 数据核字 (2023) 第 153789 号

责任编辑：刘　洋
封面设计：徐　超
版式设计：方加青
责任校对：王凤芝
责任印制：丛怀宇

出版发行：清华大学出版社
　　　　网　　　址：https://www.tup.com.cn，https://www.wqxuetang.com
　　　　地　　　址：北京清华大学学研大厦 A 座　　　　　　邮　　编：100084
　　　　社 总 机：010-83470000　　　　　　　　　　　　邮　　购：010-62786544
　　　　投稿与读者服务：010-62776969，c-service@tup.tsinghua.edu.cn
　　　　质 量 反 馈：010-62772015，zhiliang@tup.tsinghua.edu.cn
印 装 者：三河市东方印刷有限公司
经　　销：全国新华书店
开　　本：187mm×235mm　　　印　　张：16.25　　　字　　数：373 千字
版　　次：2023 年 12 月第 1 版　　印　　次：2023 年 12 月第 1 次印刷
定　　价：108.00 元

产品编号：098902-01

序　言

5G 已经商用四年，随着 5G 的规模部署与深化应用，我们正迈向 5G-A 的研发与产业化新阶段，5G-A 既针对消费与产业应用体验的改进又为 6G 探路，现在 6G 的标准化前期研究已经开始，不少国家都在探讨 6G 的潜在技术，力求在新一轮的竞争中取得先机。

6G 潜在技术研究的前提是合理预见应用需求，准确分析可用频谱，在此基础上全面总结 5G 和 4G 网络建设与运行经验，重视计算技术、AI 技术和电磁材料技术等新进展带来的机遇，积极面对挑战，推动融合创新。

本书从分析场景需求和部署频段入手，提出了 6G 的潜在业务、性能要求和可能的频段，还列举了 6G 技术需要面对的多种接入网拓扑。本书专注研究 6G 空口无线物理层技术，给出 6G 需要具备的无线物理层基本功能。本书聚焦编码多址波形、多天线空域和高频段部署三方面技术并做了详尽的分析，指出它们在 6G 的应用前景。

本书作者取得海外名校博士学位并在贝尔实验室工作多年，回国后在中兴公司担任技术总监及 5G 标准预研总工，直接参与 5G 标准化的全过程，近年来，作为中国移动研究院首席专家，他继续致力于移动通信前沿技术的研究开发，在顶级电信设备供应商和运营商工作的经历使作者对移动通信技术有透彻的了解和很深的感悟。得益于作者扎实的理论基础和对该领域多年深耕的实践经验，本书对无线物理层技术的演进背景、基本原理、主要特点、适用场景等解读到位，本书兼具科学严谨性和可读性，以工程体系观念融合各项技术为一体，层次架构合理，技术概念清晰，论述深浅得当，观点有理有据。

本书对 6G 潜在技术的分析既有前瞻性也有现实性，对于正在进行的 6G 技术预研和标准化前期工作都有很好的指导意义。不过标准化从来都不是以技术先进性作为唯一准则，标准化是一个竞合过程，参与单位间的利益冲突结果可能导致选择折中方案，而且地缘政治还会增加 6G 国际标准化的变数，但是对潜在 6G 技术的预判和提前研究布局会强化我们应对 6G 国际标准化不确定性的主动权，也更好地为 6G 技术国际标准化推进作出中国的贡献。另外，本书虽然着眼 6G 的潜在技术，但对于正在开发的 5G-A 设备和 5G 网络建设也有很好的实用价值。本书值得从事移动通信无线技术研发生产和建设运维的工程技术人员及相关专业的高校师生参考。

总之，6G 是一个复杂大系统工程，产业链很长，本书只选取了 6G 接入网物理层的无线技术，这是未来 6G 网络投资的最大部分，但 6G 的创新空间不限于此。与无线物理层有关的基站节能技术在 6G 系统中将占重要位置，需要重点关注。物理层还有以光纤为主导的前传、中传与回传系统，这也是 6G 系统技术研究的着力点。此外，核心网对 6G 的创新至关重要，从网络层到应用层，从传送面到控制面，显著拓展了技术创新的维度。面对 AI 赋能、固移一体、算网协同、星地融合、云化应用的新趋势，融合创新前景广阔。期待本书的出版能激发更多的作者全方位研究 6G 系统，相信关于 6G 技术将有更多好书问世。

是为序。

中国工程院院士

邬贺铨

前　言

　　随着 5G 移动通信系统的大规模商用，学术界和产业界逐渐把目光移向下一代移动通信系统——6G，全球主要的国家与地区都把 6G 作为下个十年的信息产业乃至工业科技的一个制高点。近年来，通信界对 6G 的需求愿景和性能指标需求渐渐有所共识，对于无线空口一些可能的使能技术也从之前的相对发散性的研究，逐渐聚焦和深入。各个公司和科研单位发布的 6G 技术白皮书已有近百本，所展示的各类样机和试验演示系统也有几十余部。在这个大背景下，十分有必要出版一本有关 6G 无线网络潜在关键技术的书，从相对宏观的角度，对 6G 无线物理层的技术进行一个较为全面系统的梳理。

　　本书从下一代移动通信的场景需求与部署频段出发，提出了需求侧的性能指标要求和可能的频谱资源；接着总体介绍无线接入网可能的网络拓扑，如地面通信、卫星通信、宏小区同构网、异构网、车联网等；在此之后，对无线物理层的基本功能进行综述，包括移动性管理、无线传输、无线定位等；接下来分别按技术大类，对编码多址波形类技术、多天线空域类技术和高频段部署类技术等进行了相对深入的描述。

　　在写作方式上，本书具有以下几个特点。第一，内容安排点面结合，既有文字上的概括性说明，也时常配以数学公式，以更精确地展示一项技术的本质精髓；第二，6G 的许多潜在技术是在前几代无线空口基础上进行改进和创新的，需要支持移动通信的基本功能，因此本书以第四代和第五代移动网络物理层的主要信道场景和关键技术作为铺垫，比较自然地过渡到对 6G 潜在技术的介绍；第三，本书中的很多章节强调每一项技术所适合的网络拓扑、部署频段和信道传播特性，充分体现移动通信的自身特点；第四，把人工智能 / 机器学习（AI/ML）作为一项通用的融合性技术，分散到各个单点技术中予以叙述；第五，结合无线标准的演进路线和大概时间节点，根据潜在技术的成熟度，估计出相应的推进时间表；第六，包含对通信相关的新材料和新工艺的发展介绍，体现未来 6G 跨界融合的特点。

　　本书不同于一般的技术白皮书和综述性的研究报告，具有一定深度。另外，本书在内容安排上有一定的侧重点，不是旨在对某个单点技术的专题展开论述，有兴趣的读者可以通过本书所列的参考文献进一步了解技术的细节。

　　本书由袁弋非、黄宇红、丁海煜、崔春风、王启星编著。在本书的写作过程中，作者得到了中国移动未来研究院的大力帮助。易芝玲、刘光毅、金婧等提供了资源和项目上的协助，韩双锋、王森、夏亮、刘建军、李刚、潘成康、孙军帅、何洪俊等提供了场景需求、频谱规划、新型调制编码、新型波形多址、分布式大规模多天线、智能超表面、AI 空口、可见光通信、通信感知一体化等内容的部分素材，在此表示衷心感谢。感谢 IMT-2030（6G）NOMA 无线技术组中的各成员单位在相关技术上的贡献！

　　本书基于作者的有限视角对 6G 无线网络潜在关键技术进行梳理，写作时间较短，在技术点的阐述上可能存在不完善之处，观点也难免有欠周全。对于本书中存在的叙述不当的地方，敬请读者谅解，并提出宝贵意见。

作　者

目　录

03 第 3 章 6G 无线接入网的网络拓扑

04 第 4 章 无线物理层的基本功能与 6G 物理层潜在技术

05 第5章 编码多址波形类技术

06 第6章 多天线空域类技术

07   第 7 章   高频段部署类技术

第 **1** 章

背景介绍

1.1 移动通信系统的空口技术演进

移动通信的普及始于 1968 年 AT&T 贝尔实验室提出的蜂窝小区概念，即将一片广大区域分成若干个正六边形的小区，类比自然界中蜜蜂构筑的蜂巢。小区之间可以复用频谱资源，因此整个网络的容量不再受限于系统宽带；小区之间的紧密相邻可以保证用户在切换小区时没有覆盖间隙。从那时起到现在的几十年中，蜂窝通信相比其他无线通信领域，保持着较为迅猛的发展速度，其峰值速率、频谱效率、用户速率、系统容量、连接用户数等都呈现出数量级式增加趋势，其间经历了 5 代的更替，如表 1-1 所示。

表 1-1 前几代移动通信系统的空口技术演进

移动通信系统空口技术	第 一 代	第 二 代	第 三 代	第 四 代	第 五 代
标志性技术	频分多址（Frequency Division Multiple Access，FDMA）；固定占用；模拟调制	时分多址（Time Division Multiple Access，TDMA）为主；数字调制；卷积码	码分多址（Code Division Multiple Access，CDMA）为主；数字调制；Turbo 码	正交频分多址（Orthogonal Frequency Division Multiple Access，OFDM）为主；空间信道复用（MIMO）；咬尾卷积码；Turbo 码增强	正交频分多址（OFDM）为主；大规模天线（massive MIMO）；LDPC 码；Polar 码

第一代移动通信空口的多址技术是频分多址（FDMA），仅支持语音服务。每个用户的无线资源按固定频率划分，由于采用模拟幅度调制（Amplitude Modulation，AM），且对发射功率缺乏有效的控制，所以频谱效率很低。以北美的制式为例，每条通道单独要占 30 kHz 带宽，通话容量十分有限。模拟器件难以集成，终端的硬件成本高，体积大，普及度很低。

第二代移动通信空口的多址技术以时分多址（TDMA）为主，主要业务是语音通话，TDMA 最广泛的制式是欧洲联盟（简称欧盟）主导制定的 Global System of Mobile communications（GSM）标准。GSM 系统将频谱资源划分成若干个 200 kHz 窄带，每个窄带中的多个用户按照时隙轮流接受服务。为减少小区间干扰，保证小区边缘的通话性能，GSM 系统通常将相邻的 7 个或 11 个小区组成一簇，簇内各小区的频率不能复用。模拟语音信号经过信源压缩变成数字信号，采用数字调制、纠错编码及功率控制，大大提高传输效率和系统容量。GSM 的信道编码主要采用分组码和卷积码，算法复杂度较低。在第二代移动通信的后期出现另外一种制式：高通公司的 IS-95，主要在北美部署。IS-95 是第一个使用码分复用（CDMA）的直接频率扩展的商用标准，可以被视为第三代移动通信的前奏。

第三代移动通信的空口广泛采用扩展码分多址，大大增强了信道的抗干扰能力。相邻小区可以完全复用频率，系统容量因此得到很大程度的提升。CDMA 2000/EV-DO 和 UMTS/HSPA 是第三代移动通信的两大标准。CDMA 2000/EV-DO 主要在北美、韩国、中国等国家或地区使用，载波带宽为 1.25 MHz，其协议由国际标准组织 3GPP2 制定。UMTS/HSPA 的协议由国际标准组织 3GPP 制定，在世界范围得到更广泛的使用。其载波带宽为 5 MHz，所以又称 Wideband CDMA（WCDMA）。为支持更高速率的数据业务，CDMA 和 UMTS 各自演进成为 Evolution Data Optimized（EV-DO）和 High Speed Packet Access（HSPA）。它们都采用相对较短的时隙，融入了时分复用技术。第三代移动通信还有一套标准：TD-SCDMA（Time Division Synchronous CDMA），主要由中国公司和一些欧洲公司制定，属于 3GPP 标准的一部分。TD-SCDMA 在中国大规模部署。

3G 系统容量的提高在很大程度上得益于码分多址系统的软频率复用和快速功率控制，以及使用了 Turbo 码。1993 年，Turbo 码的提出使得单链路性能逼近香农极限容量。在短短几年间，Turbo 码得到广泛应用，并掀起了对随机编码和迭代译码的研究热潮。

第四代移动通信的空口主要是正交频分多址（OFDMA），这个选择有一定的技术必然性。首先，4G 系统的带宽至少是 20 MHz，远大于 3G 系统的带宽。大带宽意味着时域上更密的采样和更明显的多径衰落。如果仍采用 CDMA，将会产生严重的多径干扰。尽管这种干扰可以通过先进的接收机来抑制，但复杂度很高。相反地，OFDM 将频带划分成多个正交的子载波，每个子载波的信道相对平坦，信号解调无需复杂的均衡器或干扰消除机制。OFDM 接收机的低成本使得多天线接收机的复杂度大大降低，尤其对于大带宽系统。可以说，OFDM 的引入极大地促进了多天线技术在第四代移动通信中的推广，对系统容量的提升起了重要作用。4G 系统也部分使用时分复用，时隙长度比 3G 短，而且有一些控制信道和参考信号采用码分复用。

第四代移动通信的初期有三大标准：UMB、WiMAX 和 LTE。UMB 是 Ultra Mobile Broadband 的简称，起始于 IEEE 802.20，主导公司包括高通公司、朗讯公司、北电网络公司和三星公司，协议于 2007 年底基本完成 3GPP2。但由于威瑞森（Verizon）通信公司等主流运营商对其缺乏兴趣，UMB 后续的标准化和商用在 2008 年后就停止了。WiMAX 是 Wi-Fi 向移动通信的拓展，2007 年完成了第一版标准，得到斯普林特（Sprint）公司等运营商的支持。但由于斯普林特公司自身经营状况的恶化，再加上产业联盟过于松散，商业模式不够健全，WiMAX 渐渐淡出主流标准。

LTE 首个版本对应 3GPP Release 8，于 2008 年完成。随着对 UMB 投入的停止和 WiMAX 标准的边缘化，LTE 逐渐成为全球主流的 4G 移动通信标准。从 2009 年起，3GPP 开始 LTE-Advanced 的标准化，对应 Release 10，其性能指标完全达到国际电信联盟（International Telecommunication Union，ITU）的 IMT-Advanced（4G）的要求。

除了 OFDM 和多天线技术，LTE/LTE-Advanced 还引入了一系列新的空口技术，如载波聚合、小区间干扰消除抑制、无线中继、下行控制信道增强、终端直通通信、非授权载波、窄带物联网（NB-IoT）等，使得 4G 移动通信系统的频谱效率、峰值速率、网络吞吐量、覆盖率等有较明显的提升。网络拓扑不仅是宏站构成的同构网，还包括宏站 / 低功率节点所组成的异构网。在信道编码方面，LTE 基本沿用 3G 的 Turbo 码作为数据信道的前向纠错码，但在结构上进行了优化，这在一定程度上降低了译码复杂度且提高了性能。控制信道采用咬尾卷积码，降低了开销。

移动通信在第五代实现了全球统一的协议，其空口在 3GPP 中也称新空口（New Radio，NR），与 4G 系统类似，主要是正交频分多址（OFDMA）。尽管 5G 初期在 3GPP 对非正交多址（Non-Orthgonal Multiple Access，NOMA）进行过研究，但最终未能形成标准。与前 4 代不同的是，5G 的应用十分多样化，关键性能指标不再局限于峰值速率和平均小区频谱效率。除此之外，用户体验速率、连接数、低延时、高可靠等都是重要的技术指标[1]。5G 的应用场景大致可以归为三大类：增强的宽带移动（eMBB）、低时延高可靠（URLLC）、海量物联网（mMTC）。为支持更大的带宽（如 400 MHz），从而更好地服务 eMBB 场景，5G NR 所用的频段拓展到毫米波，如 30 GHz。得益于大规模天线技术（Massive MIMO），5G 系统的小区频谱效率相比 4G LTE 提高了 3 倍。5G NR 的信道结构更为灵活，支持不同的子载波间隔和子帧长度，可以适应不同的传输速率、传输时延和可靠性要求。信道编码方面的演进是 5G NR 的一大特色，在物理业务信道，LDPC 码因其高效并行的译码算法及在长码块情形下的优异性能，取代了在移动通信业已使用近 20 年的 Turbo 码；在物理控制信道（超过 11 bit 长度），极化码因其在短码条件下的优异性能，取代了在移动通信业使用了 30 多年的卷积码。

5G 系统不仅涵盖地面网络，还能够与卫星网络相结合，共同实现更广域的立体覆盖。所用的频段除了运营商关心的授权频段，还支持免授权频段[2]，并能够独立组网。为更好地服务垂直行业，5G NR 对车联网（V2X）[3] 和定位（positioning）[4] 进行了标准化，并在终端节能方面[5] 引入许多先进技术。

1.2　6G 发展动态

→ 1.2.1　相关研究组织

随着 5G 标准化工作趋于稳定和 5G 系统的大规模商用，全世界各主要国家和地区逐渐将目光投向下一代移动通信系统的研究探索。从 2018 年起，中国、美国、欧盟国家、日本、韩国等开始了 6G 相关的科研计划，从未来的应用场景、社会影响、潜在的使能技术、频段分配等方面开展相应的工作。

1. 中国

中国于 2019 年在工业和信息化部的领导下成立了 IMT-2030（6G）研究组，后来更名为"推进组"，旨在汇聚学术界、产业界等的专业人员，对下一代移动通信的需求愿景、频谱、网络架构、无线技术等进行研究，参与的单位不局限于中国的高校、企业和科研单位，还有不少国外企业和科研单位。在无线技术方面，目前已先后成立了 12 个技术任务组，分为 5 大类，如图 1-1 所示。第一大类是空口演进类，包括新型编码调制、新型多址接入、超大规模天线和新型双工 4 个任务组；第二大类是具有颠覆性的新型技术类，包括全息无线电、轨道角动量（Orbital Angular Momentum，OAM）和智能超表面（Reconfigurable Intelligent Surface，RIS）3 个任务组；第三大类是融合技术类，包括无线 AI 和感知通信一体化 2 个任务组；第四大类是新频谱下的技术类，包括太赫兹通信和可见光通信 2 个任务组；第五大类是通用基础类，目前只有无线信道建模 1 个任务组。

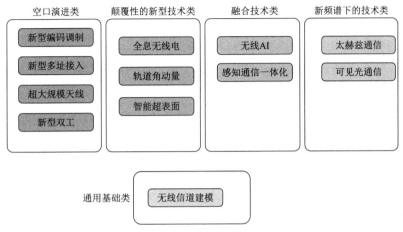

图 1-1　中国 IMT-2030（6G）各无线任务组及类型

在中国，除了比较官方的 IMT-2030 推进组，许多学术界和产业界的论坛、联盟和标准组织也开展了 6G 方面的研讨，如未来移动通信论坛（Future Forum）、智能超表面技术联盟（RIS Tech Alliance，RISTA）、太赫兹产业联盟、中国通信标准化协会（CCSA）等。

2. 美国

2020 年 10 月，美国电信行业解决方案联盟（ATIS）成立了 Next G Alliance，旨在未来十年内提升北美在移动通信领域的领导地位。该联盟聚焦于研发、标准化和商用化的整个生命周期，创始成员为来自美国和日本的主流运营商及全球各地知名的科技和电信企业。Next G Alliance 有 3 种成员类型，包括"正式创始成员"、"贡献成员"和"战略成员"，不论是不是 ATIS 成员，原则上除在美国商务部"实体清单"上的公司没有资格外，其他公司只要满足条件均可申请加入。联盟计划通过 ITU、3GPP 来进行标准化，已经与欧洲、日本和韩国 6G 行业组织签署了 MOU（谅解备忘录）；并先后发布关于 6G 路线图、可持续发展、6G 应用及案例的白皮书，Next G Alliance 的 6G——研究工作已经在快速推进。2022 年 7 月，Next G Alliance 发布技术工作组白皮书 *6G Technologies*，预测了推进 6G 未来所需的技术及需要对北美 6G 优先事项进行进一步研究的领域，概述了涵盖以下领域的 47 个关键 6G 候选技术：组件技术；无线电技术；系统和网络架构；网络运营、管理和维护（OA&M）及服务支持；可信度—安全性、可靠性、隐私和弹性。

美国联邦电信管理委员会（FCC）于 2019 年推出了 Spectrum Horizons Experimental 许可证，针对 95 GHz ～ 3 THz 频率的特殊授权类别。AT&T、三星、Keysight Tech 公司已获得

FCC 授权的许可证，AT&T 计划通过实验获得关于如何优化下一代云原生架构和技术，以及使用 Multi-Gbps 吞吐量开发新用例的见解，三星公司计划测试一个 6G 无线通信系统原型。2022 年 1 月，FCC 重组了其技术咨询委员会（TAC），新的 TAC 将领导美国科研机构对 6G、人工智能、高级频谱共享技术和新兴无线技术等的研究。FCC 还发布首张频谱实验牌照，用于 95 GHz ～ 3 THz 太赫兹频段 6G 实验。

美国国家科学基金会（NSF）旗下的 RINGS（Resilient and Intelligent Next-Generation System）计划专注于加速提高美国在 Next G 网络和计算技术方面的竞争力，开发智能、弹性和可靠的 Next G 网络，并确保 Next G 技术和基础设施的安全性和弹性。RINGS 是 NSF 迄今为止最大的一项计划，旨在让政府和企业合作伙伴共同支持一项研究计划。NSF 于 2022 年 4 月宣布选择 37 项提案进行资助，最终总资金预算为 4350 万美元，每个项目在 3 年内获得约 100 万美元。企业合作伙伴包括各大信息技术公司，项目提案负责方是各大高等院校。

美国国防部于 2022 年 2 月宣布了一项新技术愿景，把下一代（6G）无线技术指定为美国国防部的 14 个关键技术领域之一，包括太赫兹通信和传感技术融合等。此外美国国防部宣布成立一个 5G 和 Future G 跨职能团队，以通过加速采用变革性的 5G 和下一代无线网络技术确保其部队能够在世界任何地方有效运作。

3. 欧盟

芬兰在 2018 年率先启动 6G 旗舰项目推进 6G 研究和国际合作，之后启动 RF SAMPO 项目。（由 Nokia 领导，Oulu 大学协调，并有产业和学术界主要利益相关者组成联盟，旨在加快射频和天线技术开发，并加速从 5G 向 6G 过渡），从而增强芬兰在无线电技术方面的竞争力。

2021 年欧盟 6G 伙伴合作项目启动，包括地平线（Horizon 2020）项目中的 REINDEER 和 6G 旗舰研究项目 Hexa-X。2021 年，德国启动首个 6G 研究项目。另外，欧洲电信标准化协会（ETSI）于 2021 年 9 月成立智能超表面（RIS）工业标准组（ISG）。2022 年 5 月，欧洲的 6G-IA 与日本 B5PC 签署 MOU，6 月与中国 IMT-2030（6G）推进组签署 MOU。

2022 年 5 月，芬兰政府成立新的国家联盟——6G Finland，将所有相关利益攸关方聚集在一起，共同开展 6G RDI 工作。芬兰政府已经将建设国家 6G 测试网络作为其快速恢复基金（RRF）计划的优先领域之一。创始成员是芬兰目前从事 6G 研发的几家研究机构和公司。联盟旨在提高芬兰在 6G 领域的竞争力，建立新的国际伙伴关系，加强 6G 合作，提升其在 6G 领域的全球影响力。联盟成员将开始针对重要的共同优先事项制定 6G 研发路线图。6G Finland 还将作为芬兰 6G 专业知识的国家联络点，积极参与国内和国际的 6G 讨论。芬兰和日本代表团在东京大学讨论了两国在信息通信技术领域的近期合作方向。

2022 年 7 月，Nokia 宣布将领导德国国家资助的 6G 灯塔项目 6G-ANNA，与 6G-ANNA 的 29 个合作伙伴合作（来自德国工业界、初创公司、研究机构和大学），旨在推动 6G 研究和标准化。6G-ANNA 的资金来自德国联邦教育和研究部，目标在于加强德国和欧洲的 6G 议程，并从德国和欧洲的角度推动全球预标准化活动。6G-ANNA 是更大的"6G 平台德国"国家计划的一部分，总交易额为 3840 万欧元，为期 3 年。

4. 日韩

日本政府发布了 6G 路线图，目标到 2025 年完成 6G 基础技术，到 2030 年实现商用，并争取将 6G 基础设施的全球市场份额提升到约 30%。6G 相关的研究目前散落在一些高校和公司当中，例如，日本广岛大学、日本早稻田大学和日本电气公司（NEC）开展太赫兹 CMOS 低成本器件工艺的研究和实验验证；日本电信运营商 NTT 计划建设一张 6G 试验网络，为 2025 年大阪世界博览会场馆提供服务。NTT 还进行了多次智能超表面（RIS）的实验验证。

日本 Beyond 5G 推进联盟（B5PC）与欧洲 6G 智能网络和服务行业协会（6G-IA）在 2022 年 5 月签署了一份谅解备忘录（MOU），促进在下一代网络方面开展合作。该 MOU 是日本与欧洲 Beyond 5G/6G 相关组织首次签署的 MOU。同时，日本与欧盟达成协议，同意面向 6G 移动通信系统的实用化，实施联合研究。2022 年 6 月，DoCoMo、NTT、富士通和 Nokia 宣布开始合作进行联合 6G 技术试验，进行室内试验，2023 年 3 月进行室外试验。DoCoMo 和 NTT 的这些试验将验证 DoCoMo 和 NTT 迄今为止提出的概念，并将在与 6G 相关的全球研究小组、国际会议和标准化活动中进行报告。日本于 2022 年 6 月第一个向国际电信联盟提交 6G 国际标准提案，旨在掌握主动权，取得早期优势。

韩国政府启动 MSIT 项目，确保移动通信领域领先地位，计划 2028 年在全球第一个实现 6G 商用，争取实现全球第一 6G 核心标准专利，全球第一智能手机市场份额，全球第二设备市场份额。韩国政府在 2022 年 3 月宣布投资 2513 亿韩元，以制定包括 6G、自动驾驶汽车和可再生能源在内的数字化转型和"碳中和"国家标准，加快确保人工智能和 6G 等数字创新。此外，MSIT 运营 6G 战略委员会，从 2021 年开始连续 5 年开发价值 2200 亿韩元的核心技术。2022 年 5 月，韩国 6G 战略委员会与日本 B5PC 召开会议讨论建立合作关系。韩国提议建立互动渠道（举办研讨会和实施联合研发项目等），处理双方 B5G5/6G 战略问题。三星公司设立"三星网络革新中心（SNIC）"，SNIC 负责 5G 和 6G 等新一代移动通信基础技术的研究。三星公司与美国加州大学合作开发 6G 太赫兹原型系统。LG 公司和韩国科学技术院（KAIST）共同设立了 6G 研究中心，致力于执行多样的产学科制。韩国电子通信研究院（ETRI）与芬兰奥卢大学签署了一份谅解备忘录，以开发第六代（6G）网络技术。

5. 国际行业组织

从行业角度，IEEE 有多个针对未来技术方向的工作组，如人工智能、机器学习、中高频段的毫米波通信、卫星通信等。2020 年 7 月，IEEE 通信协会（ComSoc）发出研究智能超表面（RIS）的新兴技术倡议（ETI）。2022 年 7 月，O-RAN 联盟宣布成立下一代研究小组（nGRG），旨在开展有关 O-RAN 和未来 6G 网络的研究。nGRG 将专注于研究 6G 和未来网络标准中的开放和智能 RAN 原则。

ITU 作为联合国旗下的通信标准官方组织，给出了 IMT-2030（6G）的时间表，如图 1-2 所示。需求愿景方面的工作计划在 2023 年 6 月完成，其中的未来技术趋势研究于 2021 年 2 月启动，历经数十轮修改，2022 年 6 月完成撰写工作[6]，之后一直到 2026 年进行性能指标和评估方法的制定，2027 年至 2030 年是技术标准的提请和评估期，最终批准全球的 6G 标准。

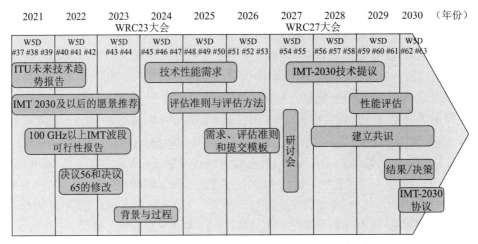

图 1-2　国际电联（ITU）的 IMT-2030（6G）时间表

…→ 1.2.2　6G 驱动力、市场预测和发展需求

6G 发展的宏观驱动力大致包含 4 个方面。第一个是经济可持续发展驱动力，体现在人民高品质生活需求、产业数字化转型需求、国际协作全球化需求；第二个是社会可持续发展驱动力，包括社会治理能力现代化需求和公共服务保障均等化需求；第三个是环境可持续发展驱动力，即绿色可持续发展需求和重大突发事件高效应对需求；第四个是技术创新发展驱动力，包括新型无线技术和网络技术、ICDT 融合技术（无线和网络），以及新材料（纳米材料、信息功能材料等）。

根据国际电信联盟的预测[7]，2030 年移动数据流量将是 2020 年的 100 倍左右。物联网发展前景更是广阔，2030 年物联网终端规模将达到千亿级，如图 1-3 所示。据埃森哲预计，产业物联网到 2030 年有望为全球贡献 14.2 万亿美元的产值。数字化社会转型带来通信感知业务发展机遇，无人机探测、智慧交通等场景需求强烈，市场空间广阔，感知设备数将迎来爆发性增长。随着 6G 感知能力的不断提高，各类应用数量及规模也将不断扩大。在未来，越来越多的个人和家用设备、各种城市传感器、无人驾驶车辆、智能机器人等都将成为新型智能体设备。

网络运营的发展需求体现在以下 7 个方面：①能力极致融合，提供通信、计算、感知等融合的能力体系，满足 6G 需求；②智慧内生泛在，提供无处不在的算力、算法、模型与数据，支持无处不在的 AI 应用；③网络分布至简，提供即插即用、按需部署的网络功能与服务；④运营孪生自治，实现网络规划 / 建设 / 维护 / 优化的高水平自治，降低网络运营成本；⑤安全内生可信，提供主动免疫、弹性自治、虚实共生、安全泛在的服务能力；⑥全域立体覆盖，空天地海融合覆盖，保证业务无缝体验；⑦生态绿色低碳，实现从网络建设到运行维护等多个环节的节能减排，助力可持续发展。

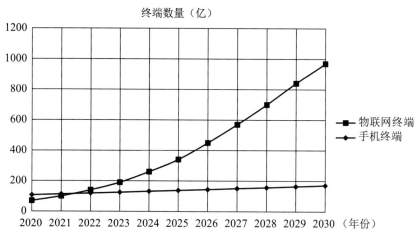

图 1-3 未来移动数据流量与终端规模预测 [7]

···→ 1.2.3 空口技术发展趋势

未来 6G 网络空口技术呈现以下四大发展趋势。

1. 智能化

许多未知或者以前不大容易控制的信道环境及通信过程将会变得更加可控，而且是更加灵活、有效的控制。设计者和运营者通过智能控制，能够更好地驾驭无线信道环境，为多种多样的业务提供良好服务。智能超表面是其中一个例子，借助信息材料的发展，对超表面单元天线进行可控的调幅调相，"主动"地改善电磁波传播环境，而不是被动地顺应。另一个例子是海量终端的随机接入，这个过程本身带有很强的随机性，尽管随机性可以通过基于资源动态调度的正交多址方式彻底消除，但信令开销巨大，有效性差。采用新颖的设计，可以允许随机性带来的一定程度的碰撞，但可保证各个链路的性能，以达到对一个随机过程的有效控制。

未来网络的需求种类繁多、场景丰富，系统设计应该具有足够的灵活性，参数应该具有更多的可选性。这个趋势在 5G 就开始了。例如，对于 OFDM 的子载波间隔，5G NR 针对不同的系统带宽、部署频段，以及业务类型，定义了不同的参数；对于一个无线帧，定义了上百种的下行和上行的时隙配比和组合。这为厂商或系统运营商提供了充分多样的参数选择和广阔的调整范围，以优化系统容量或降低传输时延。

人工智能 / 机器学习（AI/ML）从某种意义上是一种高级的统计学，适合解决难以精准测量、建模和分析的问题。移动通信系统的高层协议的很多过程涉及复杂的网络行为，较难通过解析的方法找到明显的规律，因此 AI/ML 可以发挥较大的作用，在实际中已有试点部署。进一步把 AI/ML 应用到无线物理层是目前学术界和产业界的研究热点，这本身非常具有挑战性，因为传统通信系统有完备的数学物理理论体系和精确的建模，即使是随机性很强的移动通信系统，也有很成熟有效的分析工具（如随机过程、概率论、信息论等）来指导方案的设计。无线物理层的 AI/ML 化会涉及，甚至有可能动摇"移动通信"这个学科的基础，从而导致学科的重塑。AI/ML 在空口中的潜在应用有很多种，相对容易的、对空口协议和硬件实现影响较小的是反馈信令设计、信道估计等。3GPP Rel-18 已经开始对 AI/ML 空口进行研究，主要聚焦于信道状态信息（Channel State Information，CSI）反馈的增强、信道估计用的参考信号的增强等。

2. 协议功能至简

3GPP 作为全球最重要和最主流的移动通信标准制定组织，成员包括了世界范围内众多的公司、企业、科研机构、高校等，在 4G 和 5G 时代制定了种类繁多的功能，3Gpp 标准无疑对全球移动通信产业的发展发挥了十分积极的作用。同时也应看到，正是由于产业链中各类企业的参与和相互之间知识产权利益的竞争，3GPP 在很多情况下为了平衡利益，不得不融合各家的技术方案，标准化不少虽然有用，但在性价比方面并不明显具有优势的非必要附加功能；有时对于同一个应用场景，定义多种功能，每一个功能所涉及的技术方案又很不相同。这样的结果容易造成技术的简单堆砌，增加了协议的复杂度，提高了研发和实现的成本，而对系统性能的提升又不明显，"事倍功半"，也很让运营商感到困惑：到底哪些功能是系统必须具备的？哪些是锦上添花的？回头来看 5G NR 协议，对系统容量提升最起作用的是大规模天线（Massive MIMO）技术，对降低用户面传输时延最有直接作用的是帧结构的设计和 HARQ 时序，对降低控制面传输时延的最有效方式是两步随机接入过程（Two-Step RACH），而对大带宽高速率传输的信道译码最有帮助的是引入 LDPC 码。这些无疑是地面移动通信网络，尤其是 eMBB 和 URLLC 场景最为必要的功能 / 技术。

6G 空口的研究和标准化将会更加着眼于典型应用场景，所聚焦的技术更为先进、具有较好的通用性，并且兼顾实际系统中实现的难度和复杂性。尽量少定义一些系统必备的基本功能，能够较为广泛地应用和部署，形成市场的规模效应。而不少针对特定场景的进一步优化，则留给厂家的具体实现，协议对此不做过分定义，做到标准的"轻装前进"。

3. 充分利用算力

空口技术离不开各种信号或者信息比特处理，从移动通信系统的第一代起，空口物理层技术始终保持高速的发展，以支持更大的带宽、实现更短的传输延时和更海量的用户等。空口的处理能力，尤其是基带的处理速度，增长趋势不逊于、甚至超越半导体行业的摩尔定律。过去的移动通信系统的大量计算资源集中在核心网，相比之下，基站侧的运算能力有限，在整个网络的计算能力中只占很小的一部分。而随着基带处理能力突飞猛进的发展，使得现在一个基站的计算能力，如果仅从比特处理的速度来看，已经接近或者超过一台中型计算机。而在很多时候，基站的通信负载远未到满荷，如果剩余的计算资源能够被邻区满负荷基站或者网络高层（包括核心网）所利用，将可以很大程度地提高网络 / 基站算力。这点与边缘计算类似，即把原来在核心网 / 应用层的计算 / 处理拿到基站端处理。因此，空口技术的第三大发展趋势是算力的充分利用。

充分利用算力的一个重要前提是算法实现的通用化和虚拟化。通信协议的高层与计算机网络密切相关，大部分处理本身就是在通用的计算处理器上实现的，算力的打通是比较自然和容易的。但在通信协议的底层，如物理层，许多运算处理是各有其自身特点的，例如，有些硬件结构适用于处理快速傅里叶变换（Fast Fourier Transform，FFT），而另一些结构适用于高并行的二元域 LDPC 的译码算法，等等。原则上，各种物理层算法都可以通过对通用处理器的灵活软件编程来实现，类似于软件仿真虚拟，但计算效率往往不如专用处理器。5G 时代，一些设备商在基带处理器的选择上，例如是采用可编程处理器（FPGA）还是专用芯片（ASIC），曾有着深刻的经验教训。随着技术的发展，专用计算的通用化和虚拟化是存在可能的。以 AI/ML 为例，其基本模型的种类并不多，算法具有一定的通用性，也有比较成熟的硬件处理器，如 GPU。因此，如果在未来通信中，传统意义的基带算法可以被 AI/ML 代替，那么基带单元的算力与高层节点算力之间的打通也就水到渠成了。

4. 学科交叉

未来移动通信的发展在很大程度上将取决于相关学科领域的突破。材料器件方面，信息超材料技术本身属于材料领域，以前主要用于军事上的电磁隐身。这几年在超表面材料上的突破极大地促进了基于智能超表面的无线通信研究，材料科学与通信学科的结合为多天线技术带来了范式上的变革；另外一个例子是高频段的通信技术，如太赫兹通信和无线光通信，对材料器件的要求比中低频段要严苛许多，一些关键的通信性能指标直接受限于器件的最大发射功率、能够调制的最大带宽、信号质量、器件噪声等。成本也是一个重要因素，需要器件领域与通信学科一起攻关。

即使都在信息领域，也存在二级学科直接层面的交叉，如通信与感知，在无线领域，传统意义的感知主要是雷达探测。基于特制的收发天线和特殊的波形调制，根据物体反射的回波，采用特殊的信号处理算法，以感知目标物体的方位、距离、速度、形状、材料特性等。这些与传统通信是很不一样的。把通信与感知结合，近两年成为业界的研究热点，尤其是在高频段，感知精度相比低频段有大大提升，也增强了交叉的动力。

1.3 本书的目的和结构

自 2020 年以来，通信业界对 6G 的需求愿景和性能指标需求渐渐有所共识，对无线空口架构和潜在的关键技术也开始深入研究。在这个大背景下，有必要出版一本有关 6G 无线网络潜在关键技术的书，从相对宏观的角度，对 6G 无线物理层的技术进行一个较为全面的梳理。

本书的结构如图 1-4 所示，在第 1 章对 6G 的背景进行介绍之后，第 2 章从场景需求和部署频段出发，提出了需求侧的指标要求和可能的频谱资源。第 3 章介绍 6G 无线接入网可能的网络拓扑，如地面通信、卫星通信、宏小区同构网、异构网等。第 4 章对无线物理层的基本功能进行综述，包括移动性管理、无线传输、无线定位等。第 3 章和第 4 章的关系是相辅相成的，无线接入网的网络拓扑在很大程度上决定了无线物理层的基本功能，而无线空口的各个技术大类又服务于不同的网络拓扑。接下来，本书分别按技术大类进行了相对深入的描述，第 5 章介绍编码多址波形类技术，包括信道编码与调制、信源信道联合编码、新型多址接入、潜在的新波形等。第 6 章介绍多天线空域类技术，包括基站 / 终端多天线技术的增强、智能超表面中继、全息无线电和统计态轨道角动量等。第 7 章介绍高频段部署类技术，包括太赫兹通信、可见光传输和通信感知一体化。需要指出的是，一些融合性的技术（如 AI/ML 使能空口）在本书中没有用单独的章节来统一介绍，而是分散在第 5 章到第 7 章的相关章节中予以介绍。本书内容安排点面结合，由浅入深，希望能够比较系统地给读者展现 6G 无线网络潜在关键技术的发展方向。

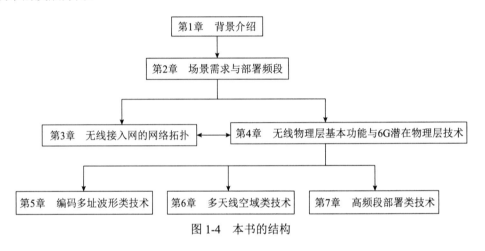

图 1-4   本书的结构

参考文献

[1] 3GPP. Study on scenarios and requirements for next generation access technologies: TR 38.913 [S], Sophia antipolis: 3GPP, 2015.

[2] 3GPP. Study on NR-based access to unlicensed spectrum: TR 38.889 [S], Sophia antipolis: 3GPP, 2018.

[3] 3GPP. Study on NR Vehicle-to-Everything (V2X): TR 38.885 [S], Sophia antipolis: 3GPP, 2018.

[4] 3GPP. Study on NR positioning enhancements: TR 38.857 [S], Sophia antipolis: 3GPP, 2018.

[5] 3GPP. Study on User Equipment (UE) power saving: TR 38.840 [S], Sophia antipolis: 3GPP, 2018.

[6] ITU-R. IMT future technology trends of terrestrial IMT systems towards 2030 and beyond [R/OL]. (2022-11) [2023-06-13], https://www.itu.int/dms_pub/itu-r/opb/rep/R-REP-M.2516-2022-PDF-E.pdf.

[7] ITU-R. IMT traffic estimates for the years 2020 to 2030 [R/OL]. (2015-07)[2023-06-13], https://www.itu.int/dms_pub/itu-r/opb/rep/R-REP-M.2370-2015-PDF-E.pdf.

第 **2** 章

场景需求与部署频段

在场景需求、业务应用、部署频段等方面，6G 系统与 5G 系统有一定的承接性。在介绍 6G 部署场景和频段之前，有必要先回顾一下 5G 的应用场景、关键性能指标及部署频段。需要指出的是，5G 网络和 5G 标准都还在演进，产业界在不断挖掘更多的 5G 应用，尤其是如何对各类垂直行业的发展起到赋能作用。本章介绍的 5G 场景需求主要还是 5G 标准刚开始制定时所期望的目标。

6G 的应用场景更加丰富，广泛渗透到社会生活和生产经营的方方面面，大大超出传统蜂窝通信的无线数据承载的功能，还支持感知和无处不在的智能服务。6G 的部署频段也更加多样化，除了传统的中低频段（sub-6 GHz），还包括毫米波、太赫兹，甚至可见光波段。本章对 6G 的应用场景和部署频段做了一定程度的论述，并结合 6G 物理层潜在技术的性能进行详细介绍。对于中低频段，大部分频率已被 2G、3G、4G 和 5G 商用网络分配殆尽，2.4 节对 6G 系统可能的频段进行了分析。

2.1 5G 的应用场景、关键性能指标及部署频段

对于移动互联网用户，未来 5G 的目标是达到类似光纤速度的用户体验。而对于物联网，5G 系统应该支持多种应用，如交通、医疗、农业、金融、建筑、电网、环境保护等，特点是海量接入。5G 的主要业务如图 2-1 所示。

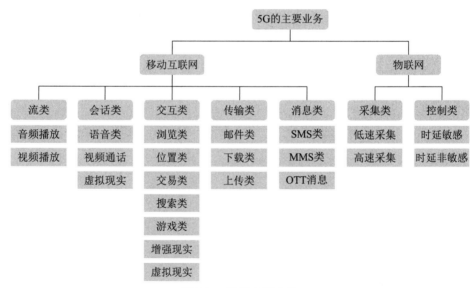

图 2-1　5G 的主要业务

在物联网中，有关数据采集的服务包括低速率业务，如读表，还有高速率应用，如视频监控。读表业务的特点是海量连接、低成本终端、低功耗和小数据包；而视频监控不仅要求高速率，其部署密度也会很高。控制类的服务有时延敏感和时延非敏感的。前者有车联网，

后者包括家居生活中的各种应用。

5G 的应用大致可以归为三大场景：增强的宽带移动（eMBB）、低时延高可靠（URLLC）、海量物联网（mMTC）。数据流业务的特点是高速率，时延可以为 50 ~ 100 ms；交互业务的时延为 5 ~ 10 ms；现实增强和在线游戏需要高清视频和几十毫秒的时延。2020 年，云存储汇集 30% 的数字信息量，这意味着云与终端的无线互联网速率达到光纤级别。低时延高可靠业务如对时延十分敏感的控制类物联网应用。海量物联网则代表着众多应用，包括低速采集、高速采集，以及时延非敏感的控制类物联网等。

5G 系统的关键性能指标（KPI）包括峰值速率、用户体验速率、频谱效率、单位面积业务容量、能耗效率、空口传输时延、连接密度、移动性等 [1]，如图 2-2 所示。

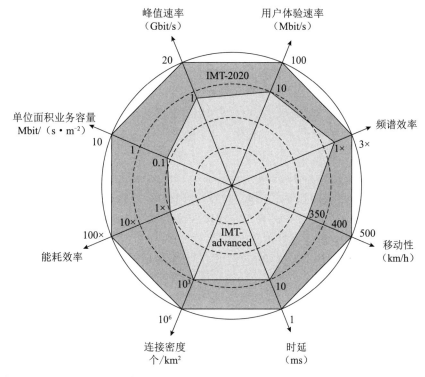

图 2-2　IMT-2020（5G）系统关键性能指标（KPI）以及与 IMT-Advanced（4G）的对比

- 峰值速率是在理想传输环境和软硬件处理能力下，单条链路理论上能够达到的最高传输速率。这个指标通常是针对无线宽带场景（eMBB）而言的。5G 系统的峰值速率是 20 Gbit/s。与 4G 系统相比，5G 系统的峰值速率有 20 倍的提升。
- 用户体验速率是指蜂窝小区边缘的速率，即低端 5% 的用户的传输速率。这个指标通常也是针对无线宽带场景（eMBB）。5G 系统的用户体验速率为 100 Mbit/s，与 4G 系统相比有 10 倍的提升。
- 对于无线宽带场景（eMBB），在 Full Buffer 业务下，5G 系统每个扇区 / 节点的频谱效率是 4G 系统的 3 倍左右，边缘频谱效率是 4G 系统的 3 倍。

- 单位面积业务容量是指蜂窝小区的 eMBB 业务容量与蜂窝小区面积的比值。5G 系统的单位面积业务容量是 10 Mbit/($s \cdot m^2$)，相比 4G 系统有 100 倍的提升。
- 5G 网络的能耗效率要比 4G 网络提高 100 倍。
- 空口传输时延指标包括两个方面：控制面时延和用户面时延（图 2-2 只列出了低时延高可靠场景 URLLC 的用户面时延）。控制面时延是指从空闲态到连接态连续传输数据这一过程所需的时间。5G 系统的控制面时延是 10 ms。用户面时延是假设没有非连续接收（DRX）的限制下，协议层 2/3 的数据包（SDU）从发送侧到接收侧正确译码所需的传输时间。对于低时延高可靠场景（URLLC），用户面时延是 1 ms。相比 4G 系统缩短了 10%。对于无线宽带场景（eMBB），5G 系统的用户面时延是上行 4 ms，下行 4 ms。
- 连接密度的定义是在单位面积中，如每平方千米范围内，能保证一定 QoS 条件下的总的终端机器设备数量。QoS 需要考虑业务的到达频度、所需传输时间及误码率等。在城市部署场景下，连接密度的指标是每平方千米 100 万个终端机器设备，主要针对海量物联网（mMTC），相比 4G 系统有了 10 倍的提升。
- 移动性是指系统支持的最大移动速度。4G 系统的移动性要求是 350 km/h，而在 5G 系统中，该指标要求提高到 500 km/h。

除了以上所列的性能指标，5G 系统还有其他一些指标参数，如电池寿命（在没有充电的情形下能维持的时间）。对于海量物联网，电池寿命需要考虑极端覆盖条件（如路径损耗高达 164 dB）、每天上行传输的比特数、每天下行传输的比特数和电池的容量。电池寿命的一个影响因素是每次随机接入和数据传输总共花费的时间。

对于这些性能指标的评估方法，峰值速率、空口传输时延、移动性、电池寿命等指标一般可以采用分析计算的方法进行评估；而用户体验速率、单位面积业务容量、每个扇区 / 节点的频谱效率和连接密度等指标则需要系统的仿真。

5G 自 2019 年开始在韩国、美国、中国等国部署，到目前为止已有近 100 个国家部署了 5G 网络。如表 2-1 所示，5G 在全球的主流频段，在中频段（sub-6 GHz）是 3.5 GHz 附近（中国还在 2.6 GHz 和 700 MHz 部署了 5G 网络），在毫米波频段是 28 GHz 附近。将频段扩展至毫米波频段是 5G 网络的一大特色，相比 4G 或更早的移动通信系统所用的中低频段，毫米波频段的带宽大大增加，可以满足 5G 对高速率业务和超低时延的要求。当然，毫米波频段的器件功放效率低、电波传播的路径损耗严重、缺乏散射等问题对网络全面覆盖提出了巨大的挑战，需要有效解决。

对于 5G 新空口在 sub-6GHz 和毫米波的频谱资源，3GPP 定义了若干频段，每个频段的数码代号、双工模式、频率、通常名称、上行频带、下行频带、双工频差、信道带宽等的规定分别如表 2-2 和表 2-3 所示。

表 2-1　世界一些国家的 5G NR 的主流频谱分配

国家	<1 GHz	3 GHz	4 GHz	5 GHz	24 ～ 28 GHz	37 ～ 40 GHz	64 ～ 71 GHz
美国	600 MHz	3.5 GHz		5.9 ～ 7.1 GHz	27.5 ～ 28.35 GHz	37 ～ 37.6 GHz	64 ～ 71 GHz
加拿大	600 MHz	3.5 GHz		5.9 ～ 7.1 GHz	27.5 ～ 28.35 GHz	37.6 ～ 40 GHz	64 ～ 71 GHz
欧盟	700 MHz	3.4 ～ 3.8 GHz		5.9 ～ 6.4 GHz	24.5 ～ 27.5 GHz	37 ～ 37.6 GHz	
英国		3.4 ～ 3.8 GHz			26 GHz、28 GHz	37 ～ 40 GHz	
德国		3.4 ～ 3.7 GHz			26 GHz、28 GHz		
法国		3.4 ～ 3.8 GHz			26 GHz		
意大利		3.6 ～ 3.8 GHz					
中国	700 MHz	3.3 ～ 3.6 GHz	4.9 ～ 5 GHz		24.5 ～ 27.5 GHz	37.5 ～ 42.5 GHz	
韩国		3.4 ～ 3.7 GHz	4.8 ～ 5 GHz		26.5 ～ 29.5 GHz		
日本		3.6 ～ 4.2 GHz			27.5 ～ 29.5 GHz		
澳大利亚		3.4 ～ 3.7 GHz	4.4 ～ 4.9 GHz		28 GHz	39 GHz	

注：中国还在 2.6 GHz 部署了 5G 网络。

表 2-2　3GPP 定义的用于 5G 新空口的 sub-6GHz 频段

频段	双工模式	频率/MHz	通 用 名 称	频段子集	上行频带/MHz	下行频带/MHz	双工频差/MHz	信道带宽/MHz
n1	FDD	2100	IMT	n65	1920 ～ 1980	2110 ～ 2170	190	5, 10, 15, 20
n2	FDD	1900	PCS	n25	1850 ～ 1910	1930 ～ 1990	80	5, 10, 15, 20
n3	FDD	1800	DCS		1710 ～ 1785	1805 ～ 1880	95	5, 10, 15, 20, 25, 30
n5	FDD	850	CLR		824 ～ 849	869 ～ 894	45	5, 10, 15, 20
n7	FDD	2600	IMT-E		2500 ～ 2570	2620 ～ 2690	120	5, 10, 15, 20, 25, 30, 40, 50
n8	FDD	900	Extended GSM		880 ～ 915	925 ～ 960	45	5, 10, 15, 20
n12	FDD	700	Lower SMH		699 ～ 716	729 ～ 746	30	5, 10, 15
n14	FDD	700	Upper SMH		788 ～ 798	758 ～ 768	−30	5, 10
n18	FDD	850	Lower 800 (Japan)		815 ～ 830	860 ～ 875	45	5, 10, 15
n20	FDD	800	Digital Dividend (EU)		832 ～ 862	791 ～ 821	−41	5, 10, 15, 20
n25	FDD	1900	Extended PCS		1850 ～ 1915	1930 ～ 1995	80	5, 10, 15, 20
n28	FDD	700	APT		703 ～ 748	758 ～ 803	55	5, 10, 15, 20
n29	SDL	700	Lower SMH		N/A	717 ～ 728	N/A	5, 10
n30	FDD	2300	WCS		2305 ～ 2315	2350 ～ 2360	45	5, 10
n34	TDD	2100	IMT		2010 ～ 2025		N/A	5, 10, 15
n38	TDD	2600	IMT-E		2570 ～ 2620		N/A	5, 10, 15, 20

续表

频段	双工模式	频率/MHz	通 用 名 称	频段子集	上行频带/MHz	下行频带/MHz	双工频差/MHz	信道带宽/MHz
n39	TDD	1900	DCS–IMT Gap		1880～1920		N/A	5, 10, 15, 20, 25, 30, 40
n40	TDD	2300	S-Band		2300～2400		N/A	5, 10, 15, 20, 25, 30, 40, 50, 60, 80
n41	TDD	2500	BRS	n90	2496～2690		N/A	10, 15, 20, 30, 40, 50, 60, 80, 90, 100
n48	TDD	3500	CBRS (US)		3550～3700		N/A	5, 10, 15, 20, 40, 50, 60, 80, 90, 100
n50	TDD	1500	L-Band		1432～1517		N/A	5, 10, 15, 20, 30, 40, 50, 60, 80
n51	TDD	1500	L-Band Extension		1427～1432		N/A	5
n65	FDD	2100	Extended IMT		1920～2010	2110～2200	190	5, 10, 15, 20
n66	FDD	1700	Extended AWS		1710～1780	2110～2200	400	5, 10, 15, 20, 40
n70	FDD	2000	AWS-4		1695～1710	1995～2020	300	5, 10, 15, 20, 25
n71	FDD	600	Digital Dividend (US)		663～698	617～652	−46	5, 10, 15, 20
n74	FDD	1500	Lower L-Band (Japan)		1427～1470	1475～1518	48	5, 10, 15, 20
n75	SDL	1500	L-Band		N/A	1432～1517	N/A	5, 10, 15, 20
n76	SDL	1500	Extended L-Band		N/A	1427～1432	N/A	5
n77	TDD	3700	C-Band		3300～4200		N/A	10, 15, 20, 40, 50, 60, 80, 90, 100
n78	TDD	3500	C-Band	n77	3300～3800		N/A	10, 15, 20, 40, 50, 60, 80, 90, 100
n79	TDD	4700	C-Band		4400～5000		N/A	40, 50, 60, 80, 100
n80	SUL	1800	DCS		1710～1785	N/A	N/A	5, 10, 15, 20, 25, 30
n81	SUL	900	Extended GSM		880～915	N/A	N/A	5, 10, 15, 20
n82	SUL	800	Digital Dividend (EU)		832～862	N/A	N/A	5, 10, 15, 20
n83	SUL	700	APT		703～748	N/A	N/A	5, 10, 15, 20
n84	SUL	2100	IMT		1920～1980	N/A	N/A	5, 10, 15, 20
n86	SUL	1700	Extended AWS		1710～1780	N/A	N/A	5, 10, 15, 20, 40

频段	双工模式	频率/MHz	通 用 名 称	频段子集	上行频带/MHz	下行频带/MHz	双工频差/MHz	信道带宽/MHz
n89	SUL	850	CLR		824～849	N/A	N/A	5, 10, 15, 20
n90	TDD	2500	BRS		2496～2690		N/A	10, 15, 20, 30, 40, 50, 60, 80, 90, 100

注：N/A 表示不适用。

表 2-3   3GPP 定义的用于 5G 新空口的毫米波频段，双工模式均为 TDD

频段	频率/GHz	通 用 名 称	频段子集	上行频带/下行频带/GHz	信道带宽/MHz
n257	28	LMDS		26.50～29.50	50, 100, 200, 400
n258	26	K-Band		24.25～27.50	50, 100, 200, 400
n259	42	V-Band		39.50～43.50	50, 100, 200, 400
n260	39	Ka-Band		37.00～40.00	50, 100, 200, 400
n261	28	Ka-Band	n257	27.50～28.35	50, 100, 200, 400

2.2 6G 应用场景

2.2.1 6G 潜在的业务应用

在数字世界里，沉浸式云 XR 将在虚拟环境中提供 360°的全景观察体验，逐步迈向虚拟与现实的融合。从 IDC 2019 年发布的预测报告中可以看出，全球 AV/VR 的支出到 2023 年将达到 1600 亿美元，10 倍于 2019 年的 168 亿美元，5 年复合年增长率为 78.3%。XR 沉浸式体验大多需要通过头戴式设备使人产生双目视差，但这种显示受限于头戴设备，同时长时间使用会使人产生视觉疲劳。未来，显示交互中的信息量越来越大，裸眼的全息交互将是显示交互的最终模式。未来 6G 系统中的运载工具可能包括平流层通信设备、无人机、载人飞行车辆、公路车辆和地下隧道，交通通行感知通信一体化的需求巨大，这当中还涉及虚拟城市与环境重构：通过实时感知，获取环境的实际信息，实现虚拟城市、智慧城市、智慧网络。到 2030 年，全球智能设备数量将超过 1250 亿台，包含不断增长的个人及家用设备，智能城市所需的各类传感器、无人驾驶车辆、智能机器人等，把未来无处不在的智能紧密联系在一起。随着通信技术和计算技术的发展与融合，云、边、端存在的海量分布数据和大状态空间将被充分地挖掘利用，整个通信系统的容量和传输资源的使用效率都将得到极大提升。在未来的智慧农业中，通过卫星网络，农场中的每一棵作物、每一头动物都将安装低功耗的 IoT 标签，定时向卫星上报自身的信息，卫星收集信息并对信息进行处理后，助力农场智慧农业的发展。在 6G 网络能耗上，每比特信息的能耗要远远低于现有的 5G 网络；在能量的利用上，6G 将充分考虑能源（如风能等新能源）的可再生与可回收。根据测算研究，对于移动互联网，5G系统的传输速率和时延难以满足超高清视频、极致 AR/VR、全息等更高级显示需求，如动态全息显示峰值速率可达 Tbit/s 量级；5G 定位精度难以满足手势操控、人体动作精准识别等感知类业务应用的需求，如手势操控需要达到厘米级的精度；对于产业互联网，5G 系统的时延和可靠性难以满足协作机器人等机器间的通信需求，如机器间的协同控制要求小于 0.1 ms 的空口时延和 99.99999% 以上的通信可靠性；广域物联网、应急保障通信、消除数字鸿沟等需要移动网络由 5G 的人口覆盖向空天地海（接近无缝地理）覆盖拓展。

6G 潜在应用场景及其业务特征与挑战如表 2-4 所示。

表 2-4　6G 潜在应用场景及其业务特征与挑战

潜在应用场景	业务特征与挑战
沉浸式云 XR	• 用户体验速率：Gbit/s 量级，对上行数据速率也提出高要求； • 空口时延：< 2.5 ms； • 多维度感知：位置、动作轨迹、触感等； • 分布式计算支持云渲染、多触感融合等； • 终端功率受限，重点考虑低功耗方案
全息通信	• 用户体验速率：可达几十 Gbit/s 量级，动态全息峰值可达 Tbit/s 量级； • 空口时延：0.1 ms ～ 10 ms； • 多维度全息信息（视音频、触 / 嗅 / 味觉等）需保持严格同步； • 人脸特征、声音等敏感信息需极高安全的网络保障； • 算力需求大
感官互连	• 用户体验速率：< 100 Mbit/s； • 空口时延：1 ～ 10 ms； • 可靠性：99.999%； • 感官同步时延：10 ～ 20 ms
智慧交互	• 用户体验速率：百 Mbit/s 量级； • 空口时延：< 1 ms； • 可靠性：99.9999%； • 需不断收集用户数据进行导航和决策，隐私性和安全要求极高； • 智能体之间的语视觉、体感、情感等交互需要 AI 算力的泛在化
通信感知	• 精度：距离为厘米级，速度为 0.02 m/s，角度为 0.4°，定位为 10 ～ 20 ms； • 分辨率：距离为厘米级，速度为 0.1 m/s，角度为 1°； • 环境重构、感知成像、动作识别等需要 AI 服务的泛在化
普惠智能	• 传输方面：海量训练数据的传输处理与压缩，区域容量的高需求； • 高效的分布式协同学习架构，连接数为数万个 /km²； • AI 推理精度：>90%； • 更高效的算力调度满足高实时、高精度的智能服务，需要原生支持通算协同
数字孪生	• 用户体验速率：Gbit/s 量级； • 区域流量密度：0.1 ～ 10 Gbits/（s • m²）； • 空口时延：亚毫秒级； • 大连接：千万～亿级设备连接

续表

潜在应用场景	业务特征与挑战
机器控制和协同	• 用户体验速率：< 百 Mbit/s 量级； • 空口时延：< 0.1 ms； • 时延抖动：微秒级； • 可靠性：99.99999%； • 多维度感知：位置、动作轨迹等； • 分布式计算支持感知融合、控制决策
全域覆盖	• 空口时延：< 1 ms ～ 1000 ms； • 移动速度：> 1000 km/h； • 覆盖范围：> 1000 km； • 链路可用：> 90%

···→ 2.2.2　6G 的典型场景和部署场景

从 6G 潜在应用场景中的各个业务特征可以看到，总体来讲，未来移动网络的性能指标需要达到：① Gbit/s 级的体验速率；② 千万级的海量连接；③ 高可靠传输；④ 亚毫秒级的传输时延；⑤ 厘米级的感知精度；⑥ 超 90% 的智能精度。综合这 6 项总体性能，大致可以抽象出 6G 的五大典型场景：

- 超级无线宽带；
- 超大规模连接；
- 极其可靠通信；
- 通信感知融合；
- 普惠智能服务。

如图 2-3 所示，这五大典型场景环环相扣，体现了场景之间的交叉与融合。相比 5G 的三大典型场景：增强移动宽带、海量连接和超低时延超高可靠，6G 对这 3 个传统场景提出了更高的要求，并增添了通信感知融合的场景，而且将智能服务渗透到各个典型场景之中。

为了对 6G 关键性能指标进行测算，本着高流量、高密度、高移动性、高精度、高智能和广覆盖等原则，根据五大典型场景的总体性能，6G 定义了若干个部署场景。对应于不同的网络拓扑和部署条件，这些场景的性能指标需求分别如下。

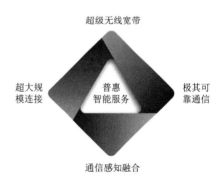

图 2-3　6G 的五大典型场景[2]

（1）室内热点：需要同时满足超高峰值速率、高体验速率和低时延。峰值速率在 Tbit/s 量级，用户体验速率在 Gbit/s 量级，频谱效率是 5G 的 1.5 ～ 3 倍，流量密度为 0.5 ～ 10 Gbit/($s \cdot m^2$)，空口时延在毫秒级。

（2）智慧城市：同时满足高连接密度、高传输速率和网络容量。连接密度需要达到

$10^7/\text{km}^2$，流量密度达到 $0.1 \sim 10$ Gbit/（s·m²）。

（3）工厂产线：需同时满足极低时延、低抖动和超高可靠性。用户体验速率在百 Mbit/s 量级，空口时延小于 0.1 ms，抖动在微秒级，可靠性达 99.99999%，定位精度在厘米级。

（4）工业制造区：需同时满足超大规模连接密度和低速率传输，连接密度要求达到 $10^7 \sim 10^8/\text{km}^2$。

（5）医院：需同时满足超大智能体用户数的低时延训练和推理。AI 推理精度要求 >90%（取决于具体场景），可靠性在 99.99999%，空口时延 <1 ms。

（6）街道：需要同时满足高感知精度和分辨率。感知精度在厘米级，感知分辨率在厘米级。

（7）偏远区域：需要满足 100% 覆盖率，移动性支持 1000 km/h，覆盖范围超过 1000 km。

这 7 个部署场景与 6G 潜在应用场景的对应关系如图 2-4 所示。

图 2-4　6G 的 7 个部署场景与 6G 潜在应用场景的对应关系

2.3 6G 性能指标要求与使能技术

···→ 2.3.1　6G 关键性能指标

通过初步测算，可以大体梳理出 6G 关键性能指标，如图 2-5 所示。相比 5G 系统，未来 6G 系统在传统的关键性能指标上有更高的要求，例如，峰值速率从 5G 系统的 10 ~ 20 Gbit/s 提高到 Tbit/s 级，用户体验速率从 5G 系统的 50 ~ 100 Mbit/s 提高到 10 ~ 100 Gbit/s，频谱效率较 5G 系统提升 2 ~ 3 倍，能耗效率相比 5G 系统提升 10 ~ 100 倍，移动性从 500 km/h 提高到 1000 km/h，控制面时延从 10 ms 缩短到 1 ms，用户面时延从 4 ms/0.5 ms 缩短到 0.1 ms，流量密度从 5G 系统的 10 Mbit/（s·m²）提高到 0.1 ~ 10 Gbit/（s·m²），可靠性从 99.999%

提高到 99.99999%，连接密度从 1 个 /m² 增加到 10 ～ 100 个 /m²。6G 系统还有不少 5G 系统没有明确要求的新指标，如超高定位精度（室外亚米级，室内厘米级）、超低时延抖动、AI 能力、感知能力、计算能力、立体覆盖、安全等级等。

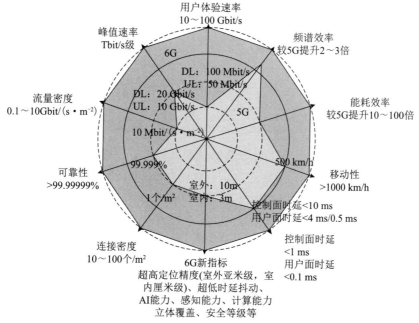

图 2-5　6G 系统与 5G 系统的关键性能指标（KPI）对比

···→ 2.3.2　性能指标的可实现性和潜在空口使能技术

前几节中的 6G 系统关键性能指标基本上是根据业务需求和部署场景测算得出的，并没有充分考虑技术上的供给能力和可实现性。这一节将从供给侧来分析前面提出的性能指标能否实现，以及可能通过哪些技术实现。值得指出的是，在一个移动通信系统中，许多性能指标不是单个满足就达到要求了，挑战之处往往是几个指标需要同时满足，尤其是对于那些通过分析计算或者单用户链路级仿真就可以推算出的指标，如峰值速率、传输时延、可靠性、移动性等指标。对于需要系统级仿真来验证性能的指标，如用户体验速率、流量密度、连接密度、频谱效率等，本身已经考虑多用户资源调度 / 共享，且每条链路有特定的 QoS 要求，所以具有一定的综合意义是权衡后的结果。

1. Tbit/s 级峰值速率指标

峰值速率取决于系统带宽、码率、调制阶数、数据流数、控制 / 导频开销等。毫米波段的带宽一般不超过 4 GHz，要达到 1 Tbit/s 的峰值速率，必须采用 1024-QAM 调制和 40 流多天线（MIMO），而对于毫米波，由于器件噪声和非线性特性，波形质量难以支持 1024-QAM；由于波长较短，毫米波的传播信道具有较强的反射 / 直射特性，能支持 40 流 MIMO 的富散射环境十分罕见。对于太赫兹波段，由于带宽有可能达到 100 GHz，通过采用 256-QAM 和 2 流 MIMO 就可以实现 1 Tbit/s 的峰值速率。新型调制编码可以使得峰值速率更高，但要求大规模的并行译码，以实现超高速度的译码处理。除了太赫兹频段，无线光融合也有可能达到 1 Tbit/s，但这在很大程度上依赖于光电子器件的发展和成熟度，需要在发光器件和光电接收机的频带宽度、发光器件的集成度上有较大的突破。

2. 10 ～ 100 Gbit/s 的用户体验速率指标

中低频段的系统带宽有限。例如，在 200 MHz 带宽条件下，采用 64 发天线、4 收天线的多用户多天线（MU-MIMO）技术，下行采用 3 个下行子帧 + 1 个特殊时隙 + 1 个上行子帧（DDDSU）的子帧配置和 30 kHz 的 OFDM 子载波间隔，通过系统级仿真，在保证一定的公平度和 1% 误块率的条件下，其 5% 边缘速率（下行体验速率）大约为 124 Mbit/s；上行用 DSUUD 的子帧配置和 15 kHz 的 OFDM 子载波间隔，通过系统级仿真，在保证一定的公平度和 1% 误块率的条件下，其 5% 边缘速率（上行体验速率）大约为 72 Mbit/s。需要指出的是，在中低频段部署时，即使增加系统带宽，如扩展到 1 GHz，上行体验速率一般不会随着频带变宽而正比例增加，原因是中低频段的小区半径相对较大，而终端的发射功率有限。当用户处于小区边缘时，终端无法占满或利用更宽的频带。对于高频段部署，由于路径损耗较大，小区半径可以设定很小，在这种情况下，终端有可能占用很宽的频带，但又不超过最大发射功率，此时用户体验速率有可能达到 10 Gbit/s 以上。因此，使用户体验速率超过 10 Gbit/s 的最有可能的方式是太赫兹通信和无线光通信，进行局部部署，在较小的覆盖范围内实现超大带宽的传输。此外，通过采用智能超表面和无蜂窝小区技术，也可以提高用户体验速率。

3. 1 毫秒内的控制面时延

对于传统的基于调度的系统，多步的接入过程能够保证不同用户在连接建立过程中的传输减少资源碰撞的概率，妥善解决冲突问题，提高随机接入的成功率。为了降低控制面时延，一个比较直接的方式是精简多步接入握手过程，每当有数据从应用层到达物理层时，则立刻进行发送，但这样做会带来碰撞，引起用户之间的干扰和无线资源的冲突，需要通过新型多址等技术来有效解决。此外，无蜂窝小区、智能超表面、超大规模天线、新型编码调制、空口 AI 等技术对降低控制面时延也有帮助。

4. 亚毫秒级的用户面时延

单向空口时延主要由基站 / 终端处理时延、帧对齐时延、数据传输时延 3 个部分组成。其中，帧对齐时延、数据传输时延可通过帧结构 / 参数的优化配置来降低。例如，采用 SDL+SUL、120 kHz 子载波间隔、短时隙调度等技术，传输时延（TTI）大约是 9 μs（即 2 个 OFDM 符号），帧对齐时延 + 数据传输时延将缩小至 30 μs。5G 新空口中最高的终端能力的最小处理时延是 214 μs，为达到 0.1 μs 单向空口时延的要求，基站或终端处理时延不应超过 70 μs。因此，缩短单向空口时延到 0.1 μs，瓶颈主要还是在处理时延，需要比现有的基带处理能力提升 3 ～ 4 倍。降低用户面时延的另一个挑战之处在于多用户场景。一个基站要在亚毫秒内同时处理多个用户的数据，这对整个小区的资源调度也会带来很大影响。通过采用智能超表面、超大规模天线、无蜂窝小区等技术，可以提高边缘用户的信道鲁棒性，以支持更多的超低时延用户。

5. 99.99999% 的可靠性指标

5G 空口已支持 99.999% ～ 99.9999% 的可靠性，为了对抗信道的频选特性，需要使用较大的带宽，以增加频率分集。对于 4 GHz 载频，评估时所使用带宽一般为 100 MHz，对于 700 MHz 载频，评估时所使用带宽一般为 40 MHz，如需将可靠性提升到 99.99999%，可以考虑：①增加时域重复传输次数，代价是增加传输时延；②增加频域资源，代价是占用更大的带宽；③增加天线数或站点部署密度，代价是增加部署成本。可靠性指标的挑战还在于多用户场景，每个用户已经占用了很大的带宽，这势必降低系统能够同时支持的高可靠用户数。而且高可靠与低时延经常需要同时满足，在多用户的条件下更加难以实现。从空口技术而言，提升可靠性的主要技术有新型调制编码、无蜂窝小区和 AI 空口。

6. 1000 km/h 的移动性

移动性是指在满足 QoS 要求（如给定数据传输速率或者频谱效率）的前提下，终端所能支持的最大移动速度。高移动速度（>500 km/h）下，信道状态信息（CSI）很难准确获取，可以考虑使用开环 MIMO。另外，高速移动性带来的不仅是多普勒频移，在具有散射的传播环境下，还会造成多普勒域的信道弥散现象，这些问题很难通过简单的频率补偿方法来解决。在这种情况下，如果还是打算采用多载波的波形，则可以考虑变换域波形，以降低高速且包含散射场景下的子载波间的干扰。根据初步的链路级仿真评估，考虑实际信道估计，相对于传统 OFDM 方案，变换域波形有 1 ～ 3.5 dB 链路性能增益，具体的增益与所采用的接收机方案有关。此外，无蜂窝小区、空天地一体化能够有效加大小区的半径，减少小区切换频度，并实现更大地理范围下的高速移动性。

7. 定位精度指标

3GPP 的 5G Release 16 的定位精度要求是 80% 的用户的室内水平维度的精度在 3 m 以内，室外水平维度的精度在 10 m 以内。在 Release 17，定位精度的要求有一定提升，对于工业物联网（Industry Internet of Things, IIoT），90% 的用户的水平维度的精度在 0.2 m 以内，垂直维度的精度在 1 m 以内；对于一般的商用网络，90% 的用户的水平定位精度在 1 m 以内，垂直定位精度在 3 m 以内。6G 系统的定位精度指标在室外场景需要达到分米级，在室内场景要达到厘米级。室外场景下，可以依靠密集部署、超大规模天线、感知等技术来进一步提升定位精度。具体地，更密集的站点部署可以提升信号接收强度，增加可分辨多径；超大规模天线可以形成更细的波束，提升空间角度分辨率；基于环境感知辅助的定位能够提供更加智能的环境感知信息，包括地图、指纹库等。在室内场景下，除了以上技术，还可以考虑太赫兹通信感知，利用超高的波束分辨率和超大带宽，提升定位精度。

8. 0.1 ～ 10 Gbit/（s·m²）的流量密度

提升流量密度的有效方式是增大基站的部署密度，其次是采用更大的带宽，再次是提升频谱效率。随着基站密度的提升，站间干扰会变得越来越严重，当基站密度达到一定水平后，流量密度的增加会逐渐趋于饱和。对于高频部署，因为路径损耗很大，邻区基站的干扰相对不严重，基站密度增加的空间相对更大。而且高频段往往与大带宽相辅相成，流量密度的提升更容易在高频部署中实现。值得一提的是在中低频段，邻区基站的干扰可以通过无蜂窝小区或者多点协作处理（CoMP）来降低。以 32 发天线、4 收天线的 MU-MIMO 为例，假设上下行信道具有互易性，采用 4 个 Port 的上行探测导频（SRS），基站天线配置为 (4，4，2，1，1；4，4)，子载波间隔为 30 kHz，子帧配比为 DSUUD，可用带宽为 600 MHz，12 个相邻基站参与 CoMP，则流量密度大约为 10.7 Mbit/（s·m^2）；如果采用 64 发天线、8 收天线的 MU-MIMO，假设上下行信道具有互易性，采用 4 个 Port 的上行探测导频（SRS），基站天线配置为 (8，16，2，1，1；2，16)，子载波间隔为 120 kHz，子帧配比为 DSUUD，可用带宽为 400 MHz，36 个相邻基站参与 CoMP，此时流量密度约为 22.8 Mbit/（s·m^2）；智能超表面也有望提高系统的流量密度。当频谱效率给定时，需要更大的带宽，以及更高的站点密度来满足该指标。例如，如果在高频段，可用带宽增加到 4 GHz 可用带宽，36 个相邻基站参与 CoMP，流量密度可达到 0.23 Gbit/（s·m^2）。

9. $10^7 \sim 10^8$ 个 /km^2 的连接密度

连接密度是指在单位面积上，满足所需要的 QoS 时，所能成功接入系统并受到服务的终端数量。在 5G 系统，这个 QoS 的定义为 32 Byte 的数据包在 10 s 内被成功接收，所假定的包到达率很低，平均一天 24 小时只有几个。因此，按照这个推算，采用窄带物联网（NB-IoT）技术，在 180 kHz 的带宽内可以满足 10^6 个 /km^2 的该类物联网终端密度。但是，6G 的超大规模连接的业务模型远比 5G 时的更加丰富，不仅支持低速率广覆盖（Low Power Wide Area，LPWA）式的业务，还支持对传输速率和传输时延有比较高要求的业务，数据包的大小会超过 32 Byte，时延在毫秒级。而且随着连接数的增加，控制信令的开销会大幅度增加，需要采用"轻控制"的传输方式，否则系统的资源将大部分耗费在控制信令的传输上，没有足够的无线资源用于数据的传输。"轻控制"传输对多址技术的研究提出了更高要求，会涉及多用户的信道编码、波形设计等数字移动通信的基础技术。此外，无蜂窝小区、智能超表面、超大规模天线等技术有助于提升每个连接的频谱效率，从而提高整个系统的连接密度。海量连接的终端还包括远洋船只上的各类传感器和人迹罕至地区的遥感探测装置，需要借助通信卫星联网，涉及空天地一体化技术。

10. $2 \sim 3$ 倍系统频谱效率的提升

在空口的各个关键技术指标当中，系统的频谱效率最能体现物理层基础技术的整体水平，涉及波形多址、信道编码、多天线技术（包括智能超表面、无蜂窝小区、超大规模天线等）、各类物理层的控制与反馈、无线资源调度等。频谱效率的指标也是最具挑战的，尤其是对于同构宏站网。原因有二：①经过不断演进，移动通信的物理层已汇聚了前人几十年研究的成果，在基本信号处理、信道编码和多天线领域，近些年来的重大理论发现和技术突破不是很多，尽管有不少改进性的方案，但大多是增量式的革新，"质"的飞跃并不多见；②4G 和 5G 系统容量、传输速率的提升在很大程度上来自系统带宽的增大，而大的带宽通常只有在高频段才有可能。然而，高频通信会面临器件功放效率低、传播路径损耗严重、散射 / 衍射现象不显著等问题，对频谱效率产生很大的不利影响。

　　传统意义上，频谱效率的评估主要针对移动宽带业务或其增强（eMBB），而且多考虑宏网同构部署。5G 系统相比 4G 系统频谱效率的提升主要得益于大规模天线（Massive MIMO）技术，在 6G 系统中，继续增加基站天线数对频谱效率的增加会有一定帮助。以现有 3GPP 5G NR 标准作为参考，即以 Release 16 的 32 发天线、4 收天线的 MU-MIMO 为例，如图 2-6 和图 2-7 所示。对于中低频段（< 6 GHz）和低速移动场景（< 30 km/h），采用 64 发天线、4 收天线 MU-MIMO，基站侧有 128 个天线数字端口，与参考的基线相比，小区平均频谱效率大约可以提升 15%，边缘用户频谱效率大约可以提升 32%。需要指出的是，增加基站天线的数字通道数和总的天线单元数，会使基站的功耗大大增加，不仅是射频的功率放大器及其他元器件，而且基带处理复杂度也大大增加。

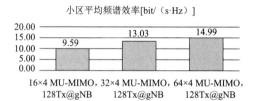

图 2-6　中低频段部署下的宏小区 eMBB 场景的下行平均频谱效率与天线数的关系

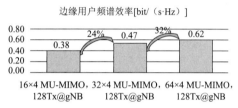

图 2-7　中低频段部署下的宏小区 eMBB 场景的下行边缘频谱效率与天线数的关系

　　中低频段的上行频谱效率的情形与下行的类似，如图 2-8 和图 2-9 所示，假设均采用单用户多天线技术（SU-MIMO）。对于中低频段，还可以采用无蜂窝小区、多址接入、智能超表面（RIS）等技术来提高系统的频谱效率。对于基站只有两根发射天线、终端只有两个接收天线的情形，当没有部署 RIS 时，小区内均匀随机分布的用户下行平均信干燥比（SINR）为 5 dB，当在每个小区边缘部署 8 个 RIS 面板，每个面板有 40×40 = 1600 个无源超材料天线单元时，用户平均下行 SINR 增加到 15 dB。从频谱效率角度看，频谱效率相当于从 2.06 bit/（s·Hz）增加到 5.05 bit/（s·Hz），增益约为 145%。

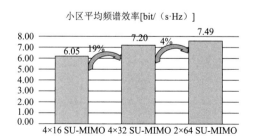

图 2-8　中低频段部署下的宏小区 eMBB 场景的上行平均频谱效率与天线数的关系

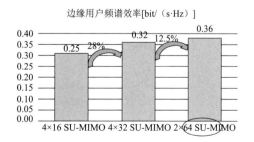

图 2-9　中低频段部署下的宏小区 eMBB 场景的上行边缘频谱效率与天线数的关系

对于高频段（>7 GHz），如毫米波，由于 5G 系统的主要问题是保证宏小区的覆盖，而不是频谱效率，在实际的 5G 毫米波产品的 Hybrid-MIMO 架构中，数字通道只有 4 个，每个数字通道通过采用较多数目的天线单元来实现较细的模拟波束，从而保证小区同步信道、系统消息和物理控制信道等的基本覆盖。由于毫米波器件的非理想特性，毫米波器件很难支持高阶调制和高码率，再加上散射 / 衍射现象不明显，只能支持流数较少的 MIMO 传输。另外，考虑毫米波的大带宽，对毫米波传输的频谱效率要求一般不是很高。尽管 3GPP 中对毫米波系统开展系统级仿真评估的公司很少，数据结果并不全面，但根据以上分析，在 5G 系统毫米波 eMBB 场景下，宏小区频谱效率的基线参考值应该不是很有挑战性。如果 6G 系统毫米波超宽带场景在宏网的主要问题还是覆盖，则频谱效率提升就显得不那么必要了；但如果 6G 毫米波在宏网部署对频谱效率也有较高要求，则可以考虑"全数字"毫米波天线架构来提升同时调度的用户数和 MIMO 流数，但需要妥善解决消息 / 控制类信道在宏网中的覆盖问题，以及基站功耗问题。

除了超级无线宽带，超大规模连接同样有频谱效率的概念，此时计算频谱效率需要充分考虑各种控制信令的开销。虽然 5G 系统没有对 mMTC 场景下的频谱效率进行明确定义，但在 6G 的研究中可以考虑补上，以便对比。对于比较特定的部署或网络拓扑，如室内热点、异构网等，频谱效率的测算方式经常根据具体情况而定，不具有普遍性，可以采用的技术也有一定的专用性。

表 2-5 是对以上分析的总结，列举了 6G 网络的关键性能指标（与空口相关的）及潜在的空口技术。

表 2-5　6G 网络的关键性能指标及潜在的空口技术

网络性能指标	6G 关键性能指标	潜在空口技术
峰值速率	Tbit/s 级	太赫兹通信，新型编码调制，无线光融合
用户体验速率	$10 \sim 100$ Gbit/s	太赫兹通信，无线光融合，智能超表面，无蜂窝小区，超大规模天线，新型多址，新型编码调制
控制面时延	< 1 ms	新型多址，无蜂窝小区，智能超表面，超大规模天线，新型编码调制，空口 AI
用户面时延	< 0.1 ms	智能超表面，无蜂窝小区，超大规模天线，新型编码调制
可靠性	> 99.99999%	新型编码调制，无蜂窝小区
移动性	> 1000 km/h	新波形，无蜂窝小区，空天地一体化
流量密度	$0.1 \sim 10$ Gbit/$(s \cdot m^{-2})$	智能超表面，无蜂窝小区，超大规模天线，太赫兹通信，无线光融合，新型编码调制，新型多址，空口 AI
连接密度	$10^7 \sim 10^8$ 个 /km²	新型多址，无蜂窝小区，智能超表面，超大规模天线，空天地一体化，空口 AI
频谱效率	是 5G 系统的 $2 \sim 3$ 倍	智能超表面，无蜂窝小区，新型多址，超大规模天线，新型编码调制，空口 AI
能耗效率	是 5G 系统的 $10 \sim 1000$ 倍	智能超表面，新型编码调制，空口 AI
定位精度	室外：亚米级 室内：厘米级	超大规模天线，无蜂窝小区，智能超表面，无线光融合，太赫兹通信，空口 AI

2.4 6G 潜在的部署频段

6G 网络发展需要综合考虑新业务需求、技术、产业成熟度、部署成本及商用的时间节奏，分场景、分步骤地有效使用候选授权频段，同时兼顾考虑利用非授权频段。

2.4.1 中低频段

Sub-6 GHz 频段，即 450 MHz ~ 6 GHz 的低频谱资源的持续开发和高效利用仍然至关重要，特别是在提供无缝的网络覆盖方面优势明显。全球移动通信频谱分配现状：Sub-6 GHz 以下低、中频谱已分配殆尽。全球范围内，各主要国家和地区的 4G LTE 频谱组合有 1000 多种。例如：

北美：600/700/900 MHz (FDD), 1700/1900MHz (FDD), 2300/2600MHz (FDD/TDD), 2500MHz (TDD)；

欧洲：450/800/900MHz (FDD), 1800/2100MHz (FDD), 2600MHz (TDD)；

中国：800/1800/2100MHz (FDD), 1900/2300/2600MHz (TDD)；

韩国：850/900MHz (FDD), 1800/2100/2600MHz (FDD)；

日本：700/850/900MHz (FDD), 1500/1800/2100MHz (FDD), 2500/3500MHz (TDD)；

东南亚：700/850/900MHz (FDD), 1800/2100/2600MHz (FDD), 2300MHz (TDD)；

印度：850/1800MHz (FDD), 2300MHz (TDD)；

中东与非洲：800/1800MHz (FDD), 2300MHz (TDD)，2600MHz (FDD/TDD)；

拉丁美洲：700MHz (FDD), 1700/1800/1900MHz (FDD)，2600MHz (FDD/TDD)。

表 2-6 是中国在 2G（GSM）、3G（TD-SCDMA、WCDMA 和 CDMA）和 4G LTE 的频谱分配情况。

表 2-6　中国在 2G、3G 和 4G LTE 的频谱分配情况

双 工 模 式			频带下限 /MHz	频带上限 /MHz	带宽 /MHz	频谱资源总和 /MHz
2G	FDD	UL	825	835	10	162
		DL	870	880	10	
		UL	889	915	26	
		DL	934	960	26	
		UL	1710	1755	45	
		DL	1805	1850	45	
3G、4G LTE	TDD	Un-paired	1880	1920	40	345
		Un-paired	2010	2025	15	
		Un-paired Indoor	2300	2400	100	
		Un-paired	2500	2690	190	
	FDD	UL	1755	1785	30	180
		DL	1850	1880	30	
		UL	1920	1980	60	
		DL	2110	2170	60	
频谱资源总和 /MHz						687

与 sub-6 GHz 相邻的 6 GHz 频段，即 5925 ～ 7125 MHz 的覆盖性能、覆盖深度、建网速度和成本都明显优于毫米波，频段使用情况复杂（在轨卫星使用），短期内释放全部 1.2GHz 带宽难度大。6 GHz 频段是行业专网和 Wi-Fi 6 产业争夺的焦点，竞争形势严峻。

如果加上 2.1 节中的 5G NR 已经定义的频段，可以推算出 sub-6 GHz 和 6 GHz 可以用于未来移动通信的频率资源储备（注意，各国 / 地区有一些差别），如表 2-7 所示。可以看出，2.6 GHz 及以下的频段在主要国家 / 区域都已发放，除非频谱重耕，无法为 6G 的授权频谱系统使用；3.1 ～ 3.4 GHz 频段本来留给地面移动通信的不多，在日本、韩国和美国还有 300 MHz 频段尚未发放；3.4 ～ 3.8 GHz 作为全球 5G 网络的主流频段，已发放殆尽；3.8 ～ 4.2 GHz 的频段除了韩国和美国还有 220 ～ 300 MHz 没有发放，其他国家 / 区域的已无频谱可以发放；4.5 ～ 5.0 GHz 频段除了日本和韩国尚有 100 ～ 490 MHz 还没发放，其他国家 / 区域已无储备；6 GHz 的上段，中国、欧洲和日本都有大量频谱尚未发放。

美、日、韩三国未来频谱规划主要聚焦在 C-Band 的 3.1 ～ 4.2 GHz 频段，计划打通整个 C-Band 的高低两段，获取 1100 MHz 的连续频谱。但在中国和欧洲，由于卫星占用和已局部发放等原因，C-Band 频段的可用频谱总量远低于美、日、韩三国，需要依靠 6 GHz 频段弥补中频段频谱缺口。6 GHz 是中国未来在中频段提供大于 2 GHz 带宽储备的重要频段，也是 5G-Advanced、6G 的黄金频段。

表 2-7　2025—2030 年各区域 / 国家中低频资源，包括已发放和未发放频段　　　　MHz

国　　家	中　　国	欧洲国家	日　　本	韩　　国	美　　国	
总计（宏网）	1685	1840	1740	1620	1770	
已发（宏网）	985	1140	1450	1000	1250	
＜ 2GHz	465	550	490	450	500	
2.3 GHz	90（室内）	0	100	80	30	
2.6 GHz	160	190	160	190	190	
3.1 ～ 3.4 GHz	100（室内）	0	待定	300	300	
3.4 ～ 3.8 GHz	200	400	400	300	400	
3.8 ～ 4.2 GHz	0	400	300	300	180	220
4.5 ～ 5.0 GHz	160	0	490	100	0	
＞ 6 GHz	700	700	100	0	0	

注：标灰部分为未发放频段。

注意，表 2-7 显示，在 6 GHz 的上段，中国还有 700 MHz 的频谱储备。主要考虑是在中低频段，用于卫星通信的也占有相当分量。表 2-8 列举了包括中国和 Space X 的卫星频段。地面移动通信进一步挖掘未来网络的频谱，肯定需要与卫星通信组织协调。总体来讲，3.6 ～ 4.2 GHz 频段已比较广泛地被卫星通信所使用，退出的可能性很低。5.8 ～ 6.4 GHz 频段有一些卫星通信的业务服务，短期内也不容易协调。而 6425 ～ 6725 MHz 频段现存卫星业务对应的 3400 ～ 3700 MHz 下行频段已 IMT 化给移动通信使用，可积极推动该频段卫星业务退网。7025 ～ 7125 MHz 频段的卫星业务少，具有短期内频谱退网的可能性。

表 2-8 中国和 Space X 的卫星频段

GHz

应用	运营商	编号	归类	S DL	S UL	C DL	C UL	Ku DL	Ku UL	Ka DL	Ka UL	Q/V DL	Q/V UL
卫星	中国电信	天通一号（政府）	GEO（移动）	1.98~2.01	2.17~2.2								
卫星	中国卫通	中星 16/18	GEO（宽带）							17.7~21.2 / 18.7~20.2	21.4~22.7 / 29.45~30		
卫星	中国卫通	中星 X 号（政府）	GEO（宽带）			3.6~4.2	5.85~6.45	11.7~12.2	17.3~17.8				
卫星	中国卫通	亚太 X 号	GEO（宽带）			3.7~4.2	5.925~6.425	12.25~12.75	14.0~14.5				
卫星	TBD	亚洲卫星（政府）	GEO（宽带）			3.62~4.2	5.84~6.425	12.25~12.75 / 11.46~11.61	13.75~14.5				
卫星	联通+商业	银河航天（商业）	LEO（移动）									TBD	TBD
卫星	Space X（参考）	Starlink（商业）	LEO（移动）					10.7~12.7（用户）	14~14.5 / 12.75~13.25（用户）	17.8~18.6 / 18.8~19.3（馈电）	27.5~29.1 / 29.5~30（馈电）	37.5~42.5	47.2~50.2 / 50.4~52.4
固定	微波		固定			3/4G	6G	10/11G	13/15G	18G（23G）	26/28G	38/42G	
固定	IMT 机会 运营商	频谱	移动			3.4~3.7 / 3.7~4.2 / 4.5~4.8	6.425~6.725 / 5.925~6.425 / 6.725~7.125	10~10.5 / 10.7~12.75	12.7~13.2 / 14.3~15.3	17.6~19.7（21.1~23.6）	24.25~27.5 / 26.5~29.5	37~43.5	45.5~47 / 47.2~48.2
固定	IMT 机会 运营商	干扰				卫星终端	卫星集总	卫星终端	卫星集总+接入/回传	卫星终端+接入/回传	卫星集总	卫星终端	卫星集总

注：加灰底的数据是没有实际部署的频段。圆角矩形框标示的数据是适合未来中低频 6G 网络的频段。

···→ 2.4.2　毫米波频段

相比 sub-6 GHz 和 6 GHz 频段的拥挤情况，毫米波频段可以用于未来移动通信的频谱资源相对丰富。如图 2-10 所示，用于移动或固定业务通信的毫米波目前主要分布在 3 段：26 GHz、40/50 GHz 和 70/80 GHz。在 3GPP，已经将 26 GHz 段中的 24.25 ～ 27.5 GHz 和 40/50 GHz 段中的 37 ～ 43.5 GHz 定义为 5G 新空口频段。相应的系统带宽在表 2-6 列出。其中的 24.25 ～ 27.5 GHz 频段的邻频保护指标分两个阶段满足，即 2027 年以前，基站侧的邻频辐射功率谱密度不超过 −33 dB（W/200MHz），终端侧的邻频辐射功率谱密度不超过 −29 dB（W/200MHz）；2027 年以后，基站侧的邻频辐射功率谱密度不超过 −39 dB（W/200 MHz），终端侧的邻频辐射功率谱密度不超过 −35 dB（W/200 MHz）。

在 40/50 GHz 频段中，45.5 ～ 47 GHz 和 47.2 ～ 48.2 GHz 是轻授权的频段；在 70/80 GHz 频段中，66 ～ 71 GHz 频段是免授权频段，有许多 IEEE 802 的协议在使用。

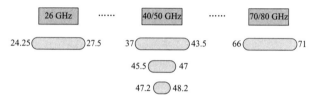

图 2-10　移动或固定业务毫米波的分配情况

···→ 2.4.3　太赫兹频段和光波频段

太赫兹频段的频谱资源丰富，但长距离通信存在短板。如图 2-11 所示，在干燥空气（水气成分很低）的条件下，太赫兹频段的传播路损远远低于标准大气湿度的情形。在地面通信或者大气层内的通信（尤其是低轨环绕地球时），空气中的水流成分在多数情况下不容忽视，会严重缩短太赫兹频段的传播距离，因此地面或近地的太赫兹通信及感知的场景主要是近距离或者室内的，如几米或者十几米。

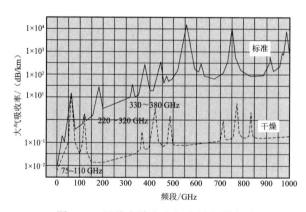

图 2-11　无线电波在大气中的传播衰减

为了推动太赫兹通信 / 感知的研究，2019 年举办的世界无线电通信大会（World Radiocommunication Conferences, WRC-19）宣布，新增 4 个全球标识的移动业务频段，总共有 137 GHz 的带宽，如图 2-12 所示。结合在之前的 WRC 大会上已分配的 252 ～ 275 GHz 频段，形成了两个超大带宽的太赫兹频点：① 275 GHz 频点，带宽为 44 GHz，范围为 252 ～ 296 GHz；② 400 GHz 频点，带宽为 94 GHz，范围 356 ～ 450 GHz。

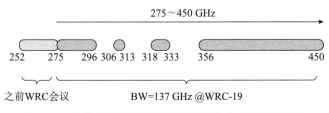

图 2-12　太赫兹中用于陆地移动和固定业务通信的频段

随着频率的进一步提高、波长的进一步缩短，电磁波的波动特性逐渐减弱，粒子特性逐渐增强，每个光子所携带的能量也越大。在太赫兹光波之上，依次为红外光、可见光、紫外线、X 射线等，如图 2-13 所示。这些波段因为传统上很少用于无线通信，而且带宽资源极其丰富，所以没有授权频谱的概念。太赫兹光波的波段与红外光的波段的界限不是十分清晰，一些远红外光频段与广义的太赫兹频段有交叠，但一般来讲，波长在 30 μm 以内（即频率在 10 THz 以上）的电磁辐射属于红外光。可见光的波长范围为 0.38 ～ 0.78 μm，频率范围为 385 ～ 789 THz。再往上是紫外线，频率可以达到 100 PHz，波长可以短至 3 nm。广义的光波频段可以包含红外光、可见光和紫外线，振动频率从 10 THz 到 100 PHz，在学术界也被称为拍（Peta）赫兹频段。理论上讲，拍赫兹频段可以用于无线光传输或者感知，但是进一步细分拍赫兹的频段，它们的应用场景、物理特性和器件工艺有较大的差异。

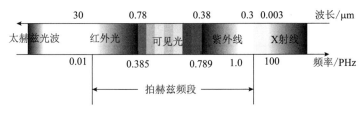

图 2-13　无线光传输 / 感知用的拍赫兹频段

◦参考文献◦

[1] 3GPP. Study on self evaluation towards IMT-2020 submission: TR 37.910 [S]. Sophia antipolis: 3GPP, 2017.

[2] IMT-2030(6G) 推进组 . 6G 典型场景和关键能力白皮书 [R/OL].(2022-07)[2023-06-13]. http://www.caict. at.cn/kxyj/qwfb/ztbg/202207/P020220724437616473703.pdf.

第 **3** 章

6G无线接入网的网络拓扑

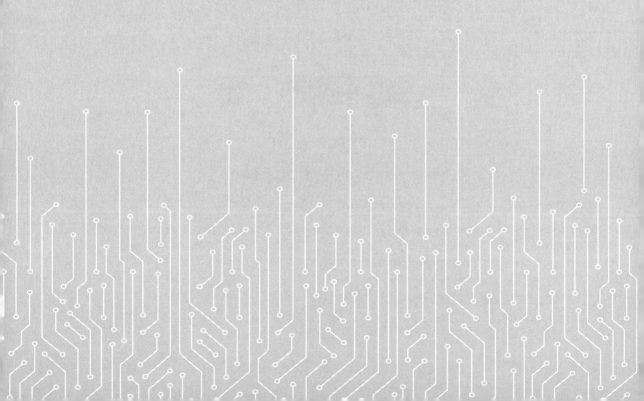

无线接入网一般由多个无线基站或收发节点按照一定的几何形状或概率分布排布而成。移动通信网络的发展，从第一代到第三代基本上以宏站构成的同构网为主，网络拓扑是比较规则的六边形蜂窝形状；之后进入了第四代，为支持更广泛的应用场景，增加系统容量，改善网络覆盖，无线接入网的拓扑形状变得更加多样化，如低功率节点与宏站构成异构网络。近些年，业界又提出了无蜂窝小区的概念，以进一步提高系统的吞吐率，形成无缝的覆盖和小区移动切换。这里需要强调的是无蜂窝小区的概念是从终端用户的角度，打破了传统的小区驻留等概念，给人的感觉是系统不再区分终端的所属小区。从网络角度，实际服务某个终端的小区数还是有限的，在地理上也是局部的。网络仍然由多个基站或节点组成，网络中的物理节点的拓扑结构并没有发生本质的变化。

本章结合部署频段、路径损耗模型、发射功率、天线形态等，介绍 4G 和 5G 几种典型的网络拓扑，包括地面宏站同构网、地面异构网、无源超表面中继、终端直连（或车联网）、低空无人机、卫星通信网。需要指出的是，尽管本章对 6G 可能采用的多种网络拓扑进行描述，但也只是挑选了几个比较有代表性和普遍意义的网络拓扑。在实际网络中，基站或者节点需要根据具体需求和现实环境条件部署，尤其是对于各类行业应用的专网，节点布置方式千差万别，关于这些专网拓扑的描述已超出了本书的内容范畴。

3.1　无线接入网的拓扑结构与部署频段

无线接入网比较典型的拓扑结构类型有宏站同构网、有线 / 无线回传的有源节点、无源节点（类似智能超表面中继）、终端直连、空天地一体化等。它们一般有比较适合的部署频段，如图 3-1 所示。

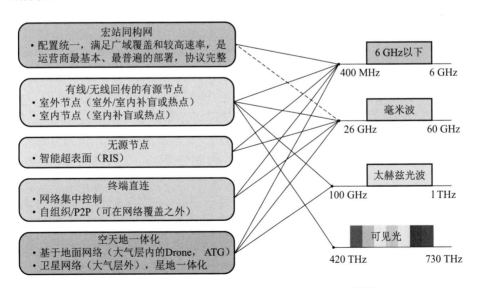

图 3-1　无线接入网的拓扑结构类型与相应的部署频段

宏站同构网要求有比较广域的地面覆盖，所以部署频段的传播路径损耗必须比较小。对于宏站同构网，6 GHz 以下频段是最常用的。虽然在 5G 网络，毫米波也被用于宏网覆盖，但值得指出的是，目前商用的毫米波网络还不能达到广域覆盖，所用的终端形式很多是在家中用的客户端前置设备（Customer Premise Equipment，CPE），本身并不具有一般意义的移动性，所以在图 3-1 中用虚线连接。

有线 / 无线回传的小功率有源节点，每个节点的覆盖半径比宏站的覆盖半径小，可以采用 6 GHz 以下频段，此时经常与宏站同频部署，用于增加整个系统的容量；也可以工作在毫米波频段，与宏站形成异频部署，用于局部热点的增强。例如，采用异频段的载波聚合，通过终端与宏站在中低频连接，从而保证移动性管理等基本功能，同时终端与基站在毫米波频段连接，增加低功率节点周围的用户业务信道的容量。低功率节点还可以与毫米波宏站同频部署，进行局部的覆盖补盲。对于部署在室内的低功率有源节点，通常是短距离无线传输，并且视距上不能存在阻挡，室内低功率节点还可以采用太赫兹频段或者可见光频段。太赫兹通信虽然具有更高的峰值速率，但传输距离很短，一般在几米以内，且器件成本高昂。可见光通信一般依赖于普通照明，典型的发射机是经过改造的 LED 灯，而终端可以是加上了光电探测模块的终端，一般只能支持下行传输。

无源节点（如智能超表面）的情形与小功率有源节点类似，但有同频的要求。一种是智能超表面（RIS）部署在室外，采用 6 GHz 以下的频段，与宏站同频，完成中继转发的功能；也可以支持小功率的有源节点，在室外或者室内，完成对小站信号的中继转发。需要指出的是，由于太赫兹光波的波长很短，相应的 RIS 单元尺寸过小，目前还没有较为成熟的工艺能够制造出具有大量单元的太赫兹 RIS 器件。在可见光通信中，一般采用光学透镜的方式来调整光波波束方向或者汇聚程度，而不是通过 RIS。

终端直连是指终端与终端直接进行通信，数据不需要经过网络。如果彼此进行直连通信的收发终端都处于网络的覆盖之内，则直连链路（Sidelink）的传输和接收可以在网络的集中控制之下，这样做的优点是网络能够全局协调直连链路的无线资源，减少资源碰撞，并在一定程度上有利于开展合法的监听，保证网络的安全。其弊端是增加了控制面和数据面的传输时延，以及更多的信令交互开销。如果直连通信的终端有一方处于网络覆盖之外，另一方处于网络覆盖之内，则覆盖内的终端可担任中继，直连链路基本上还是由网络集中控制。当直连通信的收发两方都处于网络覆盖之外，则需要通过一些自组织的方式，例如推举出一个终端作为主控节点，或者采用完全扁平分布式的管理，构成 P2P 网络。这种情况在一些专网，如公共安全（抢险救援、边防等）、车联网（V2X）情形中比较常见。此时的终端形态与一般民用移动网络的终端可能有所区别，如具有更高的发射功率、更高的信号灵敏度、特殊的鉴权流程等。当终端直连在室外场景中，如果直连链路的通信距离要求较远，如百米级，则采用 6 GHz 以下频段比较合适；若直连通信的终端相距十几米以内，则可以考虑采用毫米波频段。毫米波频段的一个好处是相比中低频段具有更精确的定位和感知能力，这在车联网上有较广泛的应用。

空天地一体化通信的"空"包括接近地面飞行的无人机、处于巡航高度的民航飞机等处于稠密大气层内的飞行物；"天"通常是指稠密大气层之外的卫星 / 飞船等。对于"空"，基本上还是通过地面通信网络来服务，即可以由地面上的宏基站天线朝向无人机或民航飞机，来进行信号和数据的收发。考虑到百米至万米的传输距离，工作在 6 GHz 以下频段比较合理。对于无人机场景，如果用于定位和感知，则还可以考虑毫米波频段，采用具有超高定向性的毫米波波束，跟踪和监控无人机的飞行状况。对于"天"上的通信卫星，目前在 6 GHz 以下频段和毫米波频段都有相应的频率划分，长距离传输的路径损耗可以在一定程度上通过采用超大规模天线阵列产生超细的波束来弥补。太赫兹频段也是有望用来进行空天地一体化通信的频段，但由于严重的水汽衰减，太赫兹频段未来主要用于星与星之间的通信，因为星间链路的大气极为稀薄，水汽含量极低，有可能支持十万米距离的无线数据传输。

3.2　地面通信网络

地面通信网络包括宏站同构网、低功率的有源基站 / 节点、无源节点（智能超表面）、终端直连 / 车联网等，宏站的高度一般不超过几十米，低功率有源基站 / 节点或者智能超表面的部署高度也不高于楼层建筑的顶部。与整体的覆盖面积相比，地面通信网络的结构是比较摊平的立体结构，尤其是宏站同构网情形。传统意义上的地面通信网络不包括水下通信网络或者地下通信网络，除非是由少量基站 / 节点构成的局域无线网络。随着无人机及其民用航空业务的迅猛发展，地面通信网络近年来也拓广到地面以上高度不超过 400 m 的空间区域。另外，对于一些航线服务的需求，地面通信网络可延伸到民航飞机的巡航高度（约 10000 m）。但无论如何，在支持无人机或民航航线覆盖的网络中，基站或者节点还是部署在地面附近，只是终端 / 用户可以处于比较高的高度。

⋯→ 3.2.1　宏小区同构网

宏小区同构网是移动通信接入网最普遍的拓扑，源于蜂窝通信的最初概念，也是覆盖大片区域的最经济有效的方式。所谓同构，是指每个宏基站的发射功率相同，天线配置和增益相同，扇区的划分基本类似，所以覆盖半径大致相同。每个小区的形状近似正六边形，彼此能够很好地贴合相邻。

宏小区同构网部署的经济性体现在以下两个方面：①宏站通常是中低频段部署（目前最高是 3.5 GHz，注：28 GHz 尚不能达到网络的全域覆盖），再加上比较高的发射功率，如果仅从覆盖的角度，小区半径一般在 200 m 以上，典型的大概在 500 m 左右。半径与面积是平方关系，这使得覆盖整个地区所需的基站数量远远小于其他拓扑类型的接入网。②同构网中的各个基站的配置和扇区划分基本相同，具有较强的一致性，当用户分布及业务流量的分布在地理上比较均衡时，同构宏网的网络优化相对容易，有比较通用的方法。设备可以采用相同的参数，使得软件和硬件的开发和维护有批量效应，大大降低了建设和运营维护的成本。当存在流量热点或者局部覆盖空洞时，则可以增加一些低功率基站 / 节点或智能反射面来增大网络容量和信号覆盖面积。

宏小区同构网之所以普遍部署，一方面是由于它的经济性，另一方面是因为它能有效地支持移动性管理。移动性是移动通信的基本功能之一，从第一代到第五代移动通信，期间有过不少适用于定点通信的技术被提出，但最终都被摒弃，一个重要原因是在移动性上的方案设计不成功。同构小区的正六边形形状保证了覆盖的连续性，当终端用户因为移动而跨越小区边界时，小区切换可以更加平滑。每个宏站的覆盖面积较大，这就使得在相同的移动性条件下，终端在移动过程中所经历的小区切换次数相比低功率基站 / 节点的要少很多，从而减少小区切换带来的各种开销，降低链路中断的可能性。也正是这个原因，用户终端的随机接入和移动性管理通常都是基于同构宏小区的。换句话讲，终端在大多数时候都是驻留于某个宏小区的，与网络进行周期性的信令交互，即使在没有数据业务发送 / 接收时，只是周期比较长而已。从这个意义上说，同构宏小区具有移动通信网络的基本功能，对同构宏网的连接可靠性和覆盖能力的要求一般是比较高的。

理想的同构网是无限延展的、没有边界，但在系统容量分析和仿真中，网络所含有的基站 / 扇区数目是有限的，这就带来一个问题，即处于网络边界的小区所受到的干扰明显少于网络中心的小区。早期的容量分析 / 仿真一般是简化处理，只统计中心小区的各种性能指标，但这样做会严重降低仿真评估的效率。为了比较全面、准确地对邻区干扰进行建模，必须仿真很多小区，把中心小区层层围住。要保证所统计的性能指标尽量反映全部可能的邻区干扰，就只能用中心小区的仿真结果，其他小区的仿真都是来"陪衬"模拟干扰信号的。

以上的系统仿真效率问题在第三代移动通信网络的研究过程中得到了有效的解决，如图 3-2 所示。真正进行仿真的是中间灰色部分，该区域一共有 19 个宏基站和若干个终端。以最中间的基站为中心，里圈有 6 个基站，外圈有 12 个基站。每个基站分为 3 个扇区，其天线朝向如图 3-2 中箭头所指。周围 6 块白色部分是对中间灰色仿真区域的翻卷复制，用于消除边界效应。具体地讲，在下行仿真时，将中间的 19 个基站（57 个扇区）的瞬时发射功率复制到周围的 114 个基站上，终端受到的干扰不仅来自中间的 19 个基站，还来自周围的 114 个基站，这样就保证了终端在外圈靠边缘时仍能够像在中心时"看到"干扰。同理，在上行仿真时，将中间灰色区域的终端的位置和发射功率复制到周围区域，干扰的计算也包括所有区域的终端（对应 OFDMA 系统，则应除去本扇区里的终端）。由于消除了边界效应，19 个基站和所服务的终端的仿真数据都可以收集、整理。在翻卷复制过程中，一般只需要计算信道大尺度参数，相对于没有翻卷复制情形所增加的运算量不大。图 3-2 所示的拓扑一直沿用到 IMT-2020 的同构网系统性能评估。

在实际网络及在系统仿真过程中，由于存在阴影衰落，对于终端，小区实际的边界不会像图 3-2 那样规则。阴影衰落的模型通常符合对数域上的正态分布，标准方差为 5 ~ 12 dB，一般随着工作频带的增高略有增加，但并不随传播距离而有明显的变化。对于宏蜂窝环境，阴影衰落标准方差典型值为 8 dB。考虑路损一般为 80 ~ 130 dB，8 dB 的阴影衰落标准方差会使小区形状不是严格规则的，尤其当小区覆盖半径较小时。

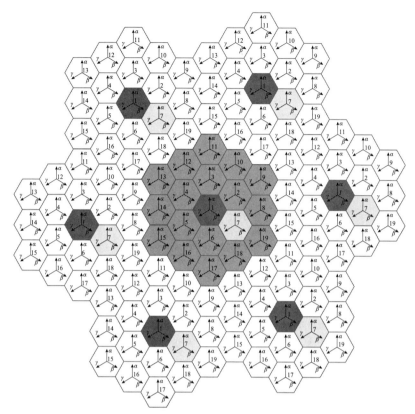

图 3-2　用于系统仿真的同构网拓扑

　　为了更形象地理解同构宏站网络的拓扑，在表 3-1 中分两种比较典型的部署场景：乡村场景和密集城区场景，列举了一些重要的系统配置参数和常用的仿真参数及模型。可以看出，由于乡村场景的部署频段较低，宏基站的发射功率更大，基站天线高度更高等因素，其站间距远比密集城区的要大。尽管终端的地理分布都是均匀随机的，但乡村场景中的用户在室外的比例更高，且在室外多半是在高速公路上开车，移动速度为 120 km/h。

表 3-1　同构宏站网络的系统配置参数和常用的仿真参数及模型

基本配置	参　　数	
	乡村场景	密集城区场景
网络拓扑	六边形宏小区	六边形宏小区
载频	700 MHz	4 GHz
站间距（相对于小区半径的 1.7 倍）	1732 m	200 m
大尺度信道模型	可以使用 UMa 模型	可以使用 UMa 模型或 UMi 模型
终端最大发射功率	24 dBm	23 dBm
宏站发射功率	49 dBm（20 MHz 带宽）	44 dBm（20 MHz 带宽）

续表

基本配置	参数	
	乡村场景	密集城区场景
宏站天线高度	35 m	25 m
宏站天线增益	8 dBi	8 dBi
宏站接收机噪声指数	5 dB	5 dB
终端天线增益	0 dBi	0 dBi
终端分布	用户在整个小区内均匀分布，50% 室外用户，50% 室内用户，用户移动速度为 3 km/h（室内）、120 km/h（室外）	用户在整个小区内均匀分布，20% 室外用户，80% 室内用户，用户移动速度为 3 km/h（室内）、30 km/h（室外）

···→ 3.2.2　异构网络拓扑

所谓异构网络拓扑，是指在规则形状排布的宏网中，加入一些低功率的基站或者节点（Low Power Node，LPN）。相比宏站的覆盖面积，低功率节点的覆盖面积要小很多。正是宏小区和微小区在覆盖范围上的显著差别，使得整个混合网络的拓扑呈现异构。

宏站与低功率节点在覆盖范围上的差别除了是因为发射功率和天线增益不同之外，还因为路径损耗（路损）的差别，即大尺度衰落的均值。地面通信的电磁传播环境通常分为视距（LOS）场景和非视距（NLOS）场景。因此，大尺度衰落的模型也分成视距（LOS）和非视距（NLOS）两种情形。图 3-3 显示了市区的两种天线高度（宏站 UMa 和低功率微站 UMi）的路损与距离的曲线。其路损（PL）与传播距离（d，单位为 m）的关系如下：

$$\begin{cases} PL_{LOS-UMa} = 34.02 + 22\lg d \\ PL_{NLOS-UMa} = 19.56 + 39.1\lg d \\ PL_{LOS-UMi} = 35.96 + 22\lg d \\ PL_{NLOS-UMi} = 33.05 + 36.7\lg_{10} d \end{cases} \tag{3-1}$$

从图 3-3 可以看出，非视距的路损比视距的路损要高很多，微站的路损明显高于宏站的路损。这其中的一个重要原因是基站天线高度的差别，宏站天线一般高 25 m，而微站天线的高度在 10 m 左右。除了路损本身，视距传播的发生概率也十分重要。离基站愈远，视距传播的可能性愈小。通常发生视距传播的概率与距离的关系建模成指数递减函数，其中的指数参数随场景不同而有差别。在同样的距离下，基站天线较高的，其视距传播的概率也较高。

$$\begin{cases} Pr_{LOS-UMa} = \min\left(\frac{18}{d}, 1\right)\left(1 - \exp\left(-\frac{d}{63}\right)\right) + \exp\left(-\frac{d}{63}\right) \\ Pr_{LOS-UMi} = \min\left(\frac{18}{d}, 1\right)\left(1 - \exp\left(-\frac{d}{36}\right)\right) + \exp\left(-\frac{d}{36}\right) \end{cases} \tag{3-2}$$

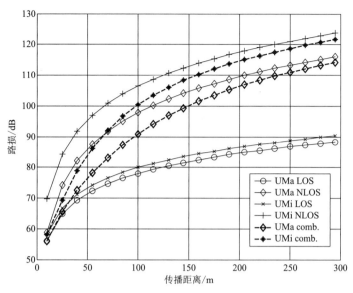

图 3-3 UMa（25 m 天线高度）和 UMi（10 m 天线高度）场景的路损与传播距离的曲线[1]

结合视距传输的概率，可以把视距情形下的路径损耗与非视距下的路径损耗在分贝（dB）域上线性加权，得出图 3-3 中的混合后（comb）的路损函数，用粗线表示。可以看到，在靠近基站时，路损呈现视距传输的特点。当终端远离基站时，路损更呈现非视距传输的特点。尽管低功率节点路损大，但通过更密集的部署，可以在其小范围覆盖面积内提高终端的信干燥比（SINR）。图 3-4 为低功率节点在小区边缘的等角度规则部署。

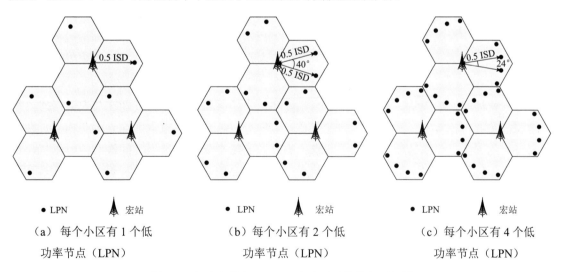

（a）每个小区有 1 个低功率节点（LPN）　　（b）每个小区有 2 个低功率节点（LPN）　　（c）每个小区有 4 个低功率节点（LPN）

图 3-4 低功率节点（LPN）在小区边缘的规则部署

对于由宏站和低功率节点组成的异构网，宏站和低功率节点的频点分配有两种方式。

（1）同频部署：宏站与低功率节点共用同样的频段，往往是较低的频点。这种部署的优点是不用另外分配频段，终端只需在一个频段上工作，可以降低终端的成本和功耗，频谱资源的利用率较高；缺点是宏站与低功率节点之间存在同频干扰，网络优化相对复杂。通常情况下，低频段的带宽不大，低功率节点即使希望对周围近距离的用户进行热点增强，也会因为带宽的限制而无法完全发挥近距离通信的优势。

宏站的发射功率比低功率节点的发射功率高许多，一般会有一个数量级的差别（如 46 dBm 相比 33 dBm）。同频部署时，如果采用同构宏站的小区搜寻接入的参数，如同样的 RSRP，则会使得低功率节点的小区半径过小，并与上行的情形不大相符。注意，对于异构网的上行，宏站与低功率节点的差别主要是接收天线的增益和传播信道的路径损耗发射功率没有差别。为了使低功率节点的下行和上行的覆盖半径更加匹配，可以采用对低功率节点的 RSRP 加偏置的方法，终端在选择低功率小区时会在 RSRP 上增加一个偏置，Serving Cell = $\mathrm{argmax}_i\,(\mathrm{RSRP}_{i,\,\mathrm{dB}} + \mathrm{Bias}_{i,\,\mathrm{dB}})$。这样可以使小区范围扩展。因为能够扩大低功率节点的覆盖范围，所以这种方法也称 Cell Range Expansion（CRE）。图 3-5 给出了用和不用 CRE 的差异。当然，RSRP 加偏置的方法使得低功率节点小区边缘受到更加严重的来自宏站的下行干扰，需要一些干扰抑制或协调的方法来改善。

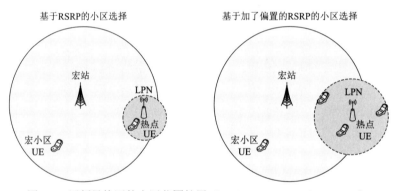

图 3-5　同频异构网的小区范围扩展（Cell Range Expansion，CRE）

（2）异频部署：宏站一般采用较低的频段和较窄的系统带宽，而低功率节点采用较高的频段和较宽的传输带宽。异频部署的优点是能够充分发挥低功率节点的热点增强作用，在较小的覆盖范围满足较高的数据吞吐量需求；另外，宏站与低功率节点之间没有同频干扰，小区的网络优化相对容易。但是该部署的缺点也是很明显的。首先，异频部署要求终端具有两套射频通道，成本和功耗大大提高。其次，终端必须支持载波聚合，通过接入宏站的较低频段，完成移动性管理，包括小区切换（只有跨越宏小区边界才切换），再通过较高频段的大带宽与低功率节点进行数据传输。另外，运营商需要同时使用两个频段，总的频谱利用率很可能不如同频部署的利用率高。

低功率节点的部署除了图 3-4 中的规则部署之外，还可以随机或者根据实际地理需要部署，如图 3-6 所示的低功率节点在 7 个宏站（21 个宏扇区）内随机部署，也是 3GPP 研究中常用的部署假设。

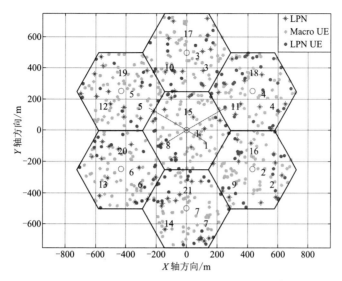

图 3-6　低功率节点在宏小区内的随机部署[1]

注：LPN—低功率节点；Macro UE—宏站所服务的终端；LPE UE—低功率节点服务的终端

低功率节点（如 Micro 和 Pico 节点）通常以有线方式与网络相连。另一种节点是无线中继，此类节点通过无线回传链路与宏站，即宿主基站（Donor eNB）相连。中继的天线高度大概在 5 m 左右，比一般终端的 1.5 m 要高很多，因此传播环境通常优于宏站到终端的链路。图 3-7 是无线回传链路的路损模型，包括视距情况（LOS）和非视距情况（NLOS）及混合的平均曲线，路损（PL）与距离（d，单位为 m）的关系如下。

$$PL_{LOS\_Case1\_Un} = 30.2 + 23.5 \lg d$$
$$PL_{NLOS\_Case1\_Un} = 16.3 + 36.3 \lg d \tag{3-3}$$

LOS 的概率为

$$Pr_{LOS\_Case1\_Un} = \min\left(\frac{18}{d}, 1\right) \cdot \left(1 - \exp\left(-\frac{d}{72}\right)\right) + \exp\left(-\frac{d}{72}\right) \tag{3-4}$$

按照式（3-3）的比例将 LOS 路损和 NLOS 路损按照式（3-4）中的 Los 概率混合，即图 3-7 中的粗黑线方块线。图 3-7 还显示了经过部署位置优化后的中继回传链路的路损。部署的位置优化带来两个方面的增益：①提高视距传播的概率，如 $1 - (1 - Pr)^3$；②降低非视距情况下的路径损耗，直接降低 5 dB。注意，路损的减少是针对服务宏站的，相邻小区的宏站到中继的路损并不因为优化部署而减少，所以这样的处理和建模对降低邻区干扰十分有利。

以上的低功率节点多数是部署在室外的。在另外一些情况下，可以将低功率节点部署在室内，构成室内热点，如家庭基站（Femto 节点）。两种模型可以用来模拟 Femto 节点的实际应用场景。

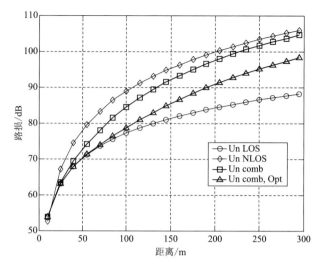

图 3-7　无线回传链路（25 m 高宏站天线，5 m 高中继天线）的路损模型[1]

注：Un LOS—回传链路 LOS 路损；Un NLOS—回传链路 NLOS 路损；Un comb—回传链路路损混合；Un cromb，Opt—回传链路路损混合且优化站址

（1）双条（Dual strip）模型。每个街区有两排公寓，如图 3-8 所示。每排有 $2N$（N =10）个公寓。每所公寓的面积是 10 m²。在两排公寓之间有一条宽度为 10 m 的街道。为了保证不同街区的 Femto 节点彼此不会太靠近，两排公寓的外沿各留出 10 m，所以每个街区的大小是 $10×(N+2)$ m 长，70 m 宽。在每个宏小区覆盖范围内，随机分布着 1 个或多个这样的热点街区。系统仿真中还需假设这些热点街区彼此没有交叠。每个街区有 L 层，L 在 1 ~ 10 之间随机选取。这就意味着当有多个热点街区时，每个热点街区可以层数不同。在实际情况中，并非每所公寓都有一个 Femto 节点，具体情形取决于占用比例。如果占用比例为 0.2，则表示平均每层有 0.2×40 = 8 个 Femto 节点，每个街区共有 8L 个 Femto 节点。另一个参数为激活比例，表示激活的 Femto 节点的百分比。如果家庭基站是激活的，则会以合适的功率在业务信道发射，否则只发射控制信道。激活比例为 0 ~ 100%。

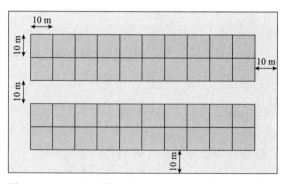

图 3-8　Femto 节点的双条（Dual-strip）街区公寓模型

（2）5×5 grid 模型：每一个 grid 是 10 m²，一共有 25 个，组成一个方阵。

图 3-9 是一个双条模型的 Femto 节点与宏站构成的异构网。Femto 街区在宏小区内的分布是均匀随机的。用户的分布也是均匀随机的。可以看出，由于电磁波的穿墙损耗等，如表 3-2 所列，即使是同频部署，宏站对 Femto 节点的干扰较小，室内用户绝大多数由 Femto 节点服务，只有很少数的室内用户选择宏站为服务小区。

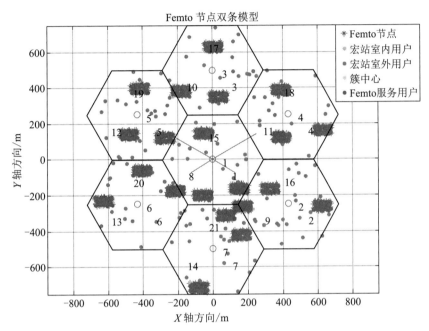

图 3-9　Macro-Femto 场景下的用户分布双条模型[1]

表 3-2　通常建筑材料的穿透损耗

材　料	穿透损耗 /dB
标准玻璃	$L_{\text{glass}} = 2 + 0.2f$
IRR 玻璃	$L_{\text{IIRglass}} = 23 + 0.3f$
混凝土	$L_{\text{concrete}} = 5 + 4f$
木材	$L_{\text{wood}} = 4.85 + 0.12f$

注：f 是载波频率，单位是 GHz。

类似 Femto 节点的室内部署，其传输距离较短，一般在几米以内，且多数是视距传输，没有墙体和家具等的阻挡，终端的移动速度较慢，十分适合超高频段通信，如太赫兹和可见光通信。

如果是异频部署或者虽然是同频部署，但建筑墙体穿透损耗很高，这样的室内低功率节点可以构成相对隔绝的局域网络，不受宏站信号的干扰。室内工厂就是这样一种典型部署，主要的几何拓扑参数如表 3-3 所列[2]，室内工厂的基站示意图如图 3-10 所示。

表 3-3　室内工厂场景的参数

参　　　数		InF				
		InF-SL	InF-DL	InF-SH	InF-DH	InF-HH
布局	厂房大小	矩形：20 ～ 160000 m²				
	天花板高度	5 ～ 25 m	5 ～ 15 m	5 ～ 25 m	5 ～ 15 m	5 ～ 25 m
	有效堆放物（Clutter）高度 h_c	小于天花板的高度，0 ～ 10 m				
	外墙和天花板类型	具有金属涂料窗口的混凝土或金属墙和天花板				
	堆放物类型	由常规金属表面构成的大型机械	中小型金属机械和不规则结构的物体	由常规金属表面构成的大型机械	中小型金属机械和不规则结构的物体	任意
	典型的堆放物尺寸，$d_{CLUTTER}$	10 m	2 m	10 m	2 m	任意
	堆放物密度 r	<40%	≥ 40%	<40%	≥ 40%	任意
	BS 天线高度 h_{BS}	比平均堆放物高		比堆放物高		比堆放物高
UT 位置	LOS/NLOS	LOS 和 NLOS				100% LOS
	高度 h_{UE}	处于堆放物中的				比堆放物高

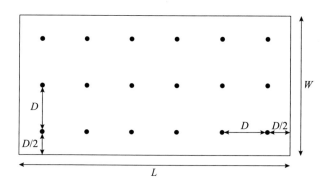

图 3-10　室内工厂的基站示意图

注：W—宽度；D—间距；L—长度。

···→ 3.2.3　无源节点的网络拓扑

由无源器件，如智能超表面（RIS）构成的节点可以作为中继，用于扩大网络覆盖范围和提高系统吞吐量。无源器件本身没有功率放大作用，只是反射或透射从宏站或者终端发来的电磁波，因此其部署与同频的无线中继比较类似。图 3-11 是一个智能超表面随机部署在宏小区边缘，服务边缘小区用户的例子。无源节点因为自身的一些特性，与无线中继的部署有一些细节差别，这些将在本书的 6.2 节中描述。

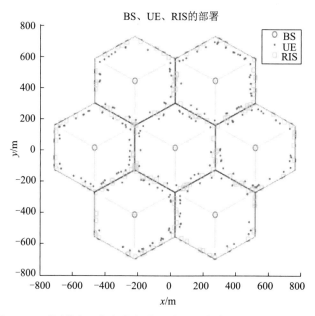

图 3-11　无源节点（如智能超表面中继）在宏小区边缘部署的示例

···→ 3.2.4　终端直连和车联网

终端直连是指终端之间在相距不是很远的情况下，可以不通过移动网络，而直接相互进行无线数据的收发。所谓的不通过移动网络有两层含义：①第一层是指移动网络不参与无线数据的转发（如从发送终端到其所属的基站，再到核心网，再到接收终端所属的基站，最后到接收终端，都属于无线数据转发），但是网络对直连链路的通信具有控制权，体现在资源分配 / 调度、功率控制、用户配对等方面，此类的终端直连仍然处于移动网络的覆盖之下，是网络可控、可管的；②第二层的终端直连可以完全脱离移动网络，在没有网络覆盖的情形下仍然可以工作。此时直连链路的传输可以是完全自主或竞争式的，或者是在终端群组中推选出一个 / 几个控制终端，负责协调直连链路的数据传输。

终端直连在有网络覆盖时的几何拓扑与前面所述的宏站同构网、宏站 + 低功率节点的异构网类似，主要差别在于终端之间的路径损耗模型。由于室外终端的高度一般在 1.5 m 左右，远远低于基站（无论是宏站还是低功率节点）的天线高度，终端之间的无线传播信道有更大概率的 NLOS，路径损耗远高于基站与终端的链路，对于室外高度较低的天线，ITU-1411 模型是一个比较常用的路损模型，尤其适合收发两端天线在 1.9 ～ 3 m 的高度，与终端直连通信的场景比较匹配，其数学表达式如下。

$$\begin{cases} d < 44.2\,\mathrm{m},\ \mathrm{PL} = 20\lg10(d) - 27.35 + 20\lg10(f) \\ 44.2\mathrm{m} < d < 64.2\mathrm{m},\ \mathrm{PL} = 2.29d - 29.77 \\ d > 64.2\mathrm{m},\ \mathrm{PL} = 40\lg(d) - 103.7 + 45\lg10(f) \end{cases} \qquad (3\text{-}5)$$

注意，f 的单位为 MHz。

ITU-1411 模型如图 3-12 所示。可以看出，当两个终端的距离在 44 m 以内，路损情形与低功率节点到终端的链路类似，但当距离超过 44 m 之后，路损迅速增大；大于 64 m 之后，路损超过 120 dB，基本上难以保证一般的通信质量要求。也正是这个原因，终端直连通信也被称为近距离服务，强调场景中相互通信的用户距离大多在 50 m 范围内。

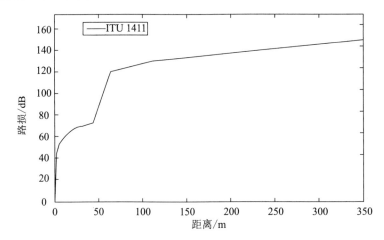

图 3-12　ITU-1411 模型（适合收发两端天线高度在 1.9 ～ 3m 范围）

当用户处于网络覆盖范围之外时，前面所述的同构宏网或者低功率节点异构网络拓扑就不存在了。此类场景通常对应于社会应急、自然灾害、公安、消防等突发事件，用户所用的终端多数是专用定制的，具有比普通民用终端更高的发射功率，支持的业务多是组播和广播类型的。在突发情形下，局部地区的这种特殊用户的数量和密度可能很高，虽然终端不一定都同时发送信息或者讲话，但多数还是处于接听状态的。这种情况下的系统仿真，无论是终端之间的相互发现或者彼此的直连通信，只需定义一个发射用户，其他周围的用户处于接收状态。终端直连系统仿真中的终端分布如图 3-13 所示。

终端直连与车联网的关系密切，终端直连是车联网的基础，因为车与车之间可以通过终端直连的方式直接通信，能够降低时延，更好地满足安全交通的要求，即在极短时间内进行预警提示和事故规避。车联网是终端直连的重要应用，为终端直连技术的推广发挥了重要作用，积累了大量的宝贵经验。需要指出的是，车联网是既可以在有网络覆盖的情形下工作，也可以不依赖于移动网络。这两种场景也催生出不同的解决方案和标准协议体系。其中不依赖于移动网络的方案是基于免授权频段的 IEEE 802.11p 协议，终端与终端之间完全平等，采用竞争式的接入和通信方式。依赖移动网络的方案有 LTE V2X 和 5G NR V2X，其网络拓扑与前面所述的同构宏网或者有低功率节点的异构网类似，但增加了一些专门适用于车与车通信的场景设置。两种比较典型的场景如下。

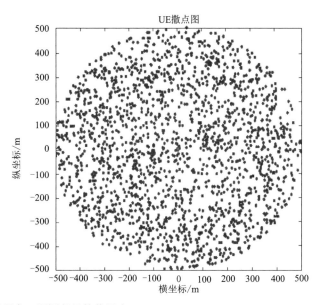

注：中心处为发射用户，周围都是接收用户。

图 3-13　终端直连系统仿真中的终端分布（可以不依赖移动通信网络而独立运行）

- 城区网格式街道，如图 3-14 所示，在多个小区构成的一片城区中，街道呈规则网格状，车辆在这些网状的街道上行驶。为使外圈小区所受到的邻区干扰与中心小区的类似，采用翻卷复制，如中部白色的小区簇和周围 6 个不同颜色的小区簇。注意，这里的六边形小区拓扑的翻卷复制要保证街道网格的连续性，不难发现，只要小区簇的中心与网格节点重合，翻卷复制就能够保证街道网格的连续性，网格的最大长度和最大宽度分别为站间距的 $\sqrt{3}/2$ 和 1/2。如图 3-15 所示，城区街道一般假设有 4 条车道，每个方向有两条车道，道路的总宽度为 14 m，每条车道的宽度为 3.5 m，车速可以是 15 km/h 或者 60 km/h。在网格节点（十字交叉路口）有交通信号灯。在图 3-15 中，街边还部署了一些低功率的专门服务车联网的节点，被称为路边服务单元（Roadside Service Unit，RSU），组成基于异构网的车联网。为方便系统性能评估，每次仿真中的车辆行驶速度都假设相同，网络中的车辆密度也处处相同。在同一条车道，前车与后车的平均距离等于 2.5 秒乘以车的行驶速度。
- 高速公路，如图 3-16 所示，当高速公路穿过小区簇的中心时，在翻卷复制的过程中，高速公路能够保持连续和方向不变。高速公路一般假设有 6 条车道，每个方向有 3 条车道，每条车道的宽度可以是 3.5 m（如图 3-17 所示）或者是 4 m，仿真中的高速公路长度至少有 2000 m。车辆行驶速度假设为 70 km/h 或者 140 km/h。每次仿真中的车速假设相同，车辆密度也处处相同。在同一条车道，前车与后车的平均距离等于 2.5 秒乘以车的行驶速度。在图 3-17 中，高速路边还部署了一些 RSU。

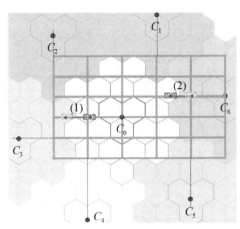

图 3-14　城区网格式街道的拓扑（网格的最大长度、宽度分别满足 $\sqrt{3}/2$ 和 $1/2$ 倍站间距的关系）[3]

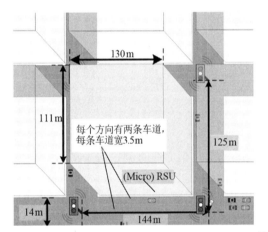

图 3-15　城区网格式街道的一个街区（含 RSU）[3]

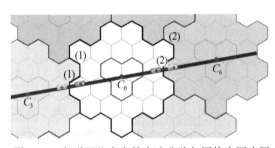

图 3-16　车联网仿真中的高速公路与同构宏网小区

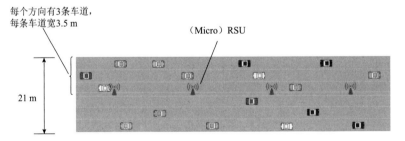

图 3-17　高速公路的车辆分布（含 RSU）

···→ 3.2.5　支持特殊应用的网络

随着业务的发展，地面移动网络能够支持更多的特殊应用，所服务的用户不再局限于地面或者楼宇之中，可以拓展至民用无人机或者航线飞机。无人机的飞行高度一般在 400 m 以下，可以有两种方式组网：①无人机自己组成网络，每架无人机可以成为一个节点，类似终端直连，而部分无人机与地面移动网络保持联系；②无人机只是一个终端，仍然需要依托地面移动网络。

许多民用无人机工作在第二种模式下。为了尽量减少对传统用户的业务影响，基站天线的下倾角通常不做调整。因此，从无线网络拓扑的角度，前面介绍的同构宏网、低功率节点的异构网能够支持无人机的通信业务，但是无人机毕竟是在空中飞行的，它与基站通信的信道模型跟基站到地面终端的信道模型有相当大的差别，这就使得无人机终端实际感受到的小区边界与地面上规则的六边形小区有很大不同。

无人机通信传播信道的最大特点是路径损耗较小，这体现在较高概率的视距传输上，如图 3-18 所示。

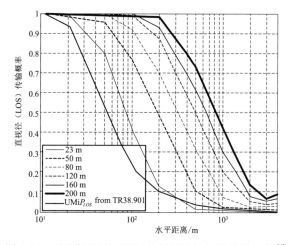

图 3-18 无人机与地面基站传播信道的视距传输概率 [4]

从图 3-18 看出，随着无人机飞行高度的增加，从 23 m 到 200 m，无线电波视距传输的可能性越大。例如，当无人机与地面基站的水平距离为 500 m（一般基站的覆盖半径）时，如果无人机的高度是 23 m，则只有约 2% 的可能性是视距传输；但如果无人机的高度是 120 m，则有约 50% 的可能性是视距传输；如果再高一点，如 200 m，则 80% 的可能性是视距传输。这就意味着，即使基站天线方向不做向上的倾斜，当无人机上升至一定高度时，它将受到来自周围多个地面基站的严重干扰。图 3-19 是同构宏站网络情形下，无人机在不同飞行高度的下行宽带信干燥比（SINR）的累计概率密度（CDF）比较。与最右边的地面用户的 SINR 的 CDF 相比，随着无人机高度的增加，邻区干扰也随之增加，SINR 逐渐恶化。当飞行高度为 400 m 时，绝大多数无人机的 SINR 达不到 5 dB。相比之下，地面用户或者室内用户将近有一半的 SINR 超过 5 dB。

无人机空中飞行的视距传输所造成的小区间干扰使得无人机的小区归属 / 接入变得十分复杂，而且不同飞行高度的情形也不相同，如图 3-20 所示。

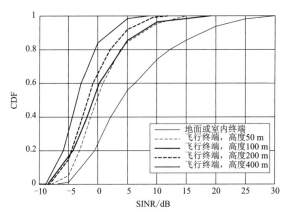

图 3-19　无人机在不同飞行高度的下行宽带信干燥比（SINR）的 CDF 比较[5]

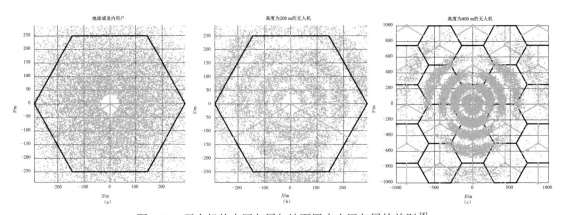

图 3-20　无人机的小区归属与地面用户小区归属的差别[5]

图 3-20（a）是地面用户在一个基站覆盖区域中的密度分布。可以明显看出，越是靠近基站的地面用户，它们由本小区基站服务的概率越大，密度也越高。随着与基站的水平距离增大，信号功率逐渐降低，邻区基站的干扰逐渐增大，由本基站服务的概率单调下降，密度逐渐降低。这个趋势符合地面移动网络的基本特征。但是对于飞行高度为 200 m 的无人机，如图 3-20（b）所示，邻区基站的强干扰使得信干燥比与基站水平距离的变化曲线不再单调减小，而是存在一些波动和反复，即稍微远离本基站的无人机的信干燥比有时反而会更高，从而更有可能由本基站服务。如果无人机高度升到 400 m，接入本基站的用户有可能远在两层外的邻近基站小区内，而且几何分布上有明显的波动，如图 3-20（c）所示。

3.3　卫星 - 地面一体化网络

尽管随着移动通信技术这些年的迅猛发展，地面通信网络在世界范围内已覆盖了多数人群，但在人迹罕至的沙漠、高山、海洋、极地地区等，尚有大面积的覆盖空洞，而卫星通信可以有效地为这些地区提供无线服务。与地面通信中的固定基站 / 低功率节点不同，除了距离地球表面 35786 km 的同步卫星（GEO），其他大部分卫星，无论是高度在 8000 ～ 20000 km 的中轨卫星（MEO），还是高度在 500 ～ 2000 km 的低轨卫星（LEO），如图 3-21 所示，都是沿着地球的大圆，环绕地球（地心）公转，也就是说中轨卫星或者低轨卫星基站 / 中继节点相对于地面始终是运动的，是一个不断运动漂移的网络。

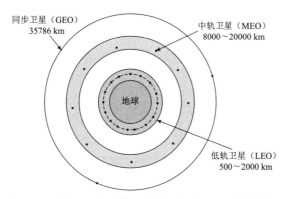

图 3-21　通信卫星按高度分类的示意图（圆形轨道为例）

对于同一条轨道上的卫星，它们之间的相对距离基本保持不变（但不一定等距），周期性地对地球上某一地区的用户提供服务。当部署的卫星数量达到一定程度时，业务的连续性可以通过切换至同一轨道相邻的卫星或者邻近轨道上的卫星或更高轨的卫星得以保障。根据运动学原理和万有引力定律，得

$$m\frac{v^2}{r} = G\frac{Mm}{r^2} \tag{3-6}$$

式中，M 和 m 分别是地球和卫星的质量，$M = 5.965 \times 10^{24}$ kg；v 是卫星环绕地球的线速度；G 是万有引力常数，等于 6.67×10^{-11} Nm²/kg²。因此，环绕速度可以表示为

$$v = \sqrt{\frac{GM}{r}} \tag{3-7}$$

可见，轨道越低，卫星环绕速度越快（例如，对于 600 km、1500 km 和 10000 km 高度，速度分别是 7.5622 km/s、7.1172 km/s 和 4.9301 km/s），环绕周期越短，对地面的视角越大，卫星切换越频繁。低轨卫星的优势在于：①传输时延较小；②路径损耗较小；③可以更密集地覆盖地球表面。这些都可以大大提高卫星 - 地面一体化网络的容量。

卫星与地面用户的基本路径损耗（不包括空气吸收、电离层 / 平流层闪烁、穿透损耗）可以用以下公式表示：

$$\text{FSPL}(d, f_c) = 32.45 + 20\lg(f_c) + 20\lg(d) \tag{3-8}$$

式中，载频 f_c 的单位是 GHz；与地面用户的距离 d 的单位是 m。尽管在自由空间传播，但由

于传输距离很长，路径衰减还是相当严重的。以 S 波段的 2 GHz 载频为例，对于低轨 600 km 和 1200 km 的基本路径损耗分别为 154 dB 和 160 dB。这个损耗比相距为 300 m 的两个地面终端之间的路损还高。如果是 Ka 波段的 20 GHz 载频，低轨 600 km 和 1200 km 的路径损耗分别可达 174 dB 和 180 dB。

相比正常工作条件下，sub-6G 频段的地面基站与用户的路损一般在 100 ~ 130 dB 的范围。为了弥补近 30 dB 的额外路损，通信卫星通常需要很大孔径的天线及大阵列单元形成方向可调的窄波束，从而满足地面目标用户的信号强度要求。随着星上天线的制造水平的进步，以及火箭运载能力的不断提升，即使是低轨的通信卫星，天线孔径目前可以做到直径超过 5 m，能够支持手持式终端，大大增强了卫星通信的移动性。

由于卫星沿地球大圆环绕，尽管每条轨道上的卫星的相对位置比较固定，但相同高度的各个不同轨道上的卫星之间的相对位置是动态变化的，这些卫星不是按照某种固定队形做整体迁移。轨道的排布也有多种方式，即使是一个卫星网络中同样高度的卫星轨道，也可以与赤道平面呈不同角度，如图 3-22 所示。具体的轨道排布取决于所服务的地区、业务需求、覆盖连续性、每个轨道上的卫星数目、轨道高度等。

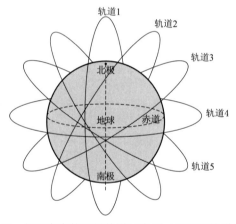

图 3-22   相同高度的卫星轨道示意图（以圆形轨道为例）

环绕轨道可以是圆形的，也可以是椭圆形的。椭圆轨道上的卫星在远地点时的环绕速度最低，在近地点时的环绕速度最高，覆盖半径也不断变化，计算比较复杂。为方便分析，不失一般性，本节以圆形轨道为例。卫星正下方地面的波束覆盖半径 R_B 与地球半径 R_E、卫星距离地面的高度 H、3 dB 的波束半角宽度 η 等的关系可以用以下公式表示。其中一些参数的几何关系如图 3-23 所示 [6]。3 dB 的波束半角宽度 η 与天线孔径 D 和波长 λ 之间的关系可以近似写成 $\eta = 35\lambda/D$。

$$\sin \rho = \frac{R_E}{R_E + H}$$

$$\cos \varepsilon = \frac{\sin \eta}{\sin \rho}$$

$$\lambda + \varepsilon + \eta = \frac{\pi}{2}$$

$$R_B = \lambda R_E \tag{3-9}$$

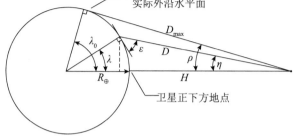

图 3-23　计算卫星波束地面覆盖半径（在卫星正下方）

注：D—卫星与波束外沿的距离；D_{max}—卫星与地平线的距离。

根据以上的波束覆盖半径公式，分别代入卫星高度、卫星天线孔径和波长，可以大致计算出在卫星正下方的波束覆盖直径，如表 3-4 所列。对于处于 35786 km 高度的 S- 波段同步卫星，天线孔径较大，可达 22 m，波束较窄，只有 12 分（0.2°），但由于距离地面较远，尽管波束很窄，但一个波束的覆盖直径仍可达 250 km；同样，S- 波段距离地面 1200 km 和 600 km 的低轨卫星，典型的天线孔径为 2 m，波束宽度虽增加了 10 倍，但覆盖直径分别只有 90 km 和 50 km。以上的卫星工作在 Ka 波段时，天线孔径因为波长的减小可以适当减小，波束能够更细，覆盖直径也相应更小。例如，Ka 波段的 600 km 高的低轨卫星，其波束覆盖直径只有 20 km。

表 3-4　典型卫星高度、天线孔径、载频、3 dB 的波束半角宽度和正下方波束覆盖直径 [7]

卫星波段	S- 波段	S- 波段	S- 波段	Ka- 波段	Ka- 波段	Ka- 波段
卫星高度 /km	35786	1200	600	35786	1200	600
卫星天线孔径 /m	22	2	2	5	0.5	0.5
载频 /GHz	2	2	2	20	20	20
3 dB 的波束半角宽度 /(°)	0.20	2.20	2.20	0.09	0.88	0.88
波束覆盖直径 /km	250	90	50	110	40	20

需要强调的是，以上的波束覆盖半径的计算是假设在卫星的正下方的区域，即波束的法线方向与地面垂直。然而，在很多时候，卫星与地面覆盖区域的俯仰角远小于 90°，如图 3-24 所示。此时，每个波束覆盖区域在沿着卫星轨道方向的直径和垂直于卫星轨道方向的直径都变长，但前者变长更快、更显著，波束照到地面的"光斑"变成类似椭圆的形状。地球表面的球面形状使得"光斑变形"的现象更加明显，如图 3-25 所示。这里的低轨卫星工作在 S 波段，距离地面的高度为 1200 km。卫星天线的总孔径为 2 m。如果按照半波长的天线单元间距，即 $3 \times 10^8 / (2 \times 10^9 \times 2) = 0.075$（m），可以容纳 $(2/0.075)^2 = 711$ 个单元。处理器通过对各个天线单元施加合适的预编码权值，形成 331 个波束。从图 3-25 可以看出，外圈波束

"光斑"直径是中心光斑直径（即卫星正下方波束光斑直径）的 3 ～ 4 倍。由于卫星一直在运动，为了保障业务的连续性，需要不断地进行波束间的切换。对于 1200 km 高的 S 波段低轨卫星，最频繁时，大约每 12（90/7.5）秒就需要切换一次服务波束。

从图 3-24 可以看出，斜角度入射加剧了一个波束覆盖区域内的传输时延差别，这尤其对随机接入有较大影响，对于卫星空口的传输，需要设计合理的前导信号结构。

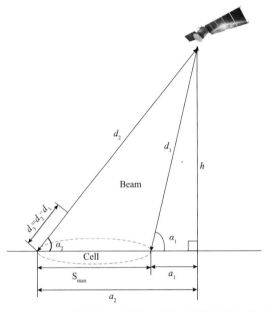

图 3-24　斜入射波束的覆盖和路程差问题（假设地面为理想平面）

注：h—卫星距离地面的高度；d_1、d_2—波束近边缘和远边缘距离卫星的距离；a_1、a_2—波束近边缘和远边缘与卫星正下方地面点的距离；S_{max}—波束直径；α_1、α_2—卫星相对于波束近边缘和远边缘的俯仰角。

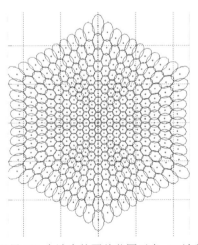

图 3-25　一颗低轨卫星 331 个波束的覆盖范围示意（S 波段 1200 km 高度）[8]

从图 3-25 可以看出，一颗 S 波段 1200 km 高度的低轨卫星的整个覆盖半径大约是中心波束直径的 14 倍，即 14×90=1260（km），接近于卫星的高度。类似的，600 km 高度的低轨卫星的覆盖半径大致为 600 km。地球大圆的周长为 2×6400×3.14=40192（km），即一个 600 km 低轨轨道至少需要约 34（40192/600/2）颗卫星来覆盖整个轨道对应的带状区域。轨道之间最宽处也近似为 600×2=1200（km），即需要 34 条轨道保证足够的密度，因此总的卫星数至少是 34×34=1156（颗）。在实际部署时，所需要的卫星数远比这个高，其中一个重要原因是图 3-25 中的比较靠外的波束对于地面用户的俯仰角较小，信道质量较差，波束半径又比较大，一个波束所能承载的数据传输速度较低，很难满足速率要求稍高的业务。只有在卫星正下方附近的波束才能支持较高速率。小俯仰角时，卫星 - 地面信道情况变化是由几个方面因素造成的。

第一个因素是俯仰角。小俯仰角卫星的多普勒频移较大。多普勒频移的计算如图 3-26 所示。影响多普勒频移的一个重要因素是 SM 向量与速度向量 V 的夹角，用 θ 来表示。这里的卫星高度为 h，地球半径是 R，载频是 F_c。多普勒频移的表达式为

$$F_{d} = \frac{F_{c}}{c} \cdot V \cdot \cos\theta = \frac{F_{c}}{c} \cdot V \cdot \frac{\sin u}{\sqrt{1 + \gamma^{2} - 2\gamma\cos u}} \tag{3-10}$$

式中，u 是向量 OM 和向量 OS 的夹角，其中向量 OM 是地心指向地面用户，向量 OS 是地心指向卫星；角度 α 是卫星相对用户的俯仰角；常数 $\gamma = (R+h)/R$。考虑 600 km 高度的卫星，载频为 2 GHz，地面终端沿着卫星环绕方向或者相反方向以 1000 km/h 的速度行驶，根据式（3.10）可以计算在不同时刻［以 min（分钟）为单位］的多普勒频移，如图 3-27 所示。在第 0 min 到第 5 min，卫星俯仰角较小，多普勒频移保持在 45 kHz 左右；从第 5 min 到第 8 min，卫星俯仰角较大，尤其在第 6.5 min 时，卫星在用户正上方，多普勒频移为 0；第 8 min 之后，卫星俯仰角变小，多普勒频移趋近于 −43 kHz。虽然多普勒频移的变化有解析公式表达，可以事先做处理且进行预处理补偿，但还是对接收机有负面影响。

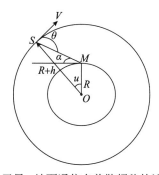

图 3-26　卫星 - 地面通信多普勒频移的计算示意图

第二个因素是路损。除了基本的自由空间路损，卫星 - 地面信道的路损还包括阴影衰落和周围建筑物的杂物路损，而后面这两种额外路损与卫星 - 地面信道的视距（LOS）比例关

系很大，LOS 比例又直接取决于卫星的俯仰角，如表 3-5 所示，分别列举了密集城区、城区、郊区（乡村）3 种场景下在俯仰角为 10°～90°的 LOS 传播概率。在密集城区，由于高层建筑物密集，俯仰角在 50°以下时，LOS 传播只占一半左右；在一般城区，建筑物密度相对较低且高度有限，俯仰角在 30°以下时，NLOS 传播才明显；而在郊区或乡村，由于十分空旷，即使俯仰角在 10°，LOS 传播仍占主流。

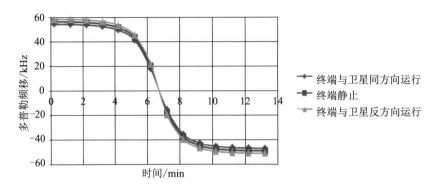

图 3-27　工作在 2 GHz 的 600 km 低轨卫星 - 地面通信多普勒频移随时间的变化关系 [7]

表 3-5　不同场景下，俯仰角与 LOS 传播概率的关系 [7]

俯 仰 角	密集城区	城　区	郊区或乡村
10°	28.2%	24.6%	78.2%
20°	33.1%	38.6%	86.9%
30°	39.8%	49.3%	91.9%
40°	46.8%	61.3%	92.9%
50°	53.7%	72.6%	93.5%
60°	61.2%	80.5%	94.0%
70°	73.8%	91.9%	94.9%
80°	82.0%	96.8%	95.2%
90°	98.1%	99.2%	99.8%

如果传播链路不是 LOS，周围建筑物会造成严重的阴影衰落和杂物路损（CL），如表 3-6、表 3-7 和表 3-8 所示。

表 3-6　密集城区场景的阴影衰落（σ_{SF}）和杂物路损（CL）

俯 仰 角	S 波段			Ka 波段		
	LOS	NLOS		LOS	NLOS	
	σ_{SF}/dB	σ_{SF}/dB	CL/dB	σ_{SF}/dB	σ_{SF}/dB	CL/dB
10°	3.5	15.5	34.3	2.9	17.1	44.3
20°	3.4	13.9	30.9	2.4	17.1	39.9
30°	2.9	12.4	29.0	2.7	15.6	37.5

俯 仰 角	S 波段			Ka 波段		
	LOS	NLOS		LOS	NLOS	
	σ_{SF}/dB	σ_{SF}/dB	CL/dB	σ_{SF}/dB	σ_{SF}/dB	CL/dB
40°	3.0	11.7	27.7	2.4	14.6	35.8
50°	3.1	10.6	26.8	2.4	14.2	34.6
60°	2.7	10.5	26.2	2.7	12.6	33.8
70°	2.5	10.1	25.8	2.6	12.1	33.3
80°	2.3	9.2	25.5	2.8	12.3	33.0
90°	1.2	9.2	25.5	0.6	12.3	32.9

表 3-7　城区场景的阴影衰落（σ_{SF}）和杂物路损（CL）

俯 仰 角	S 波段			Ka 波段		
	LOS	NLOS		LOS	NLOS	
	σ_{SF}/dB	σ_{SF}/dB	CL/dB	σ_{SF}/dB	σ_{SF}/dB	CL/dB
10°	4	6	34.3	4	6	44.3
20°	4	6	30.9	4	6	39.9
30°	4	6	29.0	4	6	37.5
40°	4	6	27.7	4	6	35.8
50°	4	6	26.8	4	6	34.6
60°	4	6	26.2	4	6	33.8
70°	4	6	25.8	4	6	33.3
80°	4	6	25.5	4	6	33.0
90°	4	6	25.5	4	6	32.9

表 3-8　郊区或乡村场景的阴影衰落（σ_{SF}）和杂物路损（CL）

俯 仰 角	S 波段			Ka 波段		
	LOS	NLOS		LOS	NLOS	
	σ_{SF}/dB	σ_{SF}/dB	CL/dB	σ_{SF}/dB	σ_{SF}/dB	CL/dB
10°	1.79	8.93	19.52	1.9	10.7	29.5
20°	1.14	9.08	18.17	1.6	10.0	24.6
30°	1.14	8.78	18.42	1.9	11.2	21.9
40°	0.92	10.25	18.28	2.3	11.6	20.0
50°	1.42	10.56	18.63	2.7	11.8	18.7
60°	1.56	10.74	17.68	3.1	10.8	17.8
70°	0.85	10.17	16.50	3.0	10.8	17.2
80°	0.72	11.52	16.30	3.6	10.8	16.9
90°	0.72	11.52	16.30	0.4	10.8	16.8

对于 6 GHz 以上的载频，温度、水汽比例和气压的变化造成空气折射系数的快速变化，形成卫星 - 地面信道的平流层闪烁损耗，其大小也与俯仰角大小有关，如表 3-9 所示。

表 3-9　法国图卢兹地区 20GHz 卫星 - 地面信道的平流层闪烁损耗（99% 置信度）[7]

俯 仰 角	平流层闪烁损耗（99% 置信度）/dB
10°	1.08
20°	0.48
30°	0.30
40°	0.22
50°	0.17
60°	0.13
70°	0.12
80°	0.12
90°	0.12

考虑这些路损，为保证足够好的链路质量以支持较高的卫星 - 地面通信速率，对于密集城区，俯仰角一般需要在 80° 以上。对于城区，俯仰角需要在 70° 以上。而对于郊区或乡村，俯仰角可以低到 30°。

参考文献

[1] 袁弋非 . LTE-Advanced 关键技术和系统性能 [M]. 北京：人民邮电出版社，2013.

[2] 3GPP. Study on channel model for frequencies from 0.5 to 100 GHz (Release 16): TR 38.901 [S]. Sophia antipolis: 3GPP, 2019.

[3] 3GPP. R1-154288, Discussion on the deployment scenarios of V2X evaluation methodology [S]. LGE, 2015.

[4] 3GPP. R1-1708292, On line of sight probability for aerial UEs [S]. Ericsson, 2017.

[5] 3GPP. R1-1707324, Preliminary results of interference distribution for aerial vehicles [S]. Intel, 2017.

[6] 3GPP. R1-1907481, Beam size computation and alternative satellite specifications [S]. ESA, 2019.

[7] 3GPP. Study on New Radio (NR) to support non-terrestrial networks (Release 15): TR 38.811 [S]. Sophia antipolis: 3GPP, 2018.

[8] 3GPP. R1-19-06870, Discussion on the simulation assumption for NTN [S]. ZTE, 2019.

第 **4** 章

无线物理层的基本功能与
6G物理层潜在技术

移动通信作为无线通信的一个大的分支，既具备基本的无线传输功能，又具有自身的独特能力，即支持移动终端通信，保证用户在地理位置不断变化时的无缝连接。从移动通信的第一代一直到第五代，无线物理层各种信号和信道的设计都围绕着移动性管理、语音 / 数据传输等基本功能，持续寻求更先进的技术，不断提高蜂窝系统的整体性能。多年来，业界已经积累了大量的系统知识和设计经验。尽管未来 6G 移动通信在网络架构、部署场景、空口关键技术上有可能出现十分重大乃至颠覆性的变革，但是 6G 应该继续支持移动通信的基本功能，在此基础上展开、增强和突破，因此前五代移动通信在物理层上的技术经验对 6G 空口的设计还是很有借鉴作用的。

本章分别从移动性管理、无线传输、无线定位等方面，总结梳理前几代移动通信物理层信道和信号的核心技术，进一步与潜在的 6G 新空口技术相对应，提出 6G 空口的演进路线。

4.1 移动性管理

···→ 4.1.1　初始接入

用户接入机制与网络的性质有很大关系。一般对于授权频段的移动网络，如从第一代到第四代的主流网络部署，所用的频谱资源还是比较稀缺的，需要网络对用户的接入进行严格管控，所以用户接入机制的设计比较复杂。在这种机制下，不同用户的数据需要通过基站的调度来协调传输，以避免用户间的冲突。而对于免授权频段，如 IEEE 802.11（Wi-Fi）这类无线局域网络，大多采用"尽力而为"的设计理念，同时也需要保证不同网络节点或用户之间的服务公平性。

在第五代移动通信中，根据应用场景和业务类型的不同，运营商既可以在授权频段上部署网络，也可以利用免授权的公共频谱资源部署网络。因此，第五代移动通信的设计涵盖了以上两类信道接入机制，6G 系统也有可能支持这两类信道接入机制。接下来，我们还是以授权频段的接入过程为主来介绍相关内容。

授权频段的信道接入的最主要特征为网络侧对资源进行严格控制，用户只能在基站调度的资源上进行数据收发。基站调度的初始接入过程如图 4-1 所示。

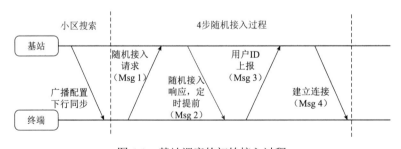

图 4-1　基站调度的初始接入过程

1. 小区搜索过程

终端通过小区搜索过程获得小区标识（Cell ID），载频同步，下行时间同步（包括无线帧定时、半帧定时、时隙定时及符号定时）。小区搜索过程包括主同步信号的搜索、辅同步信号检测及物理广播信道检测 3 部分。

终端首先搜索主同步信号，对于 OFDMA 系统，需要完成 OFDM 符号边界同步、频率粗略同步，并获得所要接入的小区标识。终端在检测主同步信号的时候，通常没有通信系统的任何相关先验信息，因此主同步信号的搜索是下行同步过程中复杂度最高的操作。终端要在同步信号频率栅格的各个频点上检测主同步信号。在每个频点上，终端需要盲检测若干次（取决于主同步序列的数量），并搜索主同步信号的 OFDM 符号边界，进行初始频偏校正。使用多条主同步信号序列无疑会增加小区搜索的复杂度。但同时，在基站物理小区标识数量一定的条件下，增加主同步信号序列的数量可以减少辅同步信号序列的数量，从而提高辅同步信号的检测性能。在权衡复杂度和整体检测性能之后，4G 系统和 5G 系统选择使用 3 条主同步信号序列。

在 4G 系统中，主同步信号采用 Zadoff-Chu 序列，其每个基序列可以表示成

$$x_u(n) = \mathrm{e}^{-\mathrm{j}\frac{\pi u n(n+1)}{N_{\mathrm{ZC}}}} \tag{4-1}$$

式中，u 是基序列的索引，$0 \le n \le N_{\mathrm{ZC}} - 1$，$N_{\mathrm{ZC}}$ 是 Zadoff-Chu 序列的长度。序列的元素是复数，由于 Zadoff-Chu 序列是恒幅值的，可以提高功率放大器的效率。除此之外，Zadoff-Chu 序列有以下几个重要的性质。

性质 1：如果 N_{ZC} 是素数，Zadoff-Chu 序列的周期即 N_{ZC}。

性质 2：Zadoff-Chu 序列的离散傅氏变换仍然是一个 Zadoff-Chu 序列。

性质 3：一个 Zadoff-Chu 序列与它的循环移位后的新序列的点积为 0。

性质 4：任意两个 Zadoff-Chu 根序列的互相关等于 1/sqrt(N_{ZC})。

这些良好的性质使得 Zadoff-Chu 序列在 4G 和 5G 移动通信物理层得到广泛的应用，还包括上行探测参考信号、随机接入的前导信号、下行唤醒信号（Wake-Up Signal，WUS）等。与4G 系统的主同步信号不同，5G 系统的主同步序列使用 m 序列，主要考虑在存在时偏和频偏情况下，相对于 m 序列而言，ZC 序列的相关函数存在较大的旁瓣，如图 4-2 和图 4-3 所示，会影响 ZC 序列的检测性能。

在搜索到主同步信号之后，终端进一步检测辅同步信号，获得小区标识，结合检测出的主同步序列号，计算出物理小区标识。在 5G 系统，辅同步信号除了携带小区标识以外，还可以作为物理广播信道的解调参考信号，提高物理广播信道的解调性能。5G 系统中的辅同步信号的另一个重要作用是用于无线资源管理相关测量及无线链路检测相关测量。4G 系统所使用的辅同步序列是 m 序列，5G 系统的辅同步序列是 336 条长度为 127 的 gold 序列。

$$\begin{cases} d_{\mathrm{SSS}}(n) = [1 - 2x_0((n+m_0)\bmod 127)][1 - 2x_1((n+m_1)\bmod 127)] \\ m_0 = 15\left\lfloor \dfrac{N_{\mathrm{ID}}^{(1)}}{112} \right\rfloor + 5N_{\mathrm{ID}}^{(2)} \\ m_1 = N_{\mathrm{ID}}^{(1)} \bmod 112 \\ 0 \le n < 127 \end{cases} \tag{4-2}$$

式中，$N_{\text{ID}}^{(1)}$、$N_{\text{ID}}^{(2)}$ 分别是小区索引的两个字段；$x_0(i+7) = (x_0(i+4) + x_0(i)) \bmod 2$，$x_1(i+7) = (x_1(i+1) + x_1(i)) \bmod 2$，且

$$[x_0(6) \quad x_0(5) \quad x_0(4) \quad x_0(3) \quad x_0(2) \quad x_0(1) \quad x_0(0)] = [0 \quad 0 \quad 0 \quad 0 \quad 0 \quad 0 \quad 1]$$
$$[x_1(6) \quad x_1(5) \quad x_1(4) \quad x_1(3) \quad x_1(2) \quad x_1(1) \quad x_1(0)] = [0 \quad 0 \quad 0 \quad 0 \quad 0 \quad 0 \quad 1]$$

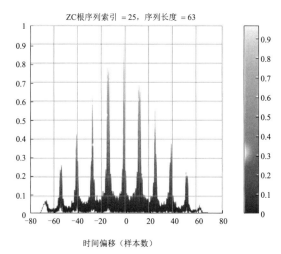

图 4-2 Zadoff-Chu 序列的自相关函数

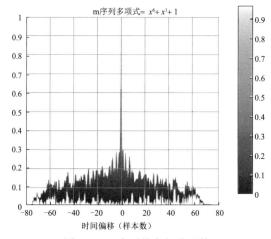

图 4-3 m 序列的自相关函数

物理广播信道能够为终端及时提供最基本的系统信息，有效支持小区搜索和移动切换。它必须能被小区内所有的终端接收，即使终端处于小区边缘。因此，它的可靠传输十分重要，均采用低阶的调制方式，如 QPSK。物理广播信道承载主信息块（Master Information Block, MIB），包含系统帧号、子载波间隔、同步广播块的子载波偏移、半静态系统消息的时频域配置、小区是否禁止接入标识、半帧指示和 CRC 校验比特等。物理广播信道通常采用比较简单

的信道编码方式，原因有两个。第一，MIB 的承载比特较少，性能与香农极限相差甚远，没有必要使用只有在长码条件下才能逼近香农极限的编码方式，如 Turbo 或者 LDPC 码；第二，物理广播信道是终端经常需要检测的，其解码复杂度十分低，否则影响终端功耗。4G 系统的物理广播信道采用母码码率 1/3 的卷积码，周期为 40 ms。5G 系统的物理广播信道的周期为 80 ms，采用极化码进行编码，虽然解码复杂度稍微有所增加，但性能比卷积码有一定的提升。每个无线帧里的物理广播信道可以独立解码，当信道质量较好时，终端可以在任一个无线帧里独立地解出物理广播信道。如果信道质量不够理想，终端可以通过软合并从多个无线帧收到物理广播信道。尽管接收时延有所增加，但可以提高解码的可靠性。

图 4-4 显示的是 4G 系统主同步信号（PSS）、辅同步信号（SSS）和物理广播信道（PBCH）的时频域位置。为降低搜索复杂度，这 3 种信号 / 信道处于系统带宽的中部，占大约 1 MHz。SSS 和 PSS 在相同的某一根天线上发送。注意，用一根天线发送 PSS/SSS 并不意味着一直用某根物理天线，基站可以采取天线选择的方法，交替发射 PSS/SSS，可以得到分集增益。PBCH 可以由 1 个、2 个或者 4 个天线发射，当天线数目为 2 个或 4 个时，采用发射分集的方式（SFBC）。

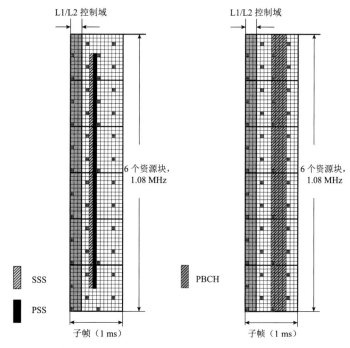

图 4-4　4G 系统主同步信号、辅同步信号和物理广播信道的时频域位置 [1]

5G 系统支持 0 ～ 100 GHz 的载频，当系统工作在毫米波频段的时候，往往需要使用波束赋形技术来提高小区的覆盖。与此同时，由于受到硬件的限制，基站往往不能同时发送多个波束来覆盖整个小区，使用波束扫描（Beam Sweeping）技术来解决这一问题。所谓波束扫描就是指基站在某一个时刻只发送一个个波束方向，通过多个时刻发送，而覆盖整个小区所需要的所有波束方向。同步广播块集合就是针对波束扫描而设计的，用于在多个时刻的波束方向上发送同步广播块，如图 4-5 所示，每个同步广播块对应一个波束方向。

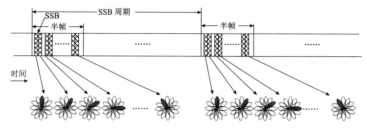

图 4-5　5G 系统同步广播块集合示意图

终端成功接收物理广播信道之后，即完成了小区搜索及下行同步过程。紧接着，终端需要接收 SIB1（System Information Block Type1）消息获得上行同步、随机接入信道等的配置参数。SIB1 消息在下行物理业务信道中传输，并通过下行物理控制信道进行调度。

2. 随机接入过程

终端用户通过小区配置信息得到用于随机接入的公共资源位置，并通过随机接入信道（Random Access CHannel，RACH）发送随机接入请求。随机接入信道在终端与系统之间的无线链路尚未建立时发送，它的设计与其他物理上行信道有很大不同，主要考虑以下几个方面。

- 上行的定时没有达到正常工作状态所需的精确程度，属于非同步的状态，需要预留足够的时域资源冗余来保证信号的完整接收。
- 需要配置充足的时域 / 频域 / 码域空间，允许多个终端同时试图接入系统，而不会遇到较高概率的碰撞。
- RACH 占的总资源数应该与系统支持的终端及接入概率分布相适应，不应对上行业务信道的资源分配和调度产生过多的影响。

对于上行采用 OFDMA 的系统，终端之间要求同步。物理层随机接入信道（PRACH）的前导信号配置了相当比例的时域资源用于循环前缀（CP）和保护间隔，从而保证前导信号与其他上行物理信道的正交，图 4-6 所示为 PRACH 信道的基本结构。4G 系统和 5G 系统定义了许多 PRACH 格式，分别适合不同大小的小区半径。

Zadoff-Chu（ZC）序列在 4G 系统和 5G 系统的 PRACH 信道都被采用，主要原因如图 4-7 所示。这里比较了 Zadoff-Chu 序列和常用的 m 序列在频偏为 0 和有固定频偏（$0.15\Delta f$，其中Δf 为子载波间隔）的情况下的检测性能。因为长度略长于 Zadoff-Chu 序列（1024：839），在 0 频偏情形下，m 序列的性能略好，但在有固定频偏的情况下，检测性能远逊于 Zadoff-Chu 序列。

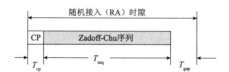

图 4-6　物理随机接入信道（PRACH）前导信号的结构

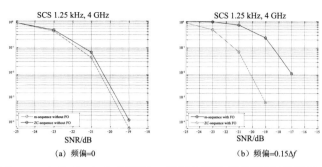

图 4-7　Zadoff-Chu (ZC) 序列和 m 序列在信道有无频偏时的性能对比

　　4G 系统和 5G 系统的 PRACH 前导信号能提供 64 个签名,以保证相同时刻的终端在竞争接入时有较低的碰撞概率。前导信号签名之间的正交性是通过 Zadoff-Chu 序列的循环移位产生的。例如,整个的前导信号中除去 CP 和保护间隔的部分是长度为 839 的 Zadoff-Chu 序列。当 PRACH 子载波间隔为 1.25 MHz,前导信号占的带宽为 $1.25 \times 839 = 1.04875$（MHz）。循环移位的粒度取决于小区半径、信道时延扩展、终端移动速度等。当一个 Zadoff-Chu 序列能容纳的循环移位的数量不足 64 时,则需要用多个不同的基序列。虽然它们之间不严格正交,但根据 Zadoff-Chu 序列的特性,不同基序列的相关性较小。

　　终端在发送 PRACH 之后,在一定的时间窗内监听下行的随机接入反馈（Random Access Response,RAR）。该 RAR 时间窗的起始位置和持续长度通过解析 SIB 消息得到。基站在正确收到 PRACH 之后会通过下行控制信道及数据信道反馈 RAR,其中包括上行传输所需的定时偏差反馈,用于该用户后续的数据发送的定时。这个发射定时在 OFDM 系统中是为了补偿传输距离的不同,以保证各个用户的信号差不多同时到达服务基站,减少用户间干扰。

　　一旦终端在窗口内检测到与 PRACH 对应的 RA-RNTI 加扰的下行控制指示（Downlink Control Indicator, DCI）,则将该 DCI 对应的下行物理业务信道内的 RAR 数据块传递给高层。高层解析这个数据块内的随机接入前导码标识（Random Access Preamble Identifier,RAPID）是否与前导信号签名一致,如果确认一致,则根据 RAR 中的上行授权指示物理层进行用户 ID 上报等的发送。

　　如果终端没有在 RAR 窗内检测到与 PRACH 对应的 RA-RNTI 加扰的 DCI,或者没有正确接收到包含在下行物理业务信道内的 RAR 数据块,又或者 RAR 内的 RAPID 与前导信号签名不匹配,则需要重新发起随机接入过程,即进行 PRACH 的重传。

　　终端和基站的第一次上下行交互完成了基本的随机接入请求的识别,但是由于第一次的交互并没有携带任何终端特定的信息,一旦多个用户在发起随机接入过程时选择了同一个随机接入发送机会内相同的前导码,此时基站仅仅根据接收到的前导码无法分辨是同一个用户的多径分量,还是多个用户在进行随机接入,所以基站只能反馈一个 RAR。如果多个用户发生了冲突,该冲突将在第二次上下行交互中得到解决。

　　终端通过上行物理业务信道将用户标识上报给网络后,接着会监听对应下行控制指示,该控制指示所对应的下行业务信道包含了终端冲突解决标识。如果终端冲突解决标识与终端的用户标识上报相一致，则需要反馈给基站，表明随机接入过程的完成。终端与网络已建立起双向连接。

传统的 4 步 RACH 的流程虽然能够保证接入的较高可靠性，但是由于用户和基站需要进行两次交互，在一些场景下的接入效率并不高。例如，当小区覆盖半径较小时，特别是在高频段场景，用户和基站的距离较近，因此一般来说往返的传输时延（Round-Trip Delay，RTD）不会超过一个循环前缀（Cyclic Prefix，CP）的长度。例如，在比较典型的 500 m 站间距（ISD）条件下，最大的 RTD 为 1.92 μs，分别小于 15 kHz 和 30 kHz 子载波间隔对应的 CP 长度 4.7 μs 和 2.4 μs。在这种情况下，即使不做定时提前，用户 ID 上报的传输也可以认为是同步的，不会产生符号间干扰，因此可以省去第一步的交互。再如，在某些往返时延特别大的场景，如低轨卫星通信，卫星的轨道高度在 300 ～ 1500 km，如果需要两次交互，仅仅传输的时延就高达 2 ～ 10 ms，如果能够节省一次交互，接入时延将降低 50%，可以极大地改善用户体验。

基于以上考虑，5G 引入了增强的随机接入，即 2 步随机接入（2-step RACH）。基本思路如图 4-8 所示，通过将原本 4 步 RACH 中的两个上行信道（即随机接入请求和用户 ID 上报）合并为一种新的消息——Msg A，以及将两个下行信道（即随机接入响应，定时提前和建立连接）合并为另一种新的消息——Msg B，整个 RACH 过程简化为 2 步就可以完成。2 步 RACH 可以显著地降低随机接入过程中的时延、信令开销及功耗；但同时也带来一些额外的问题，如原本 Msg 3 承载的用户接入所需的控制信息，其上行业务信道资源是基于基站下发的 Msg 2 调度的，因此选择不同前导资源的用户可以被分配到正交的上行资源上进行 Msg 3 的传输。对于 2 步 RACH 来说，在传输 Msg A 之前是没有基站调度信息的，所以整个 Msg A 传输都是基于竞争的。对于上述问题，主要有两种思路：一种是通过资源换取效率，即在预分配 Msg A 资源的时候，不同的前导序列会映射到不同 PUSCH 资源，这样可以保证选择不同前导的用户的 PUSCH 传输是正交的；另一种是允许用户采用非正交的方式复用，类似非正交多址的概念（Non-Orthogonal Multiple Access，NOMA），通过发射端的一些低码率处理，以及在接收端采用迭代干扰消除技术，在不增加资源开销的情况下也能保证传输性能。

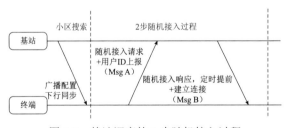

图 4-8　基站调度的 2 步随机接入过程

⋯→ 4.1.2　小区切换

小区切换通常是由终端的移动性引起的，例如终端跨越小区边界时。小区切换有时也会因为某个小区负载过大而触发，系统有意将一些终端分担给附近的基站。小区切换的流程如图 4-9 所示，终端上报相关的测量，系统决定目标小区和何时开始切换。终端自己探测相邻小区，系统不保留相邻小区列表，省去列表广播的开销。在异频切换时，只需指示频点。

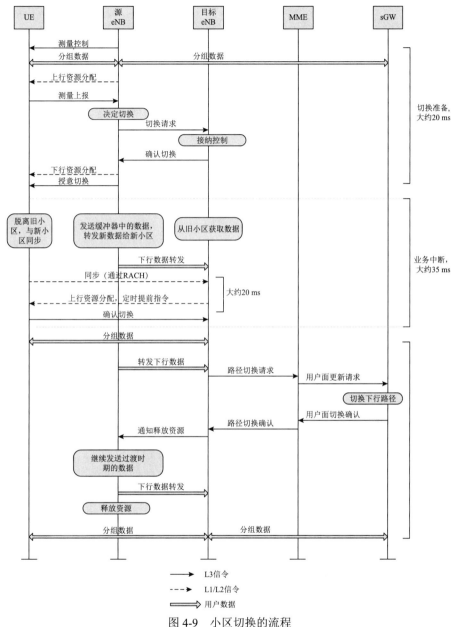

图 4-9　小区切换的流程

在准备过程中，目标小区通过当前小区向终端发送所需要的 handover request acknowledge 信息，这个信息包含新的 C-RNTI、专用的 RACH 前导序列和必要的系统广播。终端不用监听目标小区的广播信道，这样可以加快切换过程。缓冲数据和新到的数据通过 X2 接口从当前小区传送到目标小区。为降低时延，小区切换时的随机接入模式可以采用非竞争模式。这里随机接入的主要目的是在目标小区测量终端的定时，提供合适的定时提前。因为定时是通过随机接入获得的，终端在小区切换过程中无须读取物理广播信道中的关于无线帧的定时。其实，对于时钟同步的网络，随机接入这一步是可以省略的，但考虑在一般网络中，基站的定时彼此可能不一致，因此这一步还是要在协议中明确要求。切换过程中的业务中断时间约为35 ms，其中物理层的处理要花 20 ms。总的切换延迟包括切换准备和业务中断，大约为 55 ms。

　　在免授权频段，基站与终端的关系较为对等，可以统称为节点，大多采用纯粹竞争式的信道接入机制，包括以竞争方式使用无线信道进行数据的发送，如果发生了冲突，就按照一定的约束规则发起重新竞争式的访问竞争，直到把数据发送出去为止。比较典型的约束规则是先侦听后发送（Listen Before Talk，LBT）的竞争机制，即任何一个节点在传输之前，需要先通过侦听来判断当前信道的忙闲状态。如果判断信道此时为空闲，则占用当前信道并进行数据传输，否则该节点无法使用当前信道进行传输，需要进行竞争避让，其流程如图 4-10 所示。

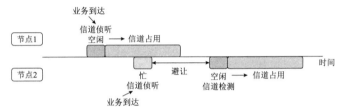

图 4-10　基于 LBT 的竞争信道接入原理

　　基于完全竞争的信道接入方式减少了基站调度的需求，在网络负载比较轻的情况下能够提高接入和传输效率。但随着用户的增多，竞争失败的概率会急剧增加，导致网络拥塞。另外，一般情况下，终端与基站的位置不同，有可能存在虽然某一个终端在对基站发送数据，但另一个终端并没有侦听到这个传输，此时另一个终端也会认为信道竞争成功，从而造成链路间干扰，这种情况称为隐藏节点，如图 4-11 所示。

图 4-11　LBT 竞争接入机制的隐藏节点问题

　　为了解决隐藏节点的问题，Wi-Fi 引入了请求发送（Request To Send，RTS）/ 确认发送（Clear To Send，CTS）方法，步骤如下。

　　（1）发送节点 A 发送 RTS 请求。此时发送节点周围的节点侦听到这个 RTS 消息，那么会保持静默。

　　（2）接收节点 B 用 CTS 回应发送请求。此时节点 B 周围的节点侦听到这个 CTS 消息后也会保持静默。

（3）通过 CTS 预留带宽进行数据发送。

RTS/CTS 通过一次收发端的交互能够规避因隐藏节点造成的干扰问题，但在使用 RTS/CTS 期间，资源被占用，无法承载有效数据，加上 RTS/CTS 本身的开销，接入效率下降，所以这种方法只适用于特定的场景。

4.2 无线传输

···→ 4.2.1 导频信号

导频信号也称参考信号。导频信号分为下行参考信号和上行参考信号，而下行参考信号又分为公共类参考信号和用户专用参考信号。导频在无线物理层传输中的作用主要有两个：①用于估计信道的相位和幅度，以支持相干解调；②对信道状态信息（CSI）进行估计和测量，以便链路自适应、移动性管理、资源动态调度等。OFDM 系统的信道估计是二维方向的，即时域和频域。常用的信道估计算法基于线性最小均方差（Linear Minimum Mean Squared Error, LMMSE）原理，步骤大致如下。

（1）估计信道的二阶统计量，如信道的时域自相关系数、频域自相关系数、干扰/噪声的功率谱。一般来说，因为信道被假设成稳态和各态历经的，所以这些二阶统计量被认为是缓慢变化的，以便接收端通过相对长的时间来做较精确的估计。

（2）估计参考信号所占资源上的信道系数。这一步需要知道信道的二阶统计量。

（3）通过插值，得出其他资源上的信道系数。插值算法可以是基于幂级数的，也可以是基于最小均方差的。

当用线性最小均方差估计信道时，参考信号设计的一个重要原则是均匀等间距地分布在时域方向和频域方向上。这个原则被用在 4G 的小区公共参考信号（CRS）上，如图 4-12 所示，最多支持 4 发射天线，即 4 个天线端口，不同 CRS 端口的资源没有重叠，从而保证每根天线的信道估计彼此间不干扰。

1. 下行参考信号

下行公共参考信号广义上包括主同步信号（PSS）和辅同步信号（SSS）。其中，辅同步信号（SSS）确实可以用来对信道状态信息进行估计测量，以支持初始接入和小区切换，参见 4.1 节，这里不再赘述。

从 2G 到 4G，下行公共参考信号被广泛使用，例如，4G 中的公共导频的优势在于：①"一箭双雕"，即可用于下行业务信道的解调，也可以用来做信道测量和反馈；②在每个子帧都发射，时间上连续，而且散布在整个系统带宽上，密度较高，可以提高估计的准确度。然而，随着先进多天线技术的引入，以及小区之间 CRS 的干扰问题、基站节能等考虑，CRS 所发挥的作用越来越小，所以 5G 系统没有定义 CRS，也就是说除了同步信号，5G 网络没有其他的下行公共参考信号。

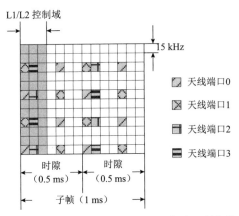

图 4-12　4G 的小区公共参考信号（CRS）的端口所在的时频位置

在 4G 时代的中后期，由于解调参考信号（DMRS）的广泛采用，CRS 的重要性逐步降低，多天线技术的演进路线更倾向将参考信号的信道测量功能和解调功能分离，分别由不同的参考信号来承担，单独设计优化，信道状态信息参考信号（CSI-RS）应运而生，专门用来测量信道状态信息，包括信道质量指示（CQI）、预编码矩阵指示（PMI）、空间信道秩指示（RI）等。由于 CSI-RS 只用于测量，不用于解调，它在时域、频域位置和密度的设置可以十分灵活，如图 4-13 所示。早期的 CSI-RS 是没有空间预编码的，这样有利于接收端更客观地测量信道本身，后来为支持更先进的多天线技术，CSI-RS 也可以配置成有预编码的。

与初始接入的主同步信号、辅同步信号和物理广播信道类似，CSI-RS 是支持毫米波段的小区波束扫描的，因此，CSI-RS 可以用于波束管理的测量。

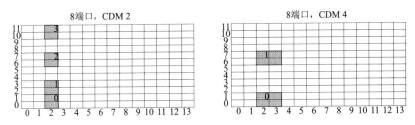

图 4-13　信道状态信息参考信号（CSI-RS）的时频域图样举例

DMRS 通常是预编码的，4G 引入 DMRS 的一个主要目的是让发射端的预编码对终端透明，从而使预编码的优化有更大的自由度，而且便于单用户 MIMO 和多用户 MIMO 之间的动态切换，对整个系统容量的提升具有促进作用。4G 系统的 DMRS 图样基本是固定的，如图 4-14（a）所示。由于最后一个 DMRS 的位置比较靠后，接收端需要将所有 DMRS 解调完后才能进行数据解调，会有一定的时延。5G 系统为了弥补这一缺点，引入了前置 DMRS 符号，即 DMRS 的第一个符号位置比较靠前，如图 4-14（b）所示。对于时延要求比较高且移动速度比较慢的用户，基站可以只配置前置 DMRS，这样接收端就可以提前基于 DMRS 进行信道估计，尽早开始数据解调。对于前置的 DMRS，针对不同用户，基站可以额外配置符号以补充 DM-RS 符号的个数。如果用户的移动速度比较快，基站就可以配置比较多的补充 DM-RS，以减弱高多普勒影响。DMRS 的时频域图样与 CSI-RS 的类似。下行 DMRS 的序列采用的是 Gold 序列。

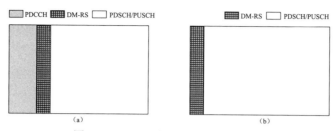

图 4-14　DMRS 的两种时域位置示意图

由于 5G 系统不再支持小区公共参考信号（CRS），5G 的物理广播信道需要有专门的解调参考信号[2]，如图 4-15 所示。

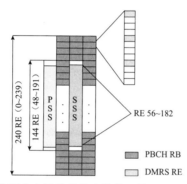

图 4-15　5G 系统同步广播块的基本结构及其解调参考信号（DMRS）

2. 上行参考信号

上行参考信号由每一个终端发出，种类比下行参考信号少，主要有解调参考信号（DMRS）和探测参考信号（Sounding Reference Signal，SRS）。

当上行采用 OFDM 波形时，其 DMRS 的图样、配置、序列等与下行 DMRS 十分类似，这里不再赘述。对于 DFT-S-OFDM 波形，上行 DMRS 采用的是 Zadoff-Chu 序列，或者是计算机产生的序列（Computer Generated Sequence，CGS），即 QPSK 序列，目的是获得较低的信号峰均比与较低的序列互相关性。DMRS 序列的长度都是用户级别的，即序列的产生依赖于上行物理业务信道或上行控制信道的长度，而不是从宽带产生的。这是因为从一个宽带产生的 Zadoff-Chu 序列截取的部分序列不会保持原来 Zadoff-Chu 序列的特性。上行控制信道承载比特一般较少，占用资源较少，序列较短，如低于 32，则需要用 CGS 序列。

对于上行 CSI，基站通过接收测量用户发送的上行导频，获取上行 CSI，从而决定最优的调度策略，为用户分配合适的时频资源及调制编码方式。另外，可以利用信道的互易性，通过基站接收终端发送的上行导频，将得到的上行 CSI 互易为下行 CSI，不仅可以避免大量的反馈开销，而且可以提高 CSI 获取的准确度，从而提升下行传输的性能。探测参考信号

（Sounding Reference Signal，SRS）的主要作用是测量上行 CSI。

为支持上行频率选择调度，理论上讲，每一个终端应该在整个系统带宽上发射 SRS，但无论从资源开销还是终端的发射功率的角度来看，这都是不现实的。SRS 的设计充分兼顾了开销和功率受限等因素。首先在子载波级别采用了梳状结构，即每一个终端在所规定的资源块内只能每间隔一个子载波发射 SRS，如图 4-16 所示。相比集中式结构，梳状结构所对应的信号有较低的峰均比，而且可以覆盖更广的频带宽度，使得 SRS 能用相对更高的功率在大带宽上发射；由于终端发射功率受限，一些情况下是无法在全系统带宽下发送 SRS 的，因此 4G 系统和 5G 系统对 SRS 定义了多种发送带宽，并限制了每种系统带宽下可以有的几种 SRS 带宽的组合。这样做有两个好处：①保证终端能在有限的带宽内集中功率发射，即使靠近小区边缘，也可以对窄带宽下的信道做较准确的信道估计；②每一个 SRS 带宽配置中的带宽组合符合整倍数关系，有利于简化索引。对于靠近基站的终端，SRS 带宽可以配得较宽，相应的 Zadoff-Chu 序列也更长，能支持更多的循环移位，让更多的宽带 SRS 终端复用大的带宽；对于远离基站的终端，SRS 带宽可以配得较窄，不同终端采用不同的 SRS 起始频率。

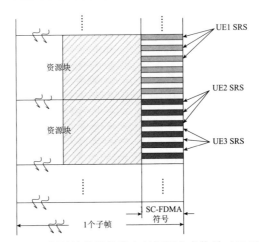

图 4-16　频域梳状结构的上行探测参考信号（SRS）

窄带 SRS 在每个子帧只反映局部带宽上的信道状态信息。为能让一个终端的 SRS 遍历整个（或大部分）系统带宽，SRS 采用跳频技术，即在时域上跳变窄带 SRS，便于基站接收端通过最近几次 SRS 的跳频来推断整个系统带宽的信道状态信息。

3. 终端直连链路（侧行链路，Sidelink）的参考信号

终端直连链路有两种工作模式，第一种是在移动网络覆盖内，由基站进行资源调度；第二种是在移动网络覆盖之外，没有中心控制节点，终端彼此地位对等，信号发送是自主的。对于第一种网络控制下的终端直连，为了尽量减少直连链路对下行信号（包括一些承载重要控制信息）的干扰以及尽量复用终端原有的功能，直连链路发送所采用的是上行资源，因此直连链路物理业务信道的 DMRS 与 4G 系统的上行 DMRS 相似。

当终端都处于网络覆盖之外时，也无所谓下行和上行了，此时 DMRS 的图样沿用覆盖内

的图样。由于没有网络提供同步信号，终端在发送数据之前需要发送同步信号，让潜在的接收用户保持收发同步。同步信号基本沿用下行主同步和辅同步的设计，都采用 Zadoff-Chu 序列，只是根序列和发送周期的配置与基站所发的同步信号有少量区别。

···→ 4.2.2　控制信令类信道

1. 下行控制信令类信道

下行控制信令可以分为公共控制信令和专用控制信令。前者是针对小区中多个终端用户或者一个用户群组的，如一些半静态系统消息的资源指示、物理控制信道的时域符号个数、一些功率控制指示等（尽管终端只关心其中的部分信息）、某些下行 A/N 反馈等；后者是针对具体某个终端用户的，如下行控制指示（Downlink Control Indicator, DCI）等。4G 系统定义了多种下行控制信令类信道，但到了 5G，下行控制信令基本上都是 DCI 的形式，由下行物理控制信道传输。

DCI 有若干种格式，支持不同业务 / 信令的传输，在 4G 系统和 5G 系统中有所不同，但基本上都包括：①指示基本的上行业务信道传输（信令较简单，在一般上行业务信道无法支持的情形下使用）；②指示一般的上行业务信道传输；③指示基本的下行业务信道传输（信令较简单，在一般下行业务信道无法支持的情形下使用）；④指示一般的下行业务信道传输；⑤向一组用户指示时隙格式；⑥向一组用户指示不用的时频资源；⑦发射功率控制指示；⑧向一组用户指示 SRS 传输参数。

由于一个终端事先并不知道基站具体在哪一个时频资源、按照哪种聚合等级向该终端发送 DCI，终端需要通过盲检的方式，尝试解调 / 解码 DCI。当终端处于连接态时，这种盲检一般每 1 ms 都需要进行，功耗很高。因此，需要严格控制最高的盲检次数，通常为 20 ～ 44 次。盲检的搜索空间和每个聚合等级的盲检次数在协议中也有规定。DCI 的聚合等级越高，意味着采用更多的时频域资源，等效的码率越低，能够覆盖信号较差的用户，如在小区边缘或地下室等。DCI 的时频域资源的单位是控制信道单元（Control Channel Element, CCE），以 4G 系统为例，如图 4-17 所示。

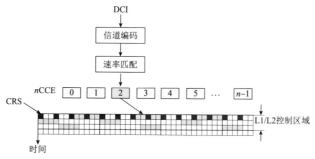

图 4-17　DCI 经过信道编码、速率匹配，映射到物理控制信道的时频资源

DCI 的时频资源可以是交织式（分布式）的，也可以是非交织式（集中式）的，如图 4-18 所示。交织式的好处是能够比较充分地利用时频域的分集效应，对抗信道小尺度

衰落，使 DCI 的接收更加健壮；非交织式的好处是适合通过频率调度、多天线波束赋形等技术，提高信道的信噪比。

DCI 信息（包括 CRC 比特）一般为 40 ～ 160 bit，如果用分组码传输，效率不高。4G 系统的 DCI 采用的是咬尾卷积码，约束长度为 7，状态数为 64，支持 1/2 和 1/3 的码率，分别对应的码字生成多项为 $G_0 = (133)_8$，$G_1 = (171)_8$，$G_2 = (165)_8$，如图 4-19 所示。

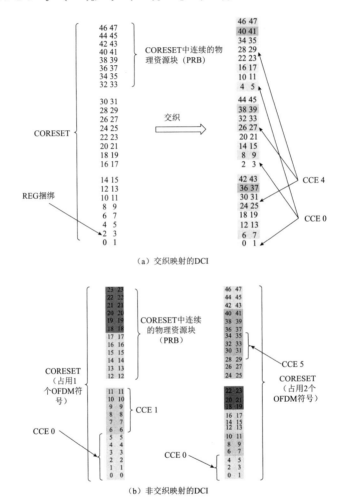

（a）交织映射的DCI

（b）非交织映射的DCI

图 4-18　交织映射的 DCI 和非交织映射的 DCI

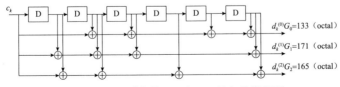

图 4-19　4G 系统的 1/2 和 1/3 码率的卷积码

5G 系统 DCI 的信道编码方式是极化码，大量的链路级仿真证明极化码的性能要优于 4G 系统的卷积码，这个性能增益很大程度得益于 CRC 比特的辅助译码。极化码需要"列表式的串行干扰消除"（SCL）解码算法才能充分发挥其性能潜力，然而 SCL 算法的复杂度很高。通过 CRC 的辅助，可以及早剪掉与 CRC 校验结果不符合的路径，降低解码复杂度，提高性能。此外，还可以构造奇偶校验（PC）比特来辅助 SCL 解码。CRC-PC 辅助的极化码有两种映射方式，如图 4-20 所示。一种是集中式的，即 CRC 比特或者 PC 比特都放到码块的最后，这个用在了 5G 系统的物理上行控制信道（承载上行控制指示，UCI）；另一种是分布式的，即部分 CRC 比特或 PC 比特经过交织，移到了码块的前部，这种方式用于下行的 DCI。

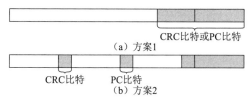

图 4-20　5G 系统的极化码在物理控制信道的两种映射方式

极化码的另一个关键设计是码的序列，也称为好信道的选择，用于指示极化码的编码前比特的选择顺序。极化码最初是为二进制删除信道（Binary Erasure Channel，BEC）设计的，极化后的信道容量可以精确计算。但是，对于一般的二进制的离散无记忆信道（Binary Input Discrete Memoryless Channel，B-DMC），极化后的信道容量没有解析计算公式，而且好信道的排序还与解码算法有关，如是采用串行干扰消除（Successive Cancellation，SC）还是 List-SC。经过大量研究，5G 系统定义了极化码的序列[3]，用图 4-21（b）表示。与图 4-21（a）的 BEC 信道的极化码序列相比，对应关系还是有明显的差别的。

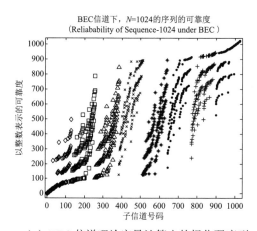

（a）BEC 信道理论容量计算出的极化码序列　　（b）5G 系统的极化码序列（针对 AWGN 信道）

图 4-21　极化码序列在不同信道下的对比

2. 上行控制信令类信道

上行控制信令类信道主要是上行物理控制信道，用于承载上行控制指示（UCI），包括 CQI、PMI、RI、A/N、调度请求（SR）等。4G 系统和 5G 系统分别定义了多种上行物理控制信道的格式。表 4-1 列举了 5G 系统上行物理控制信道的几种格式。UCI 同时承载多种控制指示时，如果资源不够，则按一定的优先级顺序丢掉低优先级的控制指示。

表 4-1　5G 系统上行物理控制信道的几种格式

上行物理控制信道格式	长度（OFDM 符号数）	信息比特数	码率范围
格式 0（短 1）	1～2	≤ 2	—
格式 1（长 1）	≥ 4	≤ 2	—
格式 2（短 2）	1～2	> 2	[0.08, 0.15, 0.25, 0.35, 0.45, 0.6, 0.8]
格式 3（长 2）	≥ 4	> 2	[0.08, 0.15, 0.25, 0.35, 0.45, 0.6, 0.8]
格式 4（长 3，复用）	≥ 4	中等	[0.08, 0.15, 0.25, 0.35, 0.45, 0.6, 0.8]

当 UCI 的信息长度在 11 bit 及以上时，也是采用 CRC-PC 辅助的极化码进行信道编码。与 DCI 的极化码有几点区别，例如：① UCI 没有采用分布式的 CRC-PC 辅助的极化码；② UCI 的承载会超过 1024 bit。因为 5G 极化码的序列长度最大为 1024 bit，UCI 承载过大时需要进行码块分割。当 UCI 的信息长度 A 在 3 bit 到 10 bit 之间，则采用 Reed-Muller（20, A）分组码。

UCI 及上行物理控制信道还有很多比较细碎的特点和功能，如不同格式下的序列设计，这里就不再赘述了。

3. 终端直连链路（侧行链路，Sidelink）控制信令类信道

基站调度的终端直连链路与一般的上行链路类似，控制信令直接从基站传来，或反馈给基站，这里不再重复介绍；若终端在网络覆盖之外，没有中心控制节点，有数据发送的终端需要在发送业务数据之前，向其他终端"广而告之"业务数据的发送格式、所占资源等信息。由于覆盖外的业务多数是广播和组播，以上信息被称为调度分配（Scheduling Assignment，SA）指令。如图 4-22 所示。调度分配指令在每个发送周期的第一个子帧发，分别指示不同时频资源位置的业务数据。

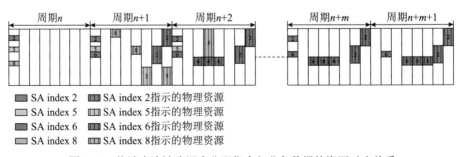

图 4-22　终端直连链路调度分配指令与业务数据的资源对应关系

在自主发送的情形下，若干个终端有可能占用同样的时频资源发送调度分配指令，造成

"碰撞"，影响调度分配指令的接收，从而导致相应业务数据译码错误。为解决这个问题，调度分配指令可以多次发送，所用的频域资源随着时间随机跳变，大大降低连续"碰撞"的概率，而且还能提供频域分集增益。一些序列可以用来生成跳变图样，如图 4-23 所示。

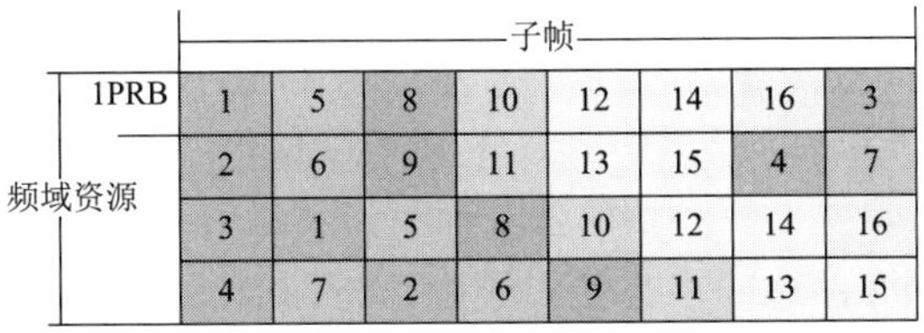

图 4-23　终端直连链路调度分配指令时频域位置的跳变图样

····→ 4.2.3　业务数据类

物理业务信道承载了主要的数据，围绕它们的设计直接影响移动网络的性能。针对物理业务信道的技术与针对控制类信道的技术相比，更为系统化和体系化，很多情形下具有一般性，因此也是学术界参与度比较高的研究方向。业务数据类信道按收发方向可以分为下行信道、上行信道和终端直连信道，按播送方式可以分为单播信道、广播 / 多播信道，按系统带宽可以分为宽带信道和窄带信道，从而形成许多组合。考虑到广播 / 多播的技术相对简单，窄带技术比较特殊，终端直连链路在物理业务信道设计上大多沿用上行业务信道的设计，本章以宽带单播的下行和上行物理业务信道为例，介绍在 4G 系统和 5G 系统中的一些基本功能。

在无线环境下，提高物理业务信道性能的主要技术手段包括功率控制、链路自适应、波形、调制、信道编码、多天线、非正交多址等。

1. 功率控制技术

发射侧的功率控制技术始于 2G GSM 系统的慢速功率控制，用于补偿基站到终端之间无线信道的大尺度衰落。到了 3G，码分多址（CDMA）要求不同用户的上行信号到达基站的瞬时功率基本相同，因此功率控制要求更加快速，并采用闭环控制，以补偿信道的小尺度快衰。功率控制最主要的目的是保证接收信号功率的基本恒定，这个对语音类的速率恒定、每个用户的速率又不高的业务比较适用，而语音又是 2G 和 3G 的主要业务，功率控制的作用在当时显得十分重要。到了 4G 之后，大带宽数据业务蓬勃发展，逐渐成为移动网络的主要承载。宽带数据通常采用链路自适应的方式，而不是功率控制，所以功率控制的重要性有所下降。但对于某些信道，尤其是上行业务信道，针对大尺度衰落的开环功率控制还是经常用到的，可以帮助减少上行用户对邻区基站的干扰，降低终端功耗等。

2. 链路自适应技术

链路自适应技术始于 3G 系统，当时数据业务开始出现，与低恒定速率的语音类业务不同，很多数据业务（如 FTP 和 HTTP）对时延不很敏感，不需要无线信道在每时每刻的传输速率都一样，这样就为链路自适应提供了场景：传输可以是"机会主义"，某个时刻信道条件好，就用高码率和高阶调制，另一个时刻信道状况变差，就用低码率和低阶调制。从信道容量角度，对于衰落信道，链路自适应的传输效率比功率控制的传输效率更高。链路自适应需要 3 个基本条件：①对信道质量的实时测量和及时反馈；②物理层每个数据块的传输时间比较短，在信道相干时间之内，信道基本可以认为恒定；③物理层承载信息比特的码块较长，控制信令的开销占比较低。参考信号如 CSI-RS、SRS，以及控制信道，如下行控制指示（DCI）、信道质量指示（CQI）等都是为链路自适应服务的。

信道质量的测量难免有误差，CQI 反馈存在量化误差和时延，资源调度不一定能完全与反馈的 CQI 相匹配，这些非理想因素使得在实际系统中，链路自适应很难做到特别精准。这个问题在一定程度上可以通过自动重传（HARQ）来解决，即让首次传输存在一定的误块率，如 10%，留了这个余度之后，如果传输时刻的真正信道质量好于预期（基于 CQI 反馈），则多半第一次传输就能成功。如果低于预期，则有超过 10% 的可能性需要第二次传输。这样，既不会因为保守调度而浪费资源，也不会过分增加传输次数，加大传输时延。当然 HARQ 需要 A/N 反馈信令支持。

链路自适应催生了资源动态调度。在 2G 和 3G 的前半段，用户所占用的时频资源是半静态分配的，一般情形下，在一个连接建立之后，数据传输格式和资源位置基本固定，不随小尺度信道的变化而做动态调整。3G 后半段以来，数据的传输在连接建立之后可以时断时续，速率也可以不断变化，因此需要在基站增加一个能够动态分配资源、随时调整用户传输速率、协调多个用户传输的调度器。

链路自适应使得信道编码的设计更有针对性。一个信道编码码块在较短时间内的传输，能够保证这个码块中所有比特的信噪比（SNR）基本一致。即使对于 OFDM 系统，采用频率选择调度，仍能使得码块中的比特基本在同一频选衰落中，此时信道可以等效成为高斯白噪声加性（AWGN）信道。信道编码的优化则主要聚焦在 AWGN 信道上，如 4G 中的 Turbo 码在不同频谱效率（即码率和调制方式）下所需的 SNR 与 AWGN 信道下的香农极限保持一个相对恒定的性能差距，如图 4-24 所示。

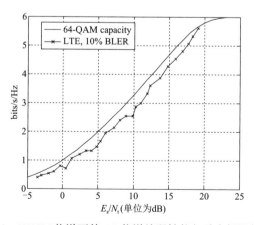

图 4-24　AWGN 信道下的 4G 信道编码性能与香农极限的对比

3. 波形技术

4G 之前的移动通信系统都是单载波的，基带处理生成的数字采样经过滤波器（硬件实现时通常分成几级），转化成在时域和幅度上都是连续的模拟波形。单载波的优点包括：发射侧处理简单，波形的峰均比较低。当系统带宽不大时，无线信道的多径时延不会造成明显的多径间干扰，用简单的接收机可以达到几乎理想的性能。但随着系统带宽的不断扩大，多径时延的干扰对性能的影响变大，需要用均衡器或先进接收机来抑制 / 消除干扰，复杂度大大增高。以 OFDM 为代表的多载波，能够将多径时延的时域卷积过程转化成为频域的相乘关系，从而大幅降低接收机的复杂度，尤其在有多天线等技术的场景。

OFDM 还可以利用多径时延造成的频选衰落进行频选调度，即对于处在深度衰落的那些子载波采用较低的码率和调制阶数，而对于处在频选信道峰值的那些子载波采用较高的码率和调制阶数。链路自适应从时域扩展到时频域二维，调度的灵活性进一步提高，所以在 OFDM 波形基础上的多址也称为正交频分多址（OFDMA），如图 4-25 所示。低时延业务要求传输时间短，空口时延一般不超过 1 ms，再考虑有可能需要重传，所以一次传输的时间在 0.2 ～ 0.5 ms。对于同样大小的业务数据码块，传输时间愈短，则所需带宽愈宽。而且由于低时延业务不能在发送缓冲器中等待，每当协议上层有低时延业务包到达，就必须立刻发送，有时会打断已经调度的高速宽带业务，如低时延用户 3 和用户 4 会影响高速宽带业务用户 3、用户 4 和用户 5。这些偶尔的打孔可以通过信道编码来做一定程度的保护。高速宽带业务的传输时间一般在 1 ms，低于中等行进速度下的信道相干时间。对于毫米波，OFDM 的子载波间隔需要相应增大，这一方面可以充分利用较宽的带宽（不用过多点数的 FFT），另一方面可以缩短 OFDM 符号的长度，使传输时间更短，与高频信道相干时间较短相匹配。对于同一个 OFDM 系统，还可以同时配置窄带深度覆盖业务，这些业务的特点如下：①从降低终端能耗角度，发送和接收带宽比较窄，如 NB-IoT 的 180 kHz；②传输时延可以较长，如几十毫秒或上百毫秒；③深度覆盖，最大路损在 140 ～ 160 dB；④较低的移动速度。这些特点决定了窄带深度覆盖业务一般部署在中低频段，且用比较窄的子载波间隔，有充分长的时间积累较为微弱的信号能量。不同窄带用户的传输是时分复用（TDM）的。由于子载波间隔的不同，窄带深度覆盖业务的资源块与低时延业务、高速宽带业务的资源块之间需要预留一定的保护带，以降低子载波之间的干扰。这一点与上行随机接入信道和上行物理控制 / 业务信道之间的保护带类似。

OFDM 波形的主要缺点是相对单载波有较高的峰均比（PAPR），对功率放大器的线性度要求较高，功放效率偏低。降低 OFDM 峰均比的方法在学术界有不少研究，改善方法多种多样，但因为复杂性和代价比较高，在工业界实际应用的并不多。OFDM 的带外泄露可以通过几种方法抑制：①频域滤波器方法，在原本宽带 OFDM 信号上进行滤波；②时间加窗方法，对每一个 OFDM 符号的头尾部分进行过渡平滑处理，本质上是让每个子载波的频谱响应的主瓣更窄、旁瓣更低；③多个 OFDM 符号上的时域处理，是时间加窗的改进版。在 5G 系统，以上几种抑制带外泄露的方法没有在协议中明确规范，但很多在产品中得到实现。也是由于采用了以上几种实现类的方法 5G 系统频谱的保护带宽只有系统带宽的 3% ～ 5%，明显低于 4G 系统 10% 的保护带比例，频谱利用率更高。

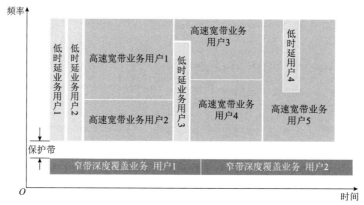

图 4-25　正交频分多址（OFDMA）中不同业务的时频域复用

4. 调制技术

1G 移动通信系统采用的是模拟调制，为了提高频谱效率，2G 之后的所有物理信道的信号调制方式都转为数字调制。学术界提出过很多种数字调制方式，如幅度键控（ASK）、相位键控类型（PSK）、正交幅度调制（QAM）等，但自 3G 以来，无线物理信道一直采用的是 BPSK、QPSK 和 QAM 调制方式。BPSK 和 QPSK 以其恒模和处理简单的性质，被广泛用于频谱效率较低的场景。恒模调制的另一个优点是接收端无须知道信号的参考幅度，省去了参考信号与业务信号之间功率差的指示。对于高频谱效率场景，QAM 一直被沿用的主要原因是硬件实现相对简单（I/Q 两路可以独立进行），性能与最优的星座图相差不是很大。3G 系统常用的最高调制阶数为 16-QAM，4G 系统常用的最高调制阶数为 64-QAM，5G 系统常用的最高调制阶数是 256-QAM。高阶调制通常在低频段更加可行，而到了高频段，严重的相位噪声及功率放大器的非线性大大影响波形的质量（如 EVM），增加了高阶调制的挑战性。好在高频的带宽相对低频更宽，这在一定程度上弥补了调制阶数上的限制，使得总的传输速率仍然很高。

在一些需要深度覆盖的场景，采用 π/4 或 π/2 BPSK/QPSK 可以减小相邻符号之间的跳变，改善波形的峰均比（PAPR）。

5. 信道编码技术

2G 系统的物理业务信道采用卷积码作为信道编码，虽然编码和译码比较简单，但性能与香农容量界的差距很大。采用外码，如 Reed-Solomon 码，可以提升卷积码的纠错能力，但是这会增加冗余比特，对整个级联码的频谱效率的提升没有太大帮助。卷积码的性能基本上由生成多项式决定，与码长无关。

1993 年，Turbo 码的发明掀起了信道编码理论和技术的一场革命，在理论和工程实现上都产生了深远意义。在理论方面，Turbo 码进一步印证了只有通过对大数据块的随机编码才能有效地逼近香农极限。受到 Turbo 码的构造的启发，一些信息论的学者重新研究 20 世纪 60 年代初 Gallager 发明的低密度奇偶校验（Low Density Parity Check，LDPC）码。LDPC 码尽管从表面上看是一种分组码，但是，LDPC 码的构造强调通过低密度和大码块内校验节点的远距离互连，达到随机编码的效果，这点与 Turbo 编码的构造原理是相同的。Turbo 码的现实意义在于，用迭代译码的方式大大降低了译码的复杂度。大数据块随机类码的最优解码是一个难题，其复杂度会随着码块的长度呈指数上升。而迭代译码的复杂度仅仅与迭代的次数有关，每一次迭代的运算量与分量码译码没有太大的区别。当然，迭代译码的过程是非线性的。如果工作点不合适，迭代不会收敛。

　　3G 系统和 4G 系统的 Turbo 编码器由两个子编码器（分量编码器）并行级联而成，如图 4-26 所示。它们之间通过一个 Turbo 码内部的交织器连接。系统比特 u_k 一路直接进入并 - 串打孔器（MUX puncturer），另一路经过子编码器 1 编码，生成冗余比特 p^1_k，第三路先通过交织器，然后经过子编码器 2 编码，生成冗余比特 p^2_k。这两路冗余比特流也进入并 - 串打孔器，在打孔之前的母码率为 1/3。这里的两个子编码器都是卷积码，具有相同的生成多项式。与通常用的前向式卷积码不同，Turbo 子编码器是递归（Recursive）的，有自反馈功能。这是 Turbo 码性能优越的一个重要原因（另一个重要原因是 Turbo 码具有交织器）。并 - 串打孔器起到匹配速率的作用。

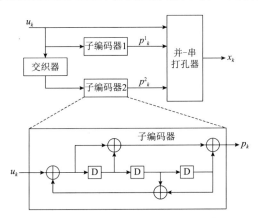

图 4-26　3G 系统和 4G 系统的 Turbo 编码器

　　Turbo 码解码有两大特点：①工作在软比特和软信息上；②迭代解码。具体的体现是外信息在双引擎子解码器（double Turbo engine，也是用 Turbo 一词的缘由）之间不断精炼，置信度愈来愈高，如图 4-27 所示。其中，y 是解调器生成的对比特观测量的对数似然比（Log-Likelihood Ratio, LLR），是一种软信息。 经过去打孔器得到 3 路 LLR：y_s，y^1_p 和 y^2_p，分别对应系统比特、子编码 1 的冗余比特和子编码 2 的冗余比特。子解码器 1（Decoder 1）根据 y_s、y^1_p 及来自子解码器 2（Decoder 2）的 $\mathbf{ext}_{21}$ 来计算每个比特为 0 或 1 的后验概率（A Posteriori Probability, APP），算出的比特的后验概率减去先验概率，得到子解码器 1 对增加比特置信度的"净"贡献，以 $\mathbf{ext}_{12}$ 表示；同理，子解码器 2 根据 y_s、y^2_p 及来自子解码器 1 的 $\mathbf{ext}_{12}$ 来计算每个比特为 0 或 1 的后验概率，算出的比特的后验概率减去先验概率，得到子解码器 2 对增加比特置信度的"净"贡献 $\mathbf{ext}_{21}$。往复迭代多次（如 30 次）后，编码器输出比特的置信度，从而得到解码信息。子解码器可以使用后验概率的最优算法：BCJR 算法。

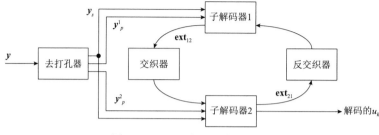

图 4-27　Turbo 解码器的流程图

4G 系统的 Turbo 码相对于 3G 系统 Turbo 码的增强主要体现在交织器上，即二次项置换多项式（Quadratic Permutation Polynomials，QPP）交织器。如果用 K 代表一个信息码块的长度，对于第 i 个比特，经过 QPP 交织后的顺序变为

$$\pi(i) = \mathrm{mod}((f_1 \cdot i + f_2 \cdot i^2), K) \tag{4-3}$$

式中，f_1 和 f_2 是 QPP 交织器的参数，取值为自然数。

QPP 交织器给 Turbo 设计提供了很大的优化空间，不但可以提高 Turbo 码的性能，而且可以增强解码器的并行处理能力。在 QPP 交织器的具体设计中，通过对系数 f_1 和 f_2 的优化选取，使得 4G Turbo 码的性能与 3G Turbo 码的相当或是更优。交织器的结构十分规则，最小单元为 8 bit（1 B）。当 K 在 40 和 512 之间时，步长是 1 B；当 K 增大到 512 时，步长增到 2 B；当 K 再增大到 1024 时，步长增到 4 B；当 K 大于 2048 时，步长增到 8 B。有较小的填充比特开销，在整个码长范围不超过 63 bit。图 4-28 是一个使用 QPP 交织器之后的比特分布图。

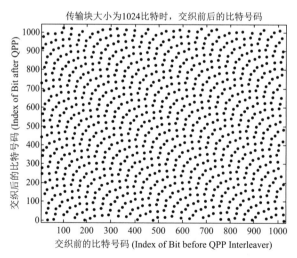

图 4-28　4G 系统中 Turbo 码的 QPP 交织器（图中有较明显的抛物线）

主流 4G 系统的物理业务信道采用的是 QPP 交织器的 Turbo 码，但非主流的 4G IEEE 802.16

也用到了 LDPC 码。LDPC 码广泛应用于 5G 系统的物理业务信道，它在 5G 业务信道标准化过程中得以胜出 Turbo 码和极化码的主要原因如下：①解码的高度并行性；②高码率时的解码复杂度较低；③长码块下的性能优异。5G 系统的大带宽、超长码长、高速率的业务需求正好与这些特性匹配。这些优点都源于 LDPC 码的并行构造，如图 4-29 所示。每个变量节点（$Y_i, i = 1, 2, 3, \cdots, 9$ 为列的编号；有 9 个输入变量节点）连接 $q=2$ 个校验节点（$A_i, i = 1, 2, 3, \cdots, 6$ 为行的编号；有 6 行参与校验；q 为列重，即这一列中"1"的个数），每个校验节点连接 $r = 3$ 个变量节点（r 为行重，即这一行中"1"的个数）。

$$A = \begin{bmatrix} 1 & 0 & 0 & 1 & 0 & 0 & 1 & 0 & 0 \\ 0 & 1 & 0 & 0 & 1 & 0 & 0 & 1 & 0 \\ 0 & 0 & 1 & 0 & 0 & 1 & 0 & 0 & 1 \\ 1 & 0 & 0 & 0 & 1 & 0 & 0 & 0 & 1 \\ 0 & 1 & 0 & 0 & 0 & 1 & 1 & 0 & 0 \\ 0 & 0 & 1 & 1 & 0 & 0 & 0 & 1 & 0 \end{bmatrix} \tag{4-4}$$

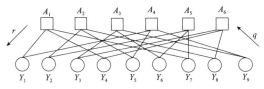

图 4-29　LDPC 校验矩阵的二分图举例

在图 4-29 所示的二分图中，节点分成两大类型：变量节点和校验节点。同一类型的节点不能直接相连，不能直接互通信息，但可以通过另一个类型的节点传递信息。这种互连结构体现于网状的连线，也称"边"，可以完全由校验矩阵决定。

5G LDPC 码采用准循环结构，这种结构也广泛应用于 IEEE 802.11、IEEE 802.16、DVB-S2 等标准系列，QC-LDPC 码的技术优势在于：①具有接近香农极限的性能；②低差错平层的性能。从而使得它适用于高可靠系统；③并行译码特性，使得它适合于高并行度和灵活并行度的系统；④固定码长和有限多个码率条件下，QC-LDPC 码译码硬件可以统一，并且简单有效。

QC-LDPC 的具体方式是对一个基础矩阵进行扩展，如下所示。

$$H = \begin{bmatrix} P^{h_{00}^b} & P^{h_{01}^b} & P^{h_{02}^b} & \cdots & P^{h_{0n_b}^b} \\ P^{h_{10}^b} & P^{h_{11}^b} & P^{h_{12}^b} & \cdots & P^{h_{1n_b}^b} \\ \vdots & \vdots & \vdots & & \vdots \\ P^{h_{m_b 0}^b} & P^{h_{m_b 1}^b} & P^{h_{m_b 2}^b} & \cdots & P^{h_{m_b n_b}^b} \end{bmatrix} = P^{H_b} \tag{4-5}$$

H 为一个扩展矩阵，脚标 i 和 j 分别代表分块矩阵的行和列的索引。如果 $h_{ij}^b = -1$，则定

义 $P^{h_{ij}^b} = 0$，即该分块矩阵为全 0 方阵；如果 h_{ij}^b 为非负整数，则定义 $P^{h_{ij}^b} = (P)^{h_{ij}^b}$。其中，$P$ 是一个 $z \times z$ 的标准置换矩阵，是一个经过循环移位了的单位矩阵（非负的幂次代表移位的位数），如下（幂次为 1）。

$$P = \begin{bmatrix} 0 & 1 & 0 & \cdots & 0 \\ 0 & 0 & 1 & \cdots & 0 \\ \vdots & \vdots & \vdots & & \vdots \\ 0 & 0 & 0 & \cdots & 1 \\ 1 & 0 & 0 & \cdots & 0 \end{bmatrix} \tag{4-6}$$

通过这样的幂次 h_{ij}^b（置换因子）就可以唯一标识每一个分块矩阵，单位矩阵的幂次可用 0 表示，零矩阵一般用 −1 或者空值来表示。这样，如果将 H 的每个分块矩阵都用它的幂次代替，就得到一个 $m_b \times n_b$ 的幂次矩阵 H_b。这里，定义 H_b 是 H 的基础矩阵，H 称为 H_b 的扩展矩阵。在实际编码时，$z = $ 码长 / 基础矩阵的列数 n_b，称为提升值（或提升因子，或扩展因子）。

5G-NR LDPC 的基础矩阵采用了所谓的 "Raptor-like" 结构[3]，其奇偶校验矩阵可以通过一个高码率的核心矩阵逐步扩展到低码率。这样可以灵活地支持各种码率的编码，保证链路自适应有足够的自适应粒度。其奇偶校验矩阵具有图 4-30 所示的结构。

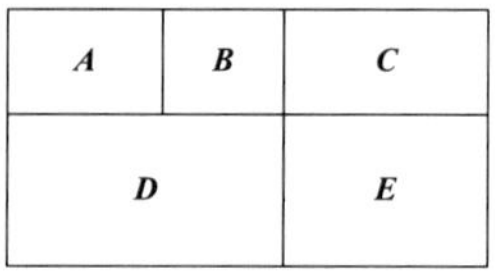

A	B	C
D		E

图 4-30　LDPC 奇偶校验矩阵的结构

其中，A 和 B 两块共同组成了高码率的核矩阵（kernel 矩阵）。A 对应于待编码的信息比特，B 是一个方阵，并且 B 矩阵具有双对角结构，对应于高码率的校验比特。C 是一个全零矩阵。E 是一个单位阵，对应于低扩展码率的校验比特。D 和 E 共同构成了单奇偶校验关系。协议规定了长 × 宽分别为 46×68 和 42×52 的两种基础矩阵，分别支持大码长高码率和中低码长低码率的编码。

6. 多天线技术（MIMO）

多天线技术在移动通信中的应用从 3G 开始，当时主要采纳的技术是发射分集，最有名的是空时编码。通过发射天线分集，接收端信号的信噪比分布的动态范围减小，这固然可以提高无线传输的可靠性，对于语音类的低恒速率业务信道或者控制类信道比较合适，但也降低了衰落信道下的选择调度增益，对系统容量产生负面的影响，所以在 4G 和 5G 以移动宽带业务为主的系统中，发射分集很少用于高速率传输的场景。3G 系统中有一些偏实现类的多天线技术。例如，当天线之间的空间相关度较高，间距在半波长时，可以采用波束赋形技术。但是 3G 时代没有形成统一的标准。

多天线技术在 4G 和 5G 得到了广泛应用，这一方面是因为 OFDM 的引入，大大降低了

MIMO 的接收机复杂度；另一方面是因为，与天线相关的硬件水平的发展，尤其是远端射频单元（RRU）的出现，使得原来工程上很难实现的 MIMO 算法成为可能。在 3GPP，从 4G 的第一个版本（大约 2008 年）一直到现在的 5G Advanced，一共经历了 10 个版本的更新，几乎每一个版本都有 MIMO 内容，可谓是无线物理层技术中的"常青树"。4G 和 5G 中的 MIMO 主要模式有两种：①空间复用；②波束赋形。这两种模式经常是联合工作的，体现在预编码 MIMO，它的一般链路模型如图 4-31 所示。协议高层传来的信息比特分成 M 个数据流：u_1，…，u_M，分别按照 R_1，…，R_M 的码率进行信道编码，这里假设发射天线数目 N 不小于接收天线数目 M。码率根据空间的特征值而定。接收端由空间解调和信道解码构成。图 4-31 所示是最优接收器的情形，即空间解调与信道解码联合处理。

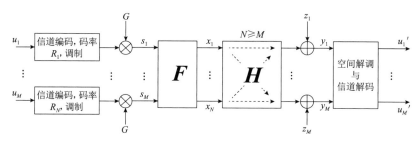

图 4-31　预编码 MIMO 的一般链路模型

接收的信号可以表示成

$$\boldsymbol{y} = \boldsymbol{HFs} + \boldsymbol{z} = \begin{bmatrix} h_{11} & \cdots & h_{1N} \\ \vdots & \ddots & \vdots \\ h_{M1} & \cdots & h_{MN} \end{bmatrix} \begin{bmatrix} w_{11} & \cdots & w_{1M} \\ \vdots & \ddots & \vdots \\ w_{N1} & \cdots & w_{NM} \end{bmatrix} \begin{bmatrix} s_1 \\ \vdots \\ s_M \end{bmatrix} + \begin{bmatrix} z_1 \\ \vdots \\ z_M \end{bmatrix} \tag{4-7}$$

式中，$\boldsymbol{F}$ 是预编码矩阵，有 M 列、N 行。预编码矩阵的元素需要归一化，以保证发射端的总功率为 P_t。当发射端知道空间信道 $\boldsymbol{H}$ 的瞬时信息时，就可以对信道 $\boldsymbol{H}$ 进行奇异值分解，式（4-7）可以写成

$$\boldsymbol{y} = \boldsymbol{HFs} + \boldsymbol{z} = \boldsymbol{U\Lambda V}^H \boldsymbol{Fs} + \boldsymbol{z} \tag{4-8}$$

链路的理论性能上限对应于预编码矩阵 $\boldsymbol{F}$ 等于右分解矩阵 $\boldsymbol{V}$ 的情形，具体的表达式为

$$C_{\mathrm{CL}} = E\left[\sum_{i=1}^{M} \log_2\left(1 + \frac{P_i^{\mathrm{opt}}}{\sigma_n^2}\lambda_i^2\right)\right] \tag{4-9}$$

其中，每个层的发射功率根据灌水算法得出。从式（4-9）可以发现，当发射天线数目大于接收天线数目时，通过灌水方法，发射端可以将总功率集中在非零的特征向量上，而不是像非预编码 MIMO 中将总功率均分（P_t/N）到所有的发射天线上。预编码增加了接收端信号的等效信燥比，在空间复用的基础上叠加了波束赋形的增益。

需要指出的是，实际系统是不可能将奇异值分解的矩阵 $\boldsymbol{V}$ 以浮点精度反馈给发射端的，

一是考虑信令反馈的开销，二是对 **H** 的估计本身就是有误差的。一般需要用码本来对右分解矩阵 **V** 进行信息压缩，预编码码本设计和反馈信令是 4G 和 5G MIMO 标准化的主要内容之一，有兴趣的读者可以参考文献 [5]。简单来说，4G 初期的 MIMO PMI 码本主要是从终端接收算法的简便考虑的。例如，基于 Householder 变换的具有嵌套特性的码本，使得终端可以利用在低阶秩假设时计算的结果，用于高阶秩的最优 PMI 码字的选择。随着硬件技术的发展，基站和终端侧的天线数增加，天线形态也更多样化。支持多用户 MIMO，对反馈精度提出了更高的要求。PMI 码本设计趋向采用波束赋形与信道相位匹配分离的思想。如图 4-32 所示。基站或者终端的天线配置可以建模为均匀平面天线阵列，包括 $M_g \times N_g$ 个面板，即 M_g 列 $\times N_g$ 行的面板。其中，天线面板在水平方向和垂直方向分别以 $d_{g,\,H}$ 和 $d_{g,\,V}$ 的间距均匀分布，每个面板包括 M 行 $\times N$ 列的天线阵子，天线阵子在水平方向和垂直方向分别以 d_H 和 d_V 的间距均匀分布，并且天线在 X-Y 平面上，可以是双极化（$P=2$）的或者单极化（$P=1$）的。

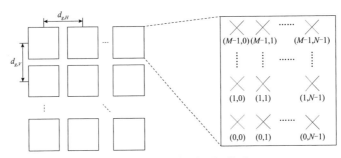

图 4-32　双极化天线面板模型

在 4G 系统和 5G 系统中，相同极化方向的天线单元间距一般在半波长左右，所以整个天线的协方差矩阵的特征向量可以表示为交叉极化天线（Pol）子矩阵的特征向量和波束赋形天线（等间距线性阵列，ULA）子矩阵的特征向量的 Kronecker 积：

$$V = V_{\text{Pol}} \otimes V_{\text{ULA}} \tag{4-10}$$

这样的分解有利于分别对交叉极化天线和波束赋形天线设计码本，进行量化。对于波束赋形，离散傅里叶变换（DFT）码本比较常用。式（4-10）中的 Kronecker 积也可以写成矩阵/向量相乘的形式。Kronecker 积的概念同样可以用来将 2 维波束赋形分解成为水平方向和垂直方向上的波束赋形，如对第 l 层的预编码矢量进行量化。

$$W_l = \begin{bmatrix} \boldsymbol{u}_l \otimes \boldsymbol{v}_l \\ \varphi_l \boldsymbol{u}_l \otimes \boldsymbol{v}_l \end{bmatrix} \tag{4-11}$$

式中，$\boldsymbol{u}_l$ 表示第 l 层预编码中水平方向上的 N_1 维 DFT 向量，$\boldsymbol{v}_l$ 表示垂直方向上的 N_2 维 DFT 向量，φ_l 表示两个极化方向间的相位变化。终端通过在一个预设的码本中，选择指示 $\boldsymbol{u}_l$、$\boldsymbol{v}_l$ 和 φ_l 的码本索引，并将其编码为 PMI 进行上报。

5G 系统的频段拓展到毫米波，但是严重的路径损耗和功率放大器的低效率，使得毫米波系统需要依赖大规模天线的波束赋形增益达到较广的覆盖率。大规模天线系统可采用数字阵列和数模混合阵列等实现方式。在数字阵列实现中，每个天线均连接一个射频通道。高频段的大带宽使得系统对信号的峰均比（PAPR）及干扰非常敏感，严重影响系统的功率效率等性能。考虑到大规模天线及射频通道数目、射频通道高线性度要求、大带宽器件成本、基带处理复杂度与功耗等因素，以全数字阵列的方式在实际应用中存在明显的限制。对比来看，数模混合结构的大规模天线阵列则可以根据实际需求，减少射频 RF 链路的数目，完成波束赋形及多用户通信，在性能、复杂度、成本、功耗等方面获得更好的平衡。

在混合波束赋形系统中，TXRU 和物理天线单元之间不再保持一对一的映射，而是 TXRU 所关联的信号，将通过数字可控的移相器，进行模拟端的波束赋形，然后与物理天线单元相连。从实现的角度看，TXRU 和物理天线的关联架构可细分为全连接结构和子阵列连接结构。

（1）在全连接结构中，每个 TXRU 都将通过移相器组与所有的物理天线单元关联。

（2）在子阵列连接结构中，物理天线被分成了多个子阵列，而一个 TXRU 仅需要与某个子阵列下的所有物理天线单元关联，如图 4-33 所示。

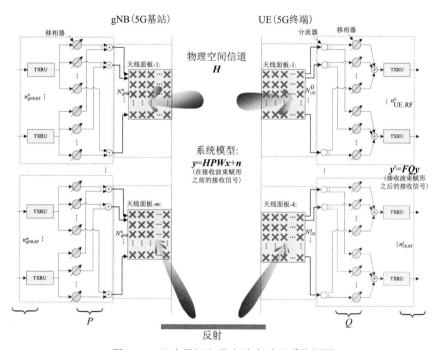

图 4-33　混合模拟和数字波束赋形系统框图

7. 非正交多址技术（NOMA）

理论上可以证明，在下行传输中，当用户之间的信噪比（SNR）差别较大时，非正交多址能显著提升多用户系统的容量。图 4-34 是一个下行单发单收天线的两用户系统，对正交传输和非正交传输两种情形的"和容量"进行了比较。这里的 UE_1 和 UE_2 分别代表远离基站和靠近基站的两个用户。在总发射功率（P_1+P_2）不变的条件下，可以看出非正交传输相比正交传输的性能增益。

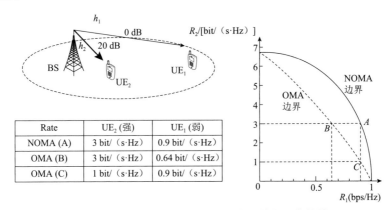

Rate	UE₂ (强)	UE₁ (弱)
NOMA（A）	3 bit/（s·Hz）	0.9 bit/（s·Hz）
OMA（B）	3 bit/（s·Hz）	0.64 bit/（s·Hz）
OMA（C）	1 bit/（s·Hz）	0.9 bit/（s·Hz）

图 4-34　下行两用户系统：非正交传输与正交传输

在一定程度上，下行调度系统中采用非正交多址属于网络实现问题，基站侧如何选取远端用户和近端用户进行配对及资源调度一般不需要空口标准协议来明确规定。但是注意到，当两个用户信号的星座图之间叠加，其合成后的星座图通常是不能保证仍然具有格雷（Gray）映射的特性的，尽管每个用户信号的星座图是符合格雷映射的。没有格雷映射特性的信号在终端侧比较难处理，需要采用较为复杂的码字比特级的干扰消除，即对干扰用户的信号也做解调和信道解码，这样会严重影响非正交多址在终端侧的可实施性。为此，4G 后期对如何生成具有格雷映射特性的合成星座图做了规定。图 4-35 是一个符合格雷映射特性的合成星座图的示意图，其中每个用户的 QPSK 星座图符合格雷映射。

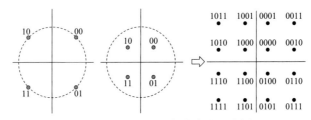

图 4-35　符合格雷映射的合成星座图

考虑到远端用户的信噪比不高，再加上如果远端用户支持高阶调制，则合成星座图格雷映射的方法比较复杂，所以协议限定了远端用户的调制阶数不高于 QPSK，合成星座图实现格雷映射的方法用以下的简单公式定义[4]。

$$x = e^{j\phi_0 \pi} c(I-d) + e^{j(\phi_1 + 1/2)\pi} c(Q-d) \tag{4-12}$$

式中，I 和 Q 分别为近端用户调制星座图的实部分量和虚部分量，也就是经典的 QPSK、16-QAM 或者 64-QAM 的星座图；ϕ_0、$\phi_1 \in \{0,1\}$ 是经典 QPSK 的比特映射；$e^{j(\phi_1+1/2)\pi}$ 本质上是沿数轴的翻转；系数 c 和 d 取决于远近用户的功率分配。更具体的，c 反映每个星座簇中的星座点间的距离（即近端用户的功率开方），而 d 与远近用户的调制方式组合、c 有关。

为了便于终端的解调，协议对功率分配的取值做了限定，以保证合成星座图上各个星座点之间是等间距的，即仍然是 QAM 星座图。

在 5G 时代，对上行免调度的非正交多址进行了研究，在发射侧的方案大致有 3 类[6]，如图 4-36 所示。图中白色底的图框代表传统基于正交多址的信号处理模块。为了支持非正交多址，可以引入新的处理模块，如灰色底的图框，它们包括以下几类。

（1）符号级线性扩展类：在传统调制之后进行符号级别的扩展，以便区分不同用户的调制符号。传输速率与扩展长度有关。一般地，扩展系数愈大，传输速率愈低，扩展序列之间的相关度愈小。

（2）比特级处理类：在信道编码之后，对编码序列进行用户专用的比特级交织。注意，这里的比特交织器与传统的比特交织器的区别在于前者是用户专用，而后者是用户公用，即当不同用户的码率和码长都相同时，所有用户的比特都采用同样的交织图样进行交织。

（3）多维调制类：信号调制与符号扩展联合设计，用一套码本，将编码比特直接映射到调制符号的扩展序列。

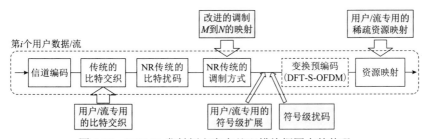

图 4-36　NOMA 发射侧方案在处理模块框图中的体现

图 4-36 中还标有稀疏性的资源映射，与现有的协议有所区别。稀疏映射也可以通过符号级线性扩展和多维调制的码本来等效实现，所以在此并不单独列为一类方案。另外，以上的 3 类方案的处理模块不仅用于一个用户，而且可以用于一个用户的每一个数据流。

非正交传输通常需要配有先进接收机。非正交先进接收机的一般结构如图 4-37 所示，主要由检测器、译码器和干扰消除 3 个模块构成。检测器主要完成信号的解调，其输出是每个编码比特的对数似然比，即编码软比特；译码器主要完成信道编码的译码，输出信息硬比特（作为最终的判断）或者信息软比特（以待进一步更新和改良）；干扰消除模块顾名思义，这里用虚线框的原因是对于基于软比特迭代的接收机，其干扰消除经常融于检测器当中。

图 4-37　非正交先进接收机的一般结构

NOMA 先进接收机大体分 3 类。

（1）MMSE-Hard IC：在检测器中采用扩展码域和空域的联合 MMSE，抑制用户间的干扰，输出似然比；译码器输出硬比特。在干扰消除模块中，用译码器输出的硬比特来重构干扰信号，并将干扰信号从接收信号中剔除出去。多个用户的干扰消除可以串行地逐个进行，或者并行地同时进行，或是混合式地进行。这类接收机比较适合符号线性扩展类的传输方案。

（2）ESE + SISO：在检测器中做空域的 MMSE 和比特级的 ESE 算法。译码器输出软比特信息，反馈至检测器，通过 ESE，经过检测器与译码器之间的多次外迭代，逐渐提升调制符号的置信比。此类接收机适合比特级处理的传输方案。

（3）EPA + SISO：在检测器中做空域的 MMSE 和 EPA 算法，需要多次内迭代。译码器输出软比特信息，反馈至检测器，通过 EPA 内迭代，再经过检测器与译码器之间的多次外迭代，逐渐提升编码比特的似然比。此类接收机适合多维调制的传输方案。

4.3 无线定位

基于移动通信系统的无线定位在 4G 开始研究和标准化，比较常用的方式有观测到达时间差（Observed Time Difference Of Arrival, OTDOA）、上行到达时间差（Uplink Time Difference Of Arrival, UTDOA）等。与雷达系统通过回波对被动目标测距、测速的机理不同，4G 系统和 5G 系统的定位需要被测终端的主动配合，这种配合可以是主动测量和上报信息，或者是主动发送参考信号等。OTDOA 一般需要 3 个相邻基站同时向覆盖区域内的终端发射定位参考信号（PRS）来进行二维平面上的定位，其定位原理如图 4-38 所示。假设 3 个基站的二维坐标分别为 (x_1, y_1)、(x_2, y_2) 和 (x_3, y_3)，已知，并且可以测得基站 1、基站 2 和基站 3 的信号到达终端的时间分别为 t_1、t_2、t_3，需要确定终端的二维坐标位置 (x, y)。考虑视距传输（LOS）场景，假设 $t_1 > t_2$ 且 $t_1 > t_3$，终端的位置就是图中两条双曲线的相交点，可以通过求解以下的二元二次根式方程组得出：

$$\begin{cases} \sqrt{(x-x_1)^2 + (y-y_1)^2} - \sqrt{(x-x_2)^2 + (y-y_2)^2} = c(t_1-t_2) \\ \sqrt{(x-x_1)^2 + (y-y_1)^2} - \sqrt{(x-x_3)^2 + (y-y_3)^2} = c(t_1-t_3) \end{cases} \tag{4-13}$$

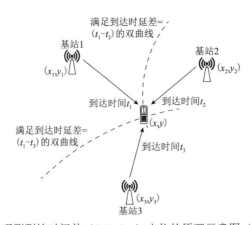

图 4-38   观测到达时间差（OTDOA）定位的原理示意图（二维定位）

以上二维坐标的定位很容易推广至三维坐标系，即求解三元二次根式方程组。此时的双曲线变成双曲面，需要 4 个相邻基站发送位置参考信号（PRS），终端反馈 3 个到达时间差。相邻基站发送的 PRS 需要占用不同的时频域资源，以便终端分别测量到达时间，并计算相互之间的时延差。终端一般只是向基站反馈时延差，而终端位置的计算通常在核心网进行，计算得出位置信息再通知给终端。虽然这会增加定位的时延，但从网络安全的角度看还是必要的，毕竟网络中的基站具体地理位置信息，如式（4.13）中的 (x_1, y_1)、(x_2, y_2) 和 (x_3, y_3) 属于敏感信息，不应该由普通终端所掌握。

由于时间与频率的对偶关系，PRS 所占的带宽决定了时间测量的分辨度，即测量精度。PRS 通常布满全系统带宽，不同基站发送的 PRS 采用 TDM 方式复用。在 4G 系统，由于小区公共参考信号（CRS）遍布时域和频域资源，PRS 的资源要避开，如图 4-39 所示。到了 5G 系统，不再支持 CRS，定位参考信号的时频资源位置有更大的自由度，可以很大程度上沿用 CSI-RS 的设计，终端则能够尽量复用信道测量的处理单元，降低研发成本和硬件成本。5G 系统支持大规模天线，波束的指向性更强，尤其在毫米波段，可以减少散射 /NLOS 径的信号分量，提高接收信号的信噪比，而且毫米波段的系统带宽可达 400 MHz，时间分辨率更高，这些因素都使 5G 移动通信系统的定位精度相比 4G 系统有很大的提高。目前看来，基于 OTDOA 的定位精度的瓶颈之一是基站之间的同步精度，要想进一步提高定位精度，基站间的同步精度需要在 50 ns 以内。

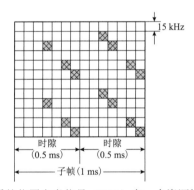

图 4-39　4G 系统位置参考信号（PRS）在一个资源块中的时频图样

UTDOA 定位的原理与 OTDOA 的类似，只是传输时延差的测量由基站来完成，参考信号由终端发送，如探测参考信号（SRS）。UTDOA 更属于系统侧的实现，需要空口标准化的内容较少。

4.4　6G 潜在物理层技术

···→ 4.4.1　潜在物理层技术与无线空口基本功能的对应

前几节对无线空口的基本功能，如移动性管理、无线传输、无线定位等，以及支持这些功能的各种空口物理层信号和信道进行了描述，中间贯穿了相应的 3G、4G 和 5G 的物理层技术。

本节对潜在物理层技术能够支持的未来 6G 系统的基本功能和空口信道进行梳理，如图 4-40 所示。

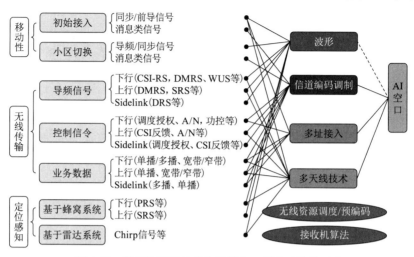

图 4-40　潜在物理层技术与无线空口基本功能的对应

1. 波形

作为最基础的物理层技术，波形几乎涉及所有的空口信号和信道。初始接入和小区切换场景存在较大的时偏和频偏，同步信号、前导信号、导频等所用的序列或者波形需要保证在时频偏下的性能健壮性，3G 以来用到的 Zadoff-Chu 序列、m 序列或者 Gold 序列是比较好的候选波形或序列。

OFDM 波形在 4G 系统和 5G 系统得到了广泛的应用，预计对于 6G 的下行链路、上行链路及直连链路的物理业务信道，在中低移动速度的大带宽业务场景，OFDM 仍然是很强劲的候选波形。在高速移动场景，如时速 350 km/h 以上，且传播环境存在显著的 NLOS，多普勒谱较宽，此时如果采用 OFDM 波形，则各个子载波之间会存在严重的干扰。相比之下，OTFS 波形中的调制符号工作在时延 - 多普勒域，能够对抗很宽的多普勒谱，链路性能比 OFDM 的要好。

如果采用可见光频段进行移动宽带业务的传输，除了单载波波形，如通断键控（On-Off Keying, OOK），还可以考虑多载波来增加链路的频谱效率。与射频域传输不同，可见光信号是强度调制，信号是实数域的而且非负，备选的基于 OFDM 的波形包括 DCO-OFDM、ACO-OFDM、LACO-OFDM 等。

OFDM 波形的峰均比（PAPR）相比单载波的要高很多，为保证功率放大器工作在线性区间，需要进行大幅度的功率回退，会严重影响功放的效率，不利于用在覆盖受限场景或者对节能要求很高的系统。DFT-S-OFDM 作为一个已广泛应用在 4G 和 5G 中的波形，具有一定的单载波特性，其 PAPR 比 OFDM 波形的 PAPR 有一定程度的降低，但与恒包络波形的 PAPR 相比还有明显的差距，因此具有恒模特性的波形在 6G 系统有很大的应用潜力，尤其针对太赫兹通信、通感一体化（通信＋定位感知）等场景，可以大大提高功放的效率，增加覆盖距离。

为了进一步提高信道在高信噪比条件下的频谱效率，还可以考虑采用超奈奎斯特采样

（FTN）技术。虽然过采样引入了相邻符号之间的干扰，但 FTN 能够充分利用系统带宽之外的保护带，叠加之后的波形在幅度上更接近高斯分布，有望更加逼近香农容量界。FTN 技术可以用于物理业务信道。

在雷达系统中广泛应用的波形，如 Chirp 信号，可以用于通信与感知一体化系统。Chirp 信号是一种线性调频信号，具有宽频、恒模的特性，适合远距离传播。Chirp 信号具有较强的对抗干扰的能力，在多径环境下的性能比较健壮，因此十分适合基于回波的测距、测速、形状感知等。

波形设计对物理层信道的帧结构设计有重要影响，时域和频域的无线资源粒度、时隙长度、子帧结构、无线帧周期等重要的物理层参数都需要根据所采用的波形、该种波形的特点来设计和确定，以达到良好的匹配。

2. 信道编码和调制

信道编码和调制用于物理层下行信道和上行信道中所有的消息类信号、控制信令和业务信道。消息类信号和控制信令一般码长较短，调制阶数较低。对于这些类型的信道和信号，本身承载控制信令，无法进行反馈，这就要求在缺乏链路自适应的情形下，能够有效地对抗信道快衰和各类干扰，仍然稳健译码。另外，承载系统消息或是控制信令的信道是常开启的物理信道，无论终端是否有数据发送或者接收，而且可能需要多次的盲检，因此对译码的复杂度更加敏感。物理控制信道及消息类信号是系统的额外开销，要求比特数尽量少，这需要所用的信道编码在码长较短的条件下具有优越的性能。

对于物理业务信道，业务主要是移动宽带类的，传输速率要求较高，信息码块一般较长。此时，信道编码应该提供良好的性能，并能够保证译码的高并行性和相对较低的复杂度，以满足很高的数据吞吐要求。移动信道的快衰现象十分普遍，业务信道需要支持链路自适应来充分利用时域和频域的资源。HARQ 是链路自适应的一种重要方法。HARQ 有两种方式，一种是重复重传，不需要对首次传输的编码重新进行编码调制，只做重传。这种方式虽然相对简单，控制信令开销较小，但是在重传中没有增加编码冗余，性能不是最优。另一种方式是增加冗余的自适应重传，可以根据信道状况，补充新的冗余比特，降低整个传输的码率，性能比简单重复传输更好。这就需要业务信道的编码具有码率兼容的功能，可以灵活适配各种信噪比条件。

移动宽带经常部署在信噪比较高的环境，而传统的 QAM 星座图调制离香农容量界还有较明显的差距，新型的调制方式（如基于概率成型的调制、相位 / 幅度联合设计等）有望进一步提高在高信噪比环境下的频谱效率，降低信号的 PAPR，增强对 EVM 的健壮性。当移动宽带用在太赫兹频段，由于器件噪声和功放非线性失真等因素，信噪比不一定很高，但因为太赫兹的系统带宽可以达到 GHz 以上，链路的数据吞吐速率也能超过 1 Gbit/s，这些都需要信道编码和译码的处理具有高度的平行性。

未来 6G 中的许多业务有超低时延、超高可靠传输的要求，而 3G、4G 和 5G 系统中的业务信道的编码方式（如 Turbo 码和 LDPC 码）都存在一定程度的差错平层，即当误块率下降到了 1% 或者 0.1% 之后，随着信噪比的继续增加，误块率的下降变得十分缓慢或近乎停止。

但是超高可靠业务的误块率通常为 0.0001% 或者更低，虽然借助外层编码，如 Reed-Solomon 等，可以降低差错平层，但是这样做不仅增加了比特开销，还增加了时延（外层码需要缓存多个物理层码块，等待时间较长），难以满足超低时延的要求。因此，所设计的新型编码方式本身具有超低的差错平层。另外，译码的复杂度和并行性也相当重要，以保证接收端的基带处理时间尽量短。

6G 新型编码的技术路线大体上分为两条，一条是基于 5G（乃至 4G）的基本编码方式，如 LDPC、Turbo、极化码、卷积码、Reed-Muller 码等，在此基础上进行进一步的增强与优化，以提高吞吐量、降低差错平层、提升频谱效率等；另一条是采用全新的、之前在移动通信没有广泛应用的编码方式，如喷泉码、低密度格码、多元 LDPC 等。

3. 多址接入

物理层涉及多址接入的信道包括小区接入的前导信道、下行控制信道、下行 / 上行 / 直连链路的业务信道。在未来 6G 系统，移动宽带仍然是一个重要的业务，而 OFDM 及 OFDMA 在大带宽、长码块、高传输速率场景，很自然地与多天线技术结合，无须采用复杂的接收机，并通过链路自适应和合理的动态资源调度，达到较高的系统容量。因此，以 OFDMA 为代表的正交多址还将在 6G 的业务信道发挥作用。在某些场景，如基站侧的天线数量受限，则可以考虑通过基于调度的非正交传输方式来提高系统容量。以下行业务信道为例，这种非正交传输可以在每个基站单独进行，根据 CSI 反馈对距离基站较远的用户和距离基站较近的用户进行配对，采用合适的功率分配和调制方式，在相同的时频域，乃至相同的波束中发送；或者是在相邻的几个基站上同时进行，各自发送有相互关联而又不尽相同的下行业务信道，同频同时发送给相邻小区中的多个用户终端。由于需要同时调度多个用户，而且调度信令含有支持非正交传输的专用参数，相应的控制信道也需要（重新）定义。

6G 系统将支持更加海量的各类物联网、垂直行业的终端，以及基于卫星通信的物联网，这当中很多是小包业务，有一定的时延要求。如果仍然采用传统的正交和基站调度的方式则会带来很大的信令开销，增加终端的功耗和传输时延。采用免调度甚至完全自主的上行发送方式可以大大降低控制信令的开销，提高连接密度和整个系统的频谱效率。完全自主的上行传输过程与随机接入过程有一些相似之处，统称为多址接入。

多址接入技术的一些具体方法与波形和信道编码有紧密联系。例如，海量的上行接入可以采用基于压缩感知的波形序列来完成用户的激活检测和信道估计，海量的上行传输可以采用序列扩展的方式来减少不同用户信号之间的干扰，或者采用新的、适合多用户场景的信道编码方式，结合检测器与译码器之间的迭代译码，提升在中短码长情形和自主传输下的上行系统总的频谱效率。这些方法需要对时偏和频偏有较强的健壮性，能够良好工作在链路尚未完成接收端同步的阶段。为降低控制信令开销，海量接入不会针对快衰信道进行链路自适应，这就使得在基站接收侧，不同用户发来的信号强度有较大差别，存在明显的"远近"效应，而且是事先没有协调、带有竞争性的。这些都需要多址接入的方案设计能利用或克服衰落信道的不确定性，有效解决可能的碰撞问题，达到稳健的性能。

4. 多天线技术

多天线技术可以用来：①提高信号的强度，增强覆盖；②增加空域的自由度，支持空间复用；③提供天线的发射分集和接收分集，对抗信道快衰。对于物理同步信号、广播信道、物理控制信令类信道，由于没有 CQI、RI 和 PMI 等的 CSI 反馈，多天线技术的主要作用通过相对简单的波束赋形，保证这些物理层基本信道的可靠接收，尤其是在毫米波段，路径损耗十分严重，波束赋形的重要性更为突出。为降低射频器件的复杂度和功耗，在毫米波段通常使用模拟 + 数字的混合波束赋形，其中的模拟波束赋形主要用在同步信号、广播信道和物理层控制信道，在整个系统带宽上发射，不同的模拟波束以 TDM 方式对整个小区进行扫描。

物理层的业务信道支持各种 CSI 反馈，包括 CQI、RI 和 PMI 等，可以采用更加高级的多天线技术增强覆盖和提高系统容量。5G 系统中的大规模天线，在基站侧的典型配置已支持 256 个天线单元。随着射频硬件技术的不断进步，以及基带处理能力的不断提高，到未来 6G，基站天线数有望进一步增加至 512 个或 1028 个，数字端口数由目前在 sub-6GHz 频段的 64 通道和毫秒波的 4 通道，分别增加到 128 通道和 16 通道。当然，最终的天线阵子数和数字通道数还取决于网络能耗的要求，尤其是数字通道数的增加会对射频器件的效率产生巨大影响，需要在系统性能和网络能耗两个方面做好折中。与继续增加天线数的技术路线相反，可以考虑减少基站天线阵列中的部分单元，即所谓的稀布阵天线，以降低基站天线阵列总体的射频器件功耗，但又不明显影响网络的性能。

由于射频硬件的限制，毫秒波和未来太赫兹频段的物理业务信道存在严重的相位噪声和功率放大的非线性，这些会大大影响高频段波形的质量，难以支持高阶调制和空间秩较高的传输。另一方面，毫米波段和太赫兹波段的频带很宽，对链路频谱效率的要求不如中低频段的要求高，所以在高频段，更为可行的多天线技术是波束赋形。高频段的超大带宽和超高速率传输对数字处理造成很大压力，波束赋形在很大程度上需要依靠模拟域的射频实现，并需要一定的处理来降低色散引起的波束展宽。

广义的多天线技术还包括智能超表面、全息无线电等新型的、具有对空间电磁环境主动调控的技术，这些技术结合了近几年在材料领域的重要突破，将信息超材料应用到了基站天线或者移动网络中的中继。智能超表面和全息无线电的面板上集成了成百上千的无源超材料天线单元，通过控制各个天线单元的相位、幅度、偏振方向等，能够对入射电磁波按照所需的方向进行偏折、衰减等。作为无源器件，智能超表面和全息无线电可以用于像同步信道、物理广播信道、物理控制信道等公用类信道来提高网络覆盖，也可用于增强物理业务信道的覆盖和提高数据吞吐量。智能超表面需要基站进行控制，所以基站与超表面面板控制器之间的空口交互信令是标准化的重要部分。智能超表面和全息无线电不仅可以在中低频段部署，还可以在高频段部署。

无线轨道角动量（Orbital Angular Momentum，OAM）从广义上讲也属于多天线技术，分为统计态 OAM 和量子态 OAM。统计态 OAM 的传输相对成熟，采用涡旋电磁波波面的多种模态来挖掘空域的新维度，比较适合点对点的视距传输。

多天线技术可以推广至多个相邻小区，即多个小区的天线同时发送或者接收信号，以增强小区边缘的覆盖，提高小区的平均吞吐量，增加在衰落信道中的传输健壮性。根据多小区之间的协作能力、同步精度等，多小区传输和接收又有非相干合并和相干合并两种模式，其中，非相干合并模式不需要多个小区之间的精准同步，每个小区基站的多天线单独配置预编码矩阵或接收矩阵，而在各个小区之间，所发送和接收的信号之间没有进行相应的相位匹配；而相干合并模式需要小区之间精准的相位同步，从而进行动态的相位匹配，以最大化信号功率。进一步拓展多小区多天线中的小区含义，可以包括低功率的射频拉远（Remote Radio Unit，RRU），即分布式 MIMO 的概念，也就是在每个传统宏蜂窝小区中增加多个小型的 RRU，相对于基站天线的延伸，可以灵活部署，改善局部覆盖或提高整个宏小区的数据吞吐量。这些技术主要支持物理层业务信道，尽管从终端角度，参与协作传输和接收的基站、RRU 可能是动态变化的，业务信道的传输并没有与每个基站或 RRU 一直绑定，所以从数据面来看，至少在无线数据业务动态调度的意义上，这对传统的锚定某个小区进行传输的蜂窝概念有一定的突破。

最近在学术界热度比较高的无蜂窝小区也是将多天线技术用于多个小区之间，无蜂窝小区的具体概念不尽相同，有些与数据面多小区协作类似，而有些超出了数据面的协作，还包括控制面的协作，也就是一个终端所锚定的小区不一定是一个物理基站，有可能是多个基站组成的一个虚拟的小区簇。控制面的多小区协作需要对用户的初始接入和移动性管理进行革命性的改变，各类的同步信号、物理层广播信道、随机接入信道等都要有较大的变革，控制面处理的复杂度也相应提高。

5. AI 空口

AI 已在移动通信的网络优化、智能化管理、流量预测、故障分析、资源分配、业务特征识别等方面发挥重要作用。随着对 AI 研究的进一步深入，AI 有望在无线空口得到卓有成效的应用。需要指出的是，AI 空口是一项融合性技术。AI 本身只是一大类特定的数学算法，通过大量的训练数据和人工神经元网络模型中的大量节点，经过反复迭代，最后达到收敛，完成模型训练。AI 的数学基础与通信物理层处理的数学基础有很大不同，彼此完全替代的可能性很低，更可行的是把 AI 当作一种工具或者辅助算法，使物理层在信道 / 信号的设计上更为优化，在实现上更为有效。在波形方面，因为涉及比较纯粹的信号处理，AI 是空口最基本的特征，本身已有一套十分完备的体系方法，从目前看来，AI 的作用比较有限；在信道编码调制方面，高级的编码方式都涉及迭代译码、置信度传播等，一些基本概念与 AI 中的置信度传播是同源的，可以借助 AI 来为编码设计提供思路。在多址接入方面，因为涉及信道编码、多用户接收、压缩感知等，AI 可以用来辅助设计，优化算法；在多天线技术方面，空间信道的复杂性使得 CSI 反馈成为系统性能的一个瓶颈，3GPP 从 4G 开始到现在，针对不同场景和天线配置，标准化了多种 CSI 码本，以降低反馈开销，提高 CSI 的反馈精度。但是，无线信道的不确定性造成这些标准化的码本在实际应用时的效果并不一定很好，而信道的不确定性通常很难通过建立精确的模型来分析，从而采用确定性的传统方法来解决。基于 AI 空口的 MIMO CSI 反馈就是针对空间信道的不确定性，利用大量的信道实测数据来训练 CSI 码本的 AI 模型的。

在很多情形下，AI 在物理层的应用体现在算法实现方面，例如，接收端的信道估计，可以通过 AI 对大量信道数据进行建模和训练来提高信道估计的精度，或者降低信道估计导频的开销。在发射侧，功率放大器的非线性特性一直是令人困扰的实际问题，这种非线性很难用精确的系统模型来刻画。不同功率放大器之间的一致性也比较差，采用传统的预失真技术，算法复杂，效果也经常不理想。而 AI 比较适合通过训练的方式，从大量的功率放大器数据中提炼一些非线性的特点，从而更有效地进行预失真处理。

6. 无线资源调度 / 预编码

无线资源调度和空间信道的预编码是物理层的重要技术，主要针对物理业务信道。无线资源调度的主要目的是提高无线资源的利用率，在多用户快衰情形下，通过动态的资源调度，既提高小区整体的吞吐量，又能保证不同用户之间的公平性。当一个小区同时需要调度的用户比较多，而且系统还支持频率选择性的调度时，整个调度器的算法实现还是十分复杂的，有可能还需要考虑物理控制信道的 CQI、RI、PMI 等的反馈时延和精度、基于参考导频的信道估计误差。虽然无线资源调度算法一般属于厂家的设备实现，但在标准研究和制定方面，需要对比较常用的调度算法进行一定的描述，以方便不同公司的系统仿真结果之间的校准。

类似的，多天线预编码本身是属于系统设备厂家的产品实现，CQI/RI/PMI 等的估计通常也属于终端厂家（更具体地说是终端基带芯片厂家）的产品实现。无线空口协议只是规定了 CQI/RI/PMI 的上报方式和所采用的码本（即 CSI 的量化方式），但并不限定终端厂家具体如何估计出当前信道的 CQI/RI/PMI。而基站侧收到 CQI/RI/PMI 之后，也不一定完全按照协议中规定的码本生成预编码矩阵，这是因为终端厂商往往与基站厂商不是同一家，收发两端的实现算法可能差别很大，尤其是在多用户 MIMO 的情形。为维护好产业的生态，标准会对 CQI/RI/PMI 的有效性和精度制定一些指标要求，但基本上是最低性能要求，并不能准确反映产品的实际性能水平。在标准研究时，需要对通用的 CQI/RI/PMI 估计方法和预编码算法达成一定共识，方便公司间的系统仿真性能对比。

在许多情形，资源动态调度 / 预编码与空口标准化技术有很强的联系，在研究当中需要紧密结合。例如，多用 MIMO 的资源调度是基站的产品实现，但是如果 PMI 的反馈不够精确，则会降低多用户 MIMO 预编码的有效性，信号功率受到损失，同时在配对用户间造成数据的干扰。更精细的 PMI 反馈促进更细粒度的 PMI 码本标准化。而细粒度的 PMI 码本往往带来更大的信令开销，会对数据传输速率产生负面影响。因此，资源调度器需要全局考虑系统数据面的容量最大化，也要兼顾控制信令的开销，权衡多用户 MIMO 和单用户 MIMO 的利弊，使得小区的频谱效率最优。另一个例子是下行的非正交多址，用户配对和调度属于产品实现，但是基站对远端用户和近端用户的发送功率比值会对用户配对产生重大的影响，粗粒度的功率比将限制适合的配对用户数，但能够降低信令开销；反过来，远端用户的调制阶数的限定可以简化标准化的复杂度，留给调度器更多的自由度，增加配对用户数，以提高系统频谱效率。例如，不支持非正交多址功能的终端仍然可能被调度成为远端用户，与具有非正交多址功能的近端用户配对。

7. 接收机算法

通常情况下，物理层链路的基带处理复杂度主要集中在接收端。尽管发射端相比接收端的处理复杂度要低很多，物理层空口标准，尤其是涉及信号处理模块的标准化，一般是对针对发射端的。发射端的信号处理方式与接收机的设计密切相关，换句话说，接收端信号处理的复杂度在很大程度上取决于发射端的技术方案。例如，从发射端来看，5G 的多址技术大致有 3 种类型：①线性扩展；②比特交织和；③调制 / 扩展联合。它们各自适合的 3 种典型接收机分别为：①基于最小均方二乘的串行干扰消除（MMSE SIC）；②基于初等信号估计（ESE）加软入软出（SISO）；③基于期望概率的算法（EPA）。这种对应关系是比较明确的，好比发射端的合理设计为达到良好的性能提供了基础和可能，而接收端的算法可以帮助发射端方案充分发挥其性能潜力。如果互换，所产生的不匹配不仅会影响性能，而且有可能增加接收机的整体复杂度。

对于终端侧，由于功耗和处理能力的严格限制，接收机的复杂度不能很高，所以空口方案需要仔细考虑对终端侧接收机的影响，算法复杂度是否能够接受。例如，在 4G 后期的下行正交多址，最终的空口传输方式是在发射端采取特殊的调制映射方式，保证对于任意的功率比，两个用户的信号星座图在线性叠加之后的星座图依然具有格雷映射的特征，这样有利于终端采用相对简单的 MMSE 符号级别的干扰消除，而不用依赖更为高级的码块级干扰算法来实现多用户叠加传输的检测。因此，上面提到的特殊映射方式被标准协议所采纳。

在实际系统中，设计和选择接收机还需充分考虑无线信道和收发器件的非理想因素。以上行为例，不同用户到达基站的信号功率差有可能很大，各个用户信号之间的频偏、时偏（尤其当用户与基站还没有完全建立连接时）等，使得接收算法能够在这些非理想情形下保持性能上的健壮性。

⋯→ 4.4.2　6G 空口的标准化节奏

在过去的二三十年里，移动通信系统基本上是每十年更新一代，每一代系统相比前一代系统在一些关键性能指标上有较大的提升，如峰值速率、系统带宽、用户体验速率、频谱效率、空口时延、连接密度等。从标准层面讲，每一代系统与前一代系统的物理层制式互不兼容，基本的硬件模块无法套用。但是另一方面，物理层技术的演进有时一直持续，层出不穷的，即使是同一代的移动通信系统，仍然可以通过后向兼容的方式，融入新技术，实现系统的演进。当然前提是不改变物理层信道的基本结构和信号处理方式。因此，从这个意义上讲，不少技术很难严格判定为是 5G 系统的演进技术，还是 6G 新空口的技术。正如 4G 后期的 3D-MIMO 技术，一开始属于 LTE 的增强技术，将传统的水平维数字波束赋形拓展到了垂直维度，仍然沿用 LTE 的帧结构和 CSI 反馈的基本设计框架。相关的标准化工作和商用部署为后来 5G 新空口的大规模天线技术积累了大量宝贵的经验，使得大规模天线技术在 5G 系统中发挥了重要的作用。针对潜在的物理层技术，表 4-2 进行了初步的分类。第一类是可以与 5G-Advanced 兼容的技术，无须修改底层的信道结构和调制编码方式。注意，与 5G-Advanced 兼容并不是指该技术不能用在 6G 新空口，而是新一代空口为新技术提供了更广泛的设计空间；第二类是属于 6G 新空口的技术，需要物理层基本信道做一些改变或者重新定义一些重要的处理流程；第三类是不确定在 6G 基础版本中讨论和标准化或属于纯实现的技术。

表 4-2　新型物理层技术可能的代际分类

可与 5G-Advanced 兼容的技术	属于 6G 新空口的技术	不确定在 6G 基本版本中讨论和标准化，或属于纯实现的技术
• 智能超表面中继 • AI 辅助空口 • 基于蜂窝导频的感知 / 定位 • 稀布阵天线 • 分布式 MIMO • 全数字毫米波 • 感知通信一体化	• 新波形（用于基本物理同步、广播、控制和业务信道） • 新型调制编码（用于基本物理广播、控制和业务信道） • 新型多址接入（可能涉及新的信道编码、波形序列等） • 无蜂窝网络（包括控制面） • 基于 AI/ML 的物理层发射和接收的基本信号处理	• 太赫兹通信 • 可见光通信 • 统计态轨道角动量（OAM） • 全息 MIMO • 基于智能超表面的基站多天线技术

根据目前在 ITU 和 3GPP 中的讨论情况，图 4-41 对一些潜在标准化的新型物理层技术估计了一下前期预研、标准研究和协议标准化的大体时间。智能超表面（RIS）中继在 3GPP Rel-18，即 2022 年至 2023 年下半年，是前期预研阶段；在 Rel-19，即 2023 年下半年至 2024 年底有可能立项研究。考虑到 RIS 是一项比较革命性的技术，估计需要一个版本周期进行研究，然后在 Rel-20，即 2025 年初之后开始标准化。AI 辅助空口已经在 3GPP Rel-18 开始标准研究，因为是比较革命性的技术，AI 辅助空口的研究工作也需要一个版本周期，之后到 Rel-19 开始标准化的制定工作。感知定位技术的情形与智能超表面中继类似，在 Rel-18 预研，在 Rel-19 立项研究，在 Rel-20 开始标准化。基站多天线技术，包括稀布阵天线、全数字毫米波、分布式 MIMO，尽管可以与 5G-Advanced 协议兼容，但目前还没有在业界形成合力，有很大的可能性是一直处于预研状态，至少是在 Rel-20 之前。

太赫兹通感虽然有不少原型样机和测试，但与 5G 厘米波、毫米波的频带相差巨大，物理层的帧结构和信道编码方式可能需要对 5G-Advanced 进行较大改动，无法做到后向兼容。另外，太赫兹的传播距离有限，很难独立组网，在 6G 基础版本中成为标准的可能性不大；可见光通信（Visible Light Communications，VLC）虽然在 IEEE 和 ITU 都已经有标准，但只能用于下行传输，传播距离短，很容易被物体遮挡。再加上大带宽的照明用发光二极管（LED）器件的产业成熟度较差，总体上在业界的关注度不是很高，也没有被包含在 ITU 的技术趋势报告中，所以对于移动通信系统，在 6G 基础版本完成标准化之前，很有可能一直属于预研阶段。

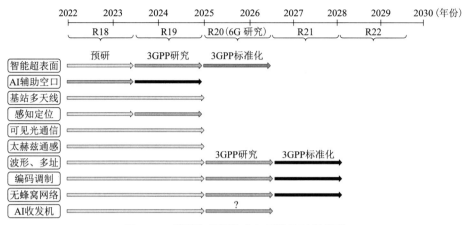

图 4-41　新型物理层技术与标准化时间节奏

　　波形多址和编码调制是物理层基础的技术，很有可能在经历 3 年左右的预研阶段之后，在 6G 的基础版本中研究和标准化，除非是 6G 物理层不再引入新的波形、新的信道建模或者是新的多址接入方法。这其中可能还有一些不确定性，这取决于 AI 收发机的进展。随着 AI 应用的深入，更多的物理层处理有可能被 AI 所替代。如果这种替代触及了波形多址和编码调制，也就是 AI 收发机，则会动摇整个移动通信的学科核心。无蜂窝网络涉及十分基本的物理层过程，它的标准研究时间估计在 Rel-20 开始之后。

参考文献

[1]　袁弋非 . LTE-Advanced 关键技术和系统性能 [M]. 北京：人民邮电出版社，2013.

[2] 3GPP. 5G NR Physical channels and modulation (Release 16): TS 38.211 [S]. Sophia antipolis: 3GPP, 2019.

[3] 3GPP. 5G NR Multiplexing and channel coding (Release 16): TS 38.212 [S]. Sophia antipolis: 3GPP, 2019.

[4] 3GPP. E-UTRA Physical channels and modulation (Release 15): TS 36.211 [S]. Sophia antipolis: 3GPP, 2017.

[5]　鲁照华，袁弋非，吴昊，等 . 5G 大规模天线增强技术 [M]. 北京：人民邮电出版社，2022.

[6] 3GPP. Study on 5G non-orthogonal multiple access: TR 38.812 [S]. Sophia antipolis: 3GPP, 2018.

第 **5** 章

编码多址波形类技术

编码调制、多址波形是无线物理层中较为基础的技术，对无线链路和整个系统的性能起着十分关键的作用。这一大类技术的基础性体现在它们是基带处理中最复杂但又绕不过去的运算处理。为了保证较高的处理速度和较低的功耗，编码调制和多址波形大多是在专用芯片（ASIC）中实现的，相关软件和硬件的优化需要大量的人力投入，因此通常只有在新一代移动通信标准化时，才会对这几种基础技术进行重新设计。需要指出的是：

1）编码调制和多址波形经常是联合设计、相互交叉的。在本章中，对于一些带有交叉性质的技术大致按照其应用场景划分到编码调制、多址波形当中，这种分类并不是绝对的。

2）接收机算法虽然不属于空口协议的范围，但译码方法、解调等实现类技术的进步对方案的实用化起着很重要的作用，因此也在本章的相关章节做介绍。

3）人工智能（AI）有望在编码调制、多址波形的多种技术中得到广泛应用，本章不单独用一节整体介绍，而是穿插在相关的技术点中介绍。

编码调制和多址波形的关键技术点很多，相对比较零散，每一个都很有自身的特点。本章对其中一些 6G 潜在的、比较有代表性的技术，按照细分领域进行了一定深度的展开；虽未包括所有的研究方向，但大体上反映了编码调制和多址波形领域的主流发展趋势。

5.1 信道编码与调制

⋯→ 5.1.1　传统编码方法的改进

1. QC-LDPC 码的增强

6G 移动通信朝向更高频段拓展，系统带宽将超 1 GHz，峰值数据率会超过 100 Gbit/s，甚至到 Tbit/s 数量级。这样高的速率指标要求对信道编码带来巨大挑战。5G 系统所采用的准循环 LDPC 码（QC-LDPC 码），其奇偶校验矩阵中包括多个子矩阵块，这些子矩阵块是单位矩阵的循环移位或者全零矩阵，这种结构化的特征能够支持很高的译码并行度，非常适合高吞吐量场景。因此，LDPC 码仍然是未来 6G 通信的数据信道编码方案，尤其是长码块场景的极有竞争力的编码技术之一。

QC-LDPC 码的基础矩阵结构如图 5-1 所示，其中系统位矩阵的左上角部分和双对角方阵构成核心矩阵，下半部构成低码率扩展部分的矩阵。在 QC-LDPC 码的译码过程中，如果实际码率 R 高于核心矩阵所支持的码率，则采用核心矩阵进行译码；如果实际码率低于核心矩阵所支持的码率但高于母码码率，则只需要从基础矩阵中截取左上角的 $(\lceil k_b/R \rceil + 2 - k_b)$ 行和 $(\lceil k_b/R \rceil + 2)$ 列的子矩阵进行译码，其中 k_b 是基础矩阵系统的列数；如果实际码率低于母码码率，则采用整个基础矩阵进行译码。所以，LDPC 码码率越高，译码所采用的矩阵越小，对应的译码吞吐量也越高。根据 QC-LDPC 码的奇偶校验矩阵，其由 $m_b \times n_b$ 个子矩阵块构成，每个子矩阵块大小为 $z \times z$，对应于 z 个变量节点，z 称为扩展因子，体现了译码处理的并行度。对于同样长度的码块，基础矩阵越紧凑，吞吐越大，也越适合高速率要求。但是，基础矩阵过小会影响矩阵的优化，造成一定的性能损失，所有需要全面考虑。

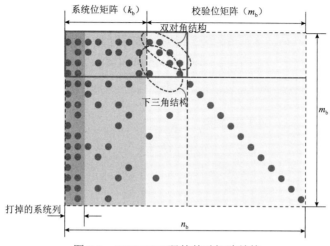

图 5-1　QC-LDPC 码的基础矩阵结构

5G-NR 的 LDPC 码的扩展因子都必须满足 $a \times 2^j$，其中，a 等于集合 {2，3，5，7，9，11，13，15} 中的元素，j 等于集合 {0，1，2，3，4，5，6，7} 的元素。为增加并行度，可以考虑在 j 取值的集合中增加一个元素，例如 8。 如表 5-1 所示，其中黑体加粗的扩展因子为 6G QC-LDPC 码可能的增强，其他扩展因子是 5G NR LDPC 已经支持的。

表 5-1　扩展因子（ z ）取值表的增强（黑色加粗的数值）

集合索引（ i_{LS} ）	扩展因子取值（ z ）
0	{2, 4, 8, 16, 32, 64, 128, 256, **512**}
1	{3, 6, 12, 24, 48, 96, 192, 384, **768**}
2	{5, 10, 20, 40, 80, 160, 320, **640**}
3	{7, 14, 28, 56, 112, 224, **448**}
4	{9, 18, 36, 72, 144, 288, **576**}
5	{11, 22, 44, 88, 176, 352, **704**}
6	{13, 26, 52, 104, 208, **416**}
7	{15, 30, 60, 120, 240, **480**}

QC-LDPC 码可以采用多种译码结构进行译码，其中块并行和行并行这两种架构都可以支持灵活码率的译码。块并行译码中每次读取和处理的是 z 个变量节点的对数似然比信息（LLR），对应于奇偶校验矩阵中的一个子矩阵块，所以只需要 2 个移位网络实现，复杂度较低。行并行译码每次读取和处理的是基础矩阵中某一行关联的所有变量节点的对数似然比信息（LLR），所以需要移位网络数量为最大行重的 2 倍。可以看出，行并行译码的复杂度高于块并行译码的复杂度；但是，行并行译码的译码速度要高于块并行译码的译码速度。

在行并行译码中，基础矩阵每行（对应 z 个奇偶校验）更新之间存在等待时间，该等待时间对 LDPC 码的译码速度影响非常大。那么如果在该等待时间内也同时译码更新其他 LDPC 码字，也就是多码字交织译码，在不增加太多硬件开销的情况下可以提高译码吞吐量[1]。如图 5-2 所示，多个 LDPC 码块交织进行译码更新，如时钟 0 读入码块 0 对应基础矩阵第 0 行数据，时钟 1 读入码块 1 对应基础矩阵的第 0 行数据，时钟 2 读入码块 2 对应基础矩阵的第 0 行数据，依次进行到时钟 T_1，此时读入的是码块 0 对应基础矩阵的第 1 行数据，依次进行。

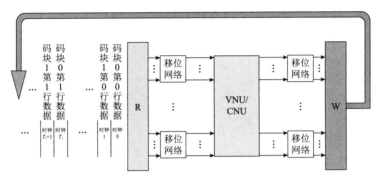

图 5-2　QC-LDPC 码的多码字交织译码

相当于有 T_1 个码块同时进行更新，对应于 QC-LDPC 译码吞吐量计算公式为

$$Throughput = \frac{k_b \cdot z \cdot f}{I \cdot m_b} \tag{5-1}$$

式（5-1）中，f 是译码器的工作频率，I 是译码器的迭代次数。假设系统列数 k_b 为 16，码率 R 为 8/9，则基础矩阵的行数 m_b 为 4，如果扩展因子 z 最大可达 1024，则多码字交织译码的吞吐量如图 5-3 所示。可以看到，吞吐量最高可以达到 400 Gbit/s 以上。

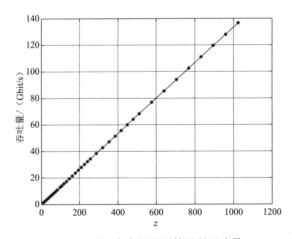

图 5-3　QC-LDPC 多码字交织译码的译码吞吐量（$R = 8/9$）

为了减少 QC-LDPC 码在分层译码中的等待时间，还可以在基础矩阵的设计中对各个移位值的取值增加一些约束条件。在基础矩阵中任意相邻 2 行中，相同列索引对应的 2 个非负移

位值（-1 代表元素值为 0），如果都等于偶数或奇数，则称这 2 个移位值构成第一类上下相邻对；如果 2 个移位值中的一个为奇数，而另一个为偶数，则称这 2 个移位值构成第二类上下相邻对。如图 5-4 所示，实线框中的 2 个元素属于第一类上下相邻对，虚线框中的 2 个元素属于第二类上下相邻对。

9	20	12	26	-1	-1	0	0	-1	-1
7	-1	-1	6	29	29	-1	0	0	-1
17	18	-1	12	20	-1	1	-1	0	0
-1	8	26	-1	30	8	0	-1	-1	0

图 5-4　基础矩阵中第一类上下相邻对和第二类上下相邻对的示例

如果把 QC-LDPC 码的译码并行度设置为提升值的一半，就相当于基础矩阵的每一行被分成 2 层。例如，具有偶数地址的变量节点为一层，具有奇数地址的变量节点为另一层。如果移位值等于偶数，则对应该移位值的一组变量节点（数目等于提升值）中首先（即第 0 层）更新的是偶数地址的变量节点，然后（即第 1 层）再更新奇数地址的变量节点；如果移位值等于奇数，则先更新的是奇数地址的变量节点，后更新的是偶数地址的变量节点。也就说，在基础矩阵第 0 行更新过程中，偶数地址变量节点更新完成后即可开始读取基础矩阵的第 1 行的偶数地址变量节点，不需要等待时间，没有地址冲突问题；而针对第二类上下相邻对来说，当 LDPC 码译码变量节点更新地址时，相邻两行的两层更新之间一直存在同时更新偶数（或者奇数）地址的变量节点，需要一个等待时间（在该等待时间内，硬件资源处于闲置状态）。

当然，在 QC-LDPC 基础矩阵中，也不需要所有非 -1 元素值都满足第一类上下相邻的条件，这样会使得 QC-LDPC 码完全分解为 2 个短码字，编码的性能会变差，因此只需要含有少量的第二类上下相邻对的元素，以保证 QC-LDPC 码的性能。遇到基础矩阵中有第二类上下相邻对时，可以在迭代过程中对第二类上下相邻对的变量节点轮流更新，以避免地址冲突，这样做会造成部分变量节点并没有完全更新，可能会稍微影响性能。通过合理设置第二类上下相邻对的数量，可以尽量减少 QC-LDPC 的性能损失。

2. 极化码（Polar Codes）的增强

传统的极化码构造算法可分为两大类。第一类是依赖于传输信道参数的构造方法，第二类是不依赖于传输信道参数的通用构造方法。前者性能优越，但涉及高复杂度的迭代计算，并且迭代计算依赖于原始信道参数，如密度演进（DE）、Tal-Vardy 方法、高斯近似（GA）；后者具有更低的计算复杂度和更好的通用性，如部分序、极化权重（PW）度量及 5G 标准固定可靠度序列，然而上述通用构造方法均为经验式的构造，不能充分揭示极化码的码字特性。基于极化重量谱的 AWGN 信道极化码通用构造方案从译码单比特差错事件的概率出发，定义了极化子码与极化重量谱的概念，利用极化码嵌套特性及子码的对偶性，设计极化重量谱迭代枚举算法；分析极化码理论性能 [2]。具体地，定义子码的码字重量分布集合为重量谱，记为 $\left\{S_N^{(i)}(d)\right\}, d = 0,1,\cdots,N$，其中 d 表示子码 $C_N^{(i)}$ 中码字的汉明重量，$S_N^{(i)}(d)$ 表

示子码 $C_N^{(i)}$ 中重量为 d 的码字个数；定义极化子码的码字重量分布集合为极化重量谱，记为 $\{A_N^{(i)}(d)\}, d=1,2,\cdots,N$，其中 d 表示极化子码 $D_N^{(i)}$ 中非零码字的汉明重量，$A_N^{(i)}(d)$ 表示极化子码 $D_N^{(i)}$ 中汉明重量为 d 的码字个数。基于上述定义，可以得到 BI-AWGN 信道下极化信道 $W_N^{(i)}$ 的差错概率一致界为 $P_{\text{AWGN}}\left(W_N^{(i)}\right) \leqslant \sum\limits_{d=d_{min}^{(i)}}^{N} A_N^{(i)}(d) Q\left(\sqrt{\dfrac{2dE_s}{N_0}}\right)$，考虑对一致界做进一步放大，可得到 Union-Bhattacharyya（UB）上界 $P\left(W_N^{(i)}\right) \leqslant \sum\limits_{d=d_{min}^{(i)}}^{N} A_N^{(i)}(d) \exp\left(-\dfrac{dE_s}{N_0}\right)$。由已知 N 码长的重量谱 $S_N^{(i)}(j)$ 与极化重量谱 $A_N^{(i)}(j)$ 计算得到 $2N$ 码长的重量谱 $S_{2N}^{(l)}(j)$ 及极化重量谱 $A_{2N}^{(l)}(j)$。

迭代枚举算法可分为 3 部分：①若极化信道序号 $N+1 \leqslant l \leqslant 2N$，则有 $A_{2N}^{(l)}(2j) = A_N^{(l-N)}(j)$ 及 $S_{2N}^{(l)}(2j) = S_N^{(l-N)}(j)$；②若极化信道序号 $2 \leqslant l \leqslant N$，则通过解 Mac-Williams 方程 $\sum\limits_{j=0}^{2N}\binom{2N-j}{k} S_{2N}^{(2N+2-l)}(j) = 2^{l-1-k} \sum\limits_{j=0}^{2N}\binom{2N-j}{2N-k} S_{2N}^{(l)}(j)$，$k=0,1,\cdots,2N$，可以得到 $S_{2N}^{(l)}(j)$，再计算极化重量谱 $A_{2N}^{(l)}(j) = S_{2N}^{(l)}(j) - S_{2N}^{(l+1)}(j)$；③若极化信道序号 $l=1$，则有 $S_{2N}^{(1)}(j) = \binom{2N}{j}$ 与 $A_{2N}^{(i)}(j) = S_{2N}^{(1)}(j) - S_{2N}^{(2)}(j)$，其中 $j=0,1,\cdots,2N$。极化信道 $W_N^{(i)}$ 的第一个可靠性度量为 $\text{UBW}_N^{(i)} = \max\limits_d\left\{\ln\left[A_N^{(i)}(d)\right] - d\dfrac{E_s}{N_0}\right\}$，第二个可靠性度量 $\text{SUBW}_N^{(i)} = \ln\left[A_N^{(i)}\left(d_{min}^{(i)}\right)\right] - d_{min}^{(i)}\dfrac{E_s}{N_0}$，此时只考虑最小码重。考察 AWGN 信道，假设码长 $N=1024$，码率 $R \in \{1/3, 1/2, 2/3\}$，图 5-5 所示列表大小为 16 的 SCL 译码条件下极化码 BLER 仿真性能曲线，其中，UBW 表达式中的 E_s/N_0 分别固定为 1.5 dB、4 dB、4.5 dB（对应 3 种码率），SUBW 表达式中的 E_s/N_0 分别固定为 1 dB、3.5 dB、4.0 dB，Tal-Vardy 算法中参数 $\mu=256$。

仿真结果表明，相较于 Tal-Vardy、GA、PW 等构造方法，采用通用构造度量 UBW 和 SUBW 在 SCL 译码条件下具有较为明显的性能优势。

在极化码构造方面，另一种增强是在增加译码并行度方面。追溯源头，Arıkan 曾为定义极化码而引入陪集码 G_N，其生成的矩阵形式如下。

$$G_N = F^{\otimes n} \tag{5-2}$$

式中，$N=2^n$，$F^{\otimes n}$ 表示矩阵 $\boldsymbol{F} = [1,0; 1,1]$ 的 n 次 Kronecker 幂。编码过程如下：

$$x_1^N = u_1^N G_N \tag{5-3}$$

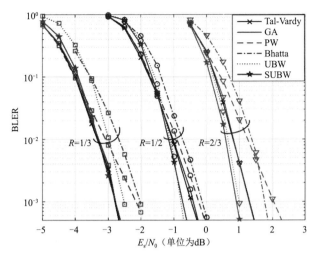

图 5-5　AWGN 信道下不同构造方法下的极化码 BLER 的性能对比

式中，$x_1^N = \{x_1, x_2, \cdots, x_N\}$ 和 $u_1^N = \{u_1, u_2, \cdots, u_N\}$ 分别表示待编码序列和码字序列。

G_N 陪集码的构造可以通过确定信息位集合 $\mathbf{A} \subset \{1, 2, \cdots, N\}$ 来定义 (N, K)。其生成矩阵由 G_N 中 $\mathbf{A}$ 所对应的行组成。因此，上述编码过程可以进一步改写为

$$x_1^N = u(A)G_N(A) \tag{5-4}$$

式中，$u(A) = \{u_i \mid i \in A\}$。极化码和 Reed-Muller（RM）码是两种典型的 G_N 陪集码，分别根据最小码距、子信道可靠度来确定 A。需要指出的是，极化码和 RM 码最初都不是为并行译码所设计的。

G_N 陪集码的编码过程可以用一个 n 阶的因子图表示，如图 5-6（a）所示。其实，G_N 陪集码可以看作一个级联码，前面几阶和后续几阶分别看作外码和内码。注意，内码部分包括若干个独立的子码，这些子码彼此之间可以并行译码[3]。另外，通过交换内码和外码部分，可以得到一张等效的因子图，如图 5-6（b）所示。根据这两种等效的因子图，可采用图 5-6（c）所示的并行迭代译码算法。在每一轮迭代中，只译码每张因子图中的内码部分，并通过在两种因子图之间交换信息量来达成一致。由于只需要并行译码内码部分，这个算法可以达到一个很高的并行度[4]。

因为只译内码部分，内码的纠错性能是关键。当信息位长度 $K = k^2$ 时，G_N 陪集码的构造过程分如下两步，采用 SC 译码器，首先构造一个 (N, K_1) 码。其中，$K_1 = \lceil \sqrt{K} \rceil^2$，是大于 K 的第一个平方数。进一步，需将 $K_1 - K$ 个信息位转化为冻结位，这个可以通过在两张因子图上交替逐步冻结来达到。

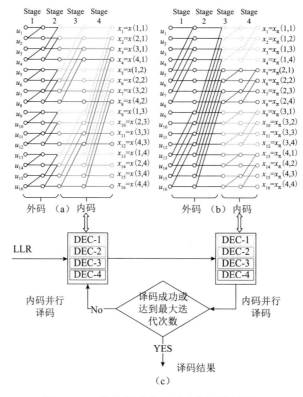

图 5-6 G_N 陪集码的内外码及并行译码框架

5G 系统中的极化码是用于物理控制信道的，其中一种控制信令是 DCI。对于这种信道，检测延迟和漏检率是很重要的性能指标。为了减少用极化码进行盲检测的延迟，可以考虑一种极性码的嵌套构造，它是基于动态冻结位的概念，以嵌套方式构造码字，对应于更高聚合级别（AL）的码字包含对应于较低 AL 的码字。图 5-7 是聚合等级（AL）为 2 时的嵌套结构的示意图。

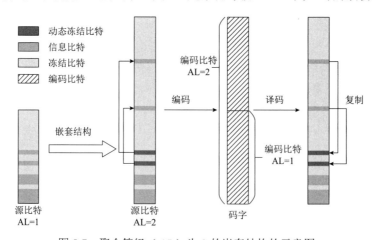

图 5-7 聚合等级（AL）为 2 的嵌套结构的示意图

　　由于 DCI 码字是以嵌套方式构造的，并且子码被放置在具有较低 AL 的候选控制信道中，DCI 检测时，对应于较低 AL 的码字，可以帮助定位目标候选的位置，将码字分配给较高 AL 的候选控制信道，或者当将 DCI 码字分配给具有相同 AL 的候选控制信道时，直接恢复 DCI 信息比特。此外，由于在使用较短的码字时，译码延迟较低，所以当以较低的 AL 开始时，可进一步减少盲检测的延迟。

　　极化码在 5G 控制信道中的另一个应用是物理广播信道（Physical Broadcast Channel，PBCH），为了进一步降低 PBCH 的误帧率，提高低信噪比下的小区搜索性能，可采用双 CRC 辅助的极化编码方案。以 5G 的 PBCH 为例，如图 5-8 所示，在 29 位相同比特之后添加第一段 CRC 序列，表示为 $\{a_0,...,a_{31},p_0,...,p_{R_1-1}\}$，构成新的相同信息集 CIB，其余 3 位添加第二段 CRC 序列，表示为 $\{a_{29},a_{30},a_{31},p_0,...,p_{R_2-1}\}$，即为新的 DIB，$R_1 + R_2 = 24$。因此，极化码的 56 个信息位中，CIB 扩大为 $32 + R_1$ 位，DIB 减小到 $3 + R_2$ 位。

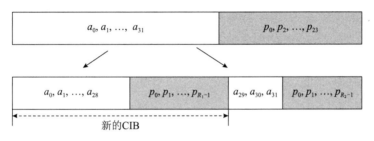

图 5-8　双 CRC 辅助极化码设计

　　另外，对于 CRC 辅助的极化码，CRC 本身也是可以进一步优化的。表 5-2 是极化码短码下优化的 CRC 多项式，其中 N 为码长，R 为码率，K_C 为 CRC 长度，$g(x)$ 为 CRC 生成多项式，$d_{\min}$ 是最小汉明距离，$A_{d_{\min}}$ 是最小汉明距离的码字数量。通过穷搜全部 CRC 极化码级联码的 $d_{\min}$ 和 $A_{d_{\min}}$，确定优化的 CRC 多项式[5]。

表 5-2　极化码短码下优化的 CRC 多项式

N	R	K_C	$g(x)$	$d_{\min}$	$A_{d_{\min}}$
64	1/3	12	(1100110100101)	16	168
	1/2	13	(11110101010101)	10	34
	2/3	18	(1010110011010001001)	8	4238
128	1/3	20	(100000000010111010001)	24	171
	1/2	24	(1000000000000001111100101)	16	66
	2/3	16	(10001011110110111)	10	167

　　AI 技术作为编码设计的工具，是传统信息论和编码理论的补充。AI 码设计直接受码性能反馈，通过 AI 算法自动调整码设计，对于一些码长较短的极化码，在针对 SCL 译码器的最

优构造等方面取得了较好的效果。如图 5-9 所示的遗传算法，首先完全随机初始化种群中的码构造，再通过子信道融合的方式杂交，并以一定概率进行变异（随机引入新的子信道），对新产生的码构造进行性能评估，并以优胜劣汰的方式不断更新种群，可以快速收敛到 SCL 译码器的较优构造[6]。

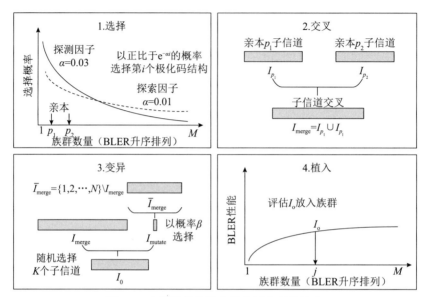

图 5-9　应用遗传算法来优化极化码的构造

对于极化码，还可以采用图 5-10 所示的强化学习算法[7]，其中，c_t 代表当前码构造，c_{t+1} 代表满足嵌套关系的下一个码构造，b_t 代表子信道的变化，e_t 代表误码率。该结构与强化学习中的马尔科夫决策过程吻合，因此可以使用强化学习算法来学得极化码的嵌套构造可靠度序列。

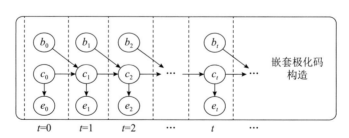

图 5-10　应用强化算法来优化嵌套极化码的构造

⋯→ 5.1.2　新型编码方式

适合移动的新型编码方式有很多种，如空间耦合 LDPC（Spatial Coupled LDPC，SC-LDPC）、多元 LDPC、脊髓码（Spinal Codes）、低密度格码（Low-density Lattice Codes）等。其

中，多元 LDPC 的潜在应用是多址接入，而脊髓码和低密度格码在工业界的关注不多，因此就不在本节中介绍，这里主要介绍空间耦合 LDPC（SC-LDPC）。

顾名思义，SC-LDPC 是 LDPC 的演进[8]，将传统 LDPC 的奇偶校验矩阵扩展，并形成空间上的耦合。一个参数为 (d_l, d_r, L, w) 的 SC-LDPC 可以通过以下的方式生成。首先产生一个奇偶校验矩阵为 $\boldsymbol{H}_u$ 的传统的（非耦合）LDPC 码，其变量节点的权重（也称"度"）为 d_l，校验节点的权重（也称"度"）为 d_r。接着将 $\boldsymbol{H}_u$ 复制 L 次，得到

$$\boldsymbol{H}_{\text{copy}} = \begin{bmatrix} H_u & 0 & \cdots & 0 \\ 0 & H_u & \cdots & 0 \\ \vdots & \vdots & & \vdots \\ 0 & 0 & \cdots & H_u \end{bmatrix}_{L \cdot d_l \times L \cdot d_r} \tag{5-5}$$

这里，L 是耦合链的总长度。然后，变量节点到校验节点的连接扩展到附近的 w 个非耦合的码中，彼此产生一定的重叠。所以，w 通常被称为 SC-LDPC 的平滑系数，得到

$$H_{SC} = \begin{bmatrix} H_1 & 0 & \cdots & 0 \\ H_2 & H_1 & \cdots & 0 \\ \vdots & H_2 & \cdots & \vdots \\ H_w & \vdots & \cdots & 0 \\ 0 & H_w & \cdots & H_1 \\ 0 & 0 & \cdots & H_2 \\ \vdots & \vdots & & \vdots \\ 0 & 0 & \cdots & H_w \end{bmatrix}_{L \cdot d_l \times (L+w) \cdot d_r} \tag{5-6}$$

这里，$\boldsymbol{H}_1, \boldsymbol{H}_2, \cdots, \boldsymbol{H}_w$ 矩阵是矩阵 $\boldsymbol{H}_u$ 的分解，即

$$\boldsymbol{H}_1 + \boldsymbol{H}_2 + \cdots + \boldsymbol{H}_w = \boldsymbol{H}_u \tag{5-7}$$

SC-LDPC 是一种 LDPC 卷积码。相比非耦合 LDPC 码，SC-LDPC 具有卷积码带来的额外优点。与传统的 LDPC 卷积码不同，SC-LDPC 的 Tanner Graph 是在两端终止的，这会带来 SC-LDPC 的一个关键性质：阈值饱和。具体地讲，根据文献 [9] 中的分析，用这种方法构造出来的 SC-LDPC 拥有以下的几个特性。

（1）码率可以表示为

$$R(d_l, d_r, L, w) = \left(1 - \frac{d_l}{d_r}\right) - \frac{d_l}{d_r} \frac{w + 1 - 2\sum_{i=0}^{w}\left(\frac{i}{w}\right)^{d_r}}{L} \tag{5-8}$$

（2）当 L 趋向无穷大，对于二元输入的非记忆对称信道（Binary-input Memoryless Symmetric, BMS），对耦合的校验矩阵 $\boldsymbol{H}_{SC}$ 的置信度传播（Belief Propagation，BP）译码算法

的性能将逼近对非耦合校验矩阵 H_u 的最大后验概率（Maximum A-Posteriori, MAP）算法的性能。

（3）当 L 趋向无穷大，该 SC-LDPC 是具有普适性的。这意味着对于一组容量相同的二元非记忆对称信道，以及一个与容量界之间的差距，我们可以构造出一个足够长的 SC-LDPC 来满足这些二元非记忆对称信道的性能指标要求，使其具有广义的逼近容量界的能力。

下面举一个例子，假若式（5.6）中的 $w = 6$，$L = 40$，$d_r = 3$，$d_l = 1$，$H_1 = [1, 1, 1]$，$H_2 = [1, 1, 1]$，$H_3 = [1, 1, 1]$，$H_4 = [1, 0, 0]$，$H_5 = [1, 0, 0]$，$H_6 = [1, 0, 0]$ 和 $H_7 = [1, 0, 0]$，所生成的 SC-LDPC 可以用图 5-11 表示，图 5-11 中的小方块代表矩阵中取值为 1 的元素，小圆点代表矩阵中取值为 0 的元素。注意图 5-11 中对结尾部分的截取方式与式（5-6）中的稍有不同，使得行数和列数与式（5-6）的不完全一样。

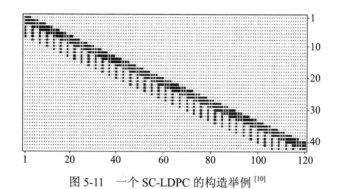

图 5-11 一个 SC-LDPC 的构造举例[10]

准循环 LDPC（QC-LDPC）是 LDPC 中最为常用的一种构造，因此对于 SC-LDPC 来说，同样可以通过类似的 QC-LDPC 方式来提升（Lifting）奇偶校验矩阵的性能，从而构造出具有各种灵活码率和码长，又能保证 LDPC 译码过程的高效和并行特性的矩阵。准循环矩阵虽然实现较为容易，但设计参数比较有限，消除短环的效果往往不是很明显。Lifting 过程可以分成两步，第一步是采用比较一般的重排，不限定是准循环方式；第二步是采用准循环，以保证尽可能重用 QC-LDPC 的译码方式。

从图 5-11 可以看出，左上角的 7 行 3 列的子矩阵就是式（5.7）中的 H_u，用基础矩阵的形式表示为

$$B_{\text{pattern}} = \begin{bmatrix} 1 & 1 & 1 \\ 1 & 1 & 1 \\ 1 & 1 & 1 \\ 1 & 0 & 0 \\ 1 & 0 & 0 \\ 1 & 0 & 0 \\ 1 & 0 & 0 \end{bmatrix} \qquad (5\text{-}9)$$

　　图 5-12 是对式（5-9）的基础矩阵在经过第一步和第二步之后的矩阵元素图样。其中，第一步 Lifting 的因子为 6，矩阵元素图样如图 5-12（a）所示，一共是 42 行 18 列。其中的小方块代表取值为 1 的元素，小圆点代表取值为 0 的元素。第二步 Lifting 的因子为 128，矩阵元素图样如图 5-12（b）所示，图中只显示了非零的元素。

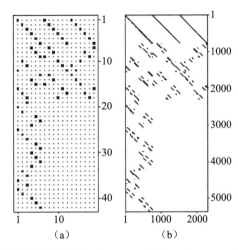

图 5-12　基础校验矩阵经过第一步 Lifting 和第二步 Lifting 之后的元素图样

　　SC-LDPC 的译码采用滑动窗算法，如图 5-13 所示。这种算法基于空间耦合内在的结构，每次迭代仅译部分的 Tanner 图，可以显著降低译码复杂度和时延。

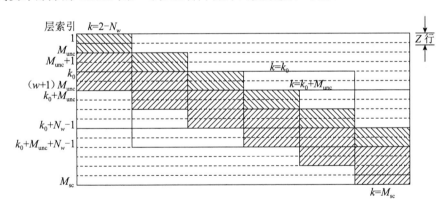

图 5-13　SC-LDPC 滑动窗式的译码算法

　　随着 AI 和机器学习在无线通信物理层研究中的逐步应用，深度神经网络（Deep Neural Network，DNN）在信道编译码问题上进行了不少的尝试。例如，在文献 [11] 中，如图 5-14 所示的 DNN 被用于 Polar 码和随机码的译码，可以以更低的复杂度达到 MAP（Maximum A Posteriori）性能。DNN 还可以用于 Turbo 码译码 [12]，解决传统 max-log-MAP 算法将非线性简化为线性导致的性能损失问题。

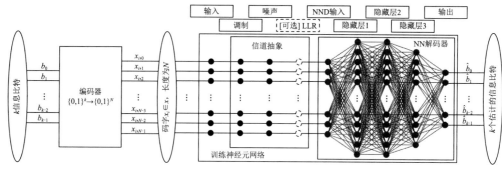

图 5-14   DNN 极化码译码器

与传统的信道译码方法相比，基于深度学习的译码器的性能在一些场景下优于传统译码，但由于维度爆炸，深度学习应用于编码技术也存在一定的局限性。

5.1.3 新型调制方式

从信息论的角度看，调制与编码必须一体化设计，才能逼近信道的容量界。但是无论是从设计的难度，还是接收算法的复杂度，以及射频器件的实际限制等考虑，调制和编码在移动通信系统中通常是分别设计和优化的。移动通信从第二代一直到第五代，调制方式没有根本性的变化，基本上都是 QPSK 和 QAM，只不过调制阶数在不断提高。但是在高信噪比区域，传统 QAM 与高斯信号的信道容量界还有 1.53 dB 的差距，因此 6G 系统有望采用更高效的调制方式来进一步提升在信道条件较好情形下的频谱效率。

新型调制方式大致可以分为 4 类：第一类是对调制星座点做几何成形，即调整星座点的位置，但每个星座点出现的概率是相等的；第二类是概率成形，即沿用 QAM 的星座点，但调整在各个星座点上出现的概率；第三类是调制与编码的配合设计；第四类是索引调制。下面我们分别作简要的介绍。

1. 星座点几何成形

星座点几何成形的方法有很多种，比较主流的方法是基于幅度相移键控（APSK）并保证 Gray 映射特性，如图 5-15 所示，在无线广播标准 DVB-S2 和 ATSC 3.0 中得到了应用。可以看出，这个星座图具有圆对称性，较传统 Gray-QAM 星座图更接近高斯分布，在 AWGN 和衰落信道、迭代和独立解映射下都能获得较大的成形增益。这里的每个环上的点数和初始相位相同，即所有的点在径向处于一条直线上，从而保证 Gray 映射的存在；根据复高斯变量的幅度呈现 Rayleigh 分布的特点，可以确定各环的半径，并结合应用场景进行适当的调整。

注意到图 5-15 中使用的是非等间隔星座，这种非等距特性对于使用电池供电的便携式设备来说，其解调处理仍然有些复杂。因此，可以采用既有成形增益，且解调复杂度较低的 Gray 的规则幅度相移键控（GRAPSK），如图 5-16 所示。它与图 5-15 中星座图的最明显差别是圆环之间是等距的。

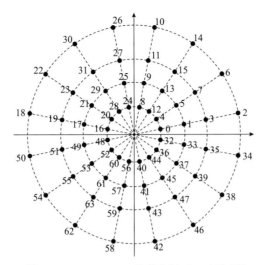

图 5-15　Gray-APSK 星座映射（64 点为例）

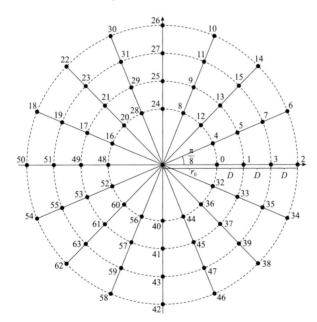

图 5-16　Gray 规则幅度相移键控（GRAPSK）星座图（$m_r = 2$，$m_p = 4$，64 点为例）[1]

一个调制阶数为 $Q_m = m_r + m_p$ 的 GRAPSK 星座是在 $N_r = 2^{m_r}$ 个同心圆环上分布，每个同心圆环有 $N_p = 2^{m_p}$ 个等间隔的星座点。在第 i 个圆环上的第 k 个相位 $2\pi k/N_p$ 的星座点 x 可以用下面的公式表示：

$$x = \left(r_0 + i \cdot D\right) \cdot \exp\left(j \cdot \frac{2\pi k}{N_p}\right) \tag{5-10}$$

式中，r_0 为最小圆环半径，D 是相邻圆环间距。D 与 r_0 满足如下关系：

$$D = \frac{3r_0}{2N_r - 1}\left(\sqrt{1 + \frac{2\left(1 - r_0^2\right)\left(2N_r - 1\right)}{3r_0^2\left(N_r - 1\right)}} - 1 \right) \tag{5-11}$$

上述星座点 x 的 Q_m 比特映射 $[b_0, b_1, \cdots, b_{Q_m-1}]$ 满足：

（1）前 m_r 个比特 $b_0, b_1, \cdots, b_{m_r-1}$ 是环索引 i 的 m_r 比特表示的格雷码。

（2）后 m_p 个比特 $b_{m_r}, b_{m_r+1}, \cdots, b_{m_r+m_p-1}$ 是相位索引 k 的 m_p 比特表示的格雷码。

考虑 AWGN 信道模型 $Y = X + N$，其中，X 为信道输入，取值 2^{Q_m} 个 GRAPSK 星座点，Y 是对应的信道输出，N 是均值为 0、方差为 N_0 的复高斯噪声，则最优星座应该最大化 X 和 Y 之间的符号及互信息 I_S，考虑独立解调和译码的优化问题，即最大化 B_t 和 Y 之间的比特级互信息 I_B，即

$$I_B = \sum_{t=0}^{Q_m-1} I\left(B_t; Y\right) = \sum_{t=0}^{Q_m-1}\left\{ 1 - E_{b,y}\left[\log_2 \frac{\sum\limits_{x' \in A} p\left(y \mid x'\right)}{\sum\limits_{x' \in A_t^b} p\left(y \mid x'\right)} \right] \right\} \tag{5-12}$$

式中，$I(\cdot; \cdot)$、$E[\cdot]$ 和 $p(\cdot \mid \cdot)$ 分别表示互信息函数、数学期望和条件概率；B_t 是比特映射中第 t 个比特 b_t 对应的随机变量。A_t^b 是星座集合 A 中所有第 t 个比特为 b 的星座点的集合，其中 $b \in \{0, 1\}$。在给定的调制阶数 Q_m 和频谱效率，可以通过网格搜索优化 GRAPSK 星座的最小半径 r_0 和环数 N_r。优化后的 GRAPSK 星座与 QAM 星座，以及香农容量界的距离如图 5-17 所示。具体的优化参数结果如表 5-3 所列。

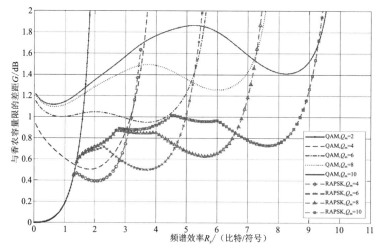

图 5-17　优化后的 GRAPSK 星座与 QAM 星座，以及香农容量界差距的对比 [1]

表 5-3　优化后的 GRAPSK 的星座参数

频谱效率 / (bit/s·Hz^{-1})	Q_m	N_r	r_0	SNR /dB
1.4766	4	2	0.60	2.97
1.6953	4	2	0.56	3.92
1.9141	4	2	0.54	4.82
2.1602	4	2	0.54	5.80
2.4063	4	2	0.55	6.77
2.5703	4	2	0.56	7.41
2.7305	4	2	0.56	8.06
3.0293	6	4	0.32	9.11
3.3223	6	4	0.32	10.06
3.6094	6	4	0.33	11.00
3.9023	6	4	0.34	11.96
4.2129	6	4	0.35	13.00
4.5234	6	4	0.36	14.09
4.8164	8	8	0.22	15.04
5.1152	8	8	0.23	15.93
5.3320	8	8	0.23	16.58
5.5547	8	8	0.23	17.26
5.8906	8	8	0.23	18.30
6.2266	8	8	0.24	19.38
6.5703	8	8	0.25	20.56
6.9141	10	16	0.16	21.57
7.1602	10	16	0.16	22.29
7.4063	10	16	0.17	23.01

2. 星座概率成形

理论上可以证明，符合麦克斯韦 - 玻尔兹曼（Maxwell-Boltzmann，MB）分布的 QAM 调制的信道容量近似于最大化[13]，对于 16-QAM 星座点，麦克斯韦 - 玻尔兹曼分布如图 5-18 所示。

这个概率质量函数可以表示为

$$P_X(x_i) = \frac{e^{-\nu|x_i|^2}}{\sum_{x_j \in X} e^{-\nu|x_j|^2}} \tag{5-13}$$

式中，ν 是一个速率参数，对特定的 SNR 都有一个最优的 ν 使广义互信息最大。

所以本质上讲，对于一个长度为 m 的服从 Bernoulli 分布的比特序列 B^m，概率成形（Matcher，分布匹配器）就是将这个比特序列映射为长度为 n 的序列 $\tilde{A}^n$，从而使 $P_{\tilde{A}^n}$ 尽可能逼近所期望的分

布 P_{A^n}，如图 5-19 所示。将 [1 0 1 1 0 0 1 1 0 0] 映射为 [a b b c c d d]，这里 $m=10, n=7, M=4$。

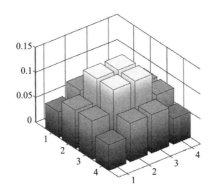

图 5-18　16-QAM 星座点上的麦克斯韦 - 玻尔兹曼分布

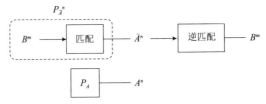

图 5-19　分布匹配器的示意图

对于一般的符号集合，分布匹配器的映射码本设计比较复杂，但 QAM 具有一定的对称性，可以降低匹配映射码本的复杂度。首先，任何 QAM 都可以分解成 I/Q 两路正交的 ASK 信号，例如，1 个 16QAM 符号可以分为两路 4ASK 信号，1 个 64QAM 符号可以分为两路 8ASK 信号，这两路信号的概率是相等的。另外，其中的每一路（I/Q）ASK 都是以原点对称的，所以每对正负对称的 ASK 星座点是等概率的，如图 5-20 所示，剩下不等概率的只有 ASK 的幅度部分需要做分布匹配[14]。分布匹配器是一个序列到序列的固定映射过程，可以通过算术编码、基于 trellis 图存储等方案实现[15]。

从图 5-20 可以看出，如果 1 个 4 ASK 符号对应的比特为 $a_1 a_2$，则 a_2 为幅值比特，a_1 为正负符号位比特。幅值为 "3" 对应 "0" 比特，幅值为 "1" 对应 "1" 比特。符号位 "-1" 对应 "0" 比特，符号位 "+1" 对应 "1" 比特。如果 1 个 8ASK 符号对应的比特为 $a_1 a_2 a_3$，其中 $a_2 a_3$ 为幅值 4 比特，a_1 为正负符号位比特。幅值 "7, 5, 3, 1" 分别对应 "00、01、11、10" 比特，符号位 "-1" 对应 "0" 比特，符号位 "+1" 对应 "1" 比特。根据以上的思想，一种概率成形的高阶调制编码方式如图 5-21 所示，对幅度比特和正负符号比特分别处理，其中只有幅度比特需要进行概率成形的处理。

采用二元 LDPC，当编码码长为 12000 比特，在 AWGN 信道分别对等概率和概率成形 16QAM 和 64QAM 进行仿真[1]，考察误码率 10^{-6} 所需的信噪比，性能增益比较见表 5-4。可以看出，概率成形随着频谱效率的增加变得更为显著。

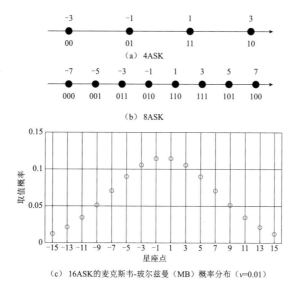

（c）16ASK的麦克斯韦-玻尔兹曼（MB）概率分布（ν=0.01）

图 5-20　4ASK 和 8ASK 的星座图，以及 16ASK 调制的星座点遵从 MB 概率分布

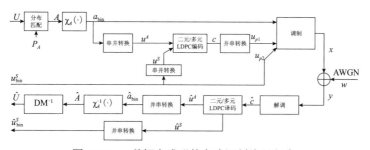

图 5-21　一种概率成形的高阶调制编码方式

表 5-4　概率成形高阶调制相比等概 QAM 的性能增益

频谱效率 / (bit/s · Hz^{-1})	调 制 方 式	概率成形的性能增益
2.64	16QAM	0.50
4.50	64QAM	0.85

3. 调制与信道编码的配合设计

按照信息论的原理，调制与信道编码需要联合设计，才能逼近信道容量界。调制与编码的结合始于网格码，应用比较广泛的是卷积码与调制相结合的网格码。Turbo 码和 LDPC 码在 3G、4G 和 5G 移动通信系统中的广泛应用，使得随机信道编码的能力得到了极大的发挥，在很大程度上削弱了调制与编码相结合的必要性，因此在 3G 以来，调制与编码大多是分开设计的。5G 系统中的极化码不同于 Turbo 和 LDPC 这类随机码，而是一种严格构造的编码，按理说是可以与调制联合设计的。但是 5G 极化码仅用于物理控制信道，只支持 BPSK 或者 QPSK，没有联合设计的必要。未来，6G 系统有可能将极化码拓展到物理业务信道，支持高

阶调制。在这种情形下，联合设计就有存在的可能性了。

多级码极化编码调制（MLC-PCM）是一种通用构造方案，能够在尽可能不损失性能的前提下，提供一种不依赖信道状态的灵活构造方法，图 5-22 是 MLC-PCM 的系统框图。

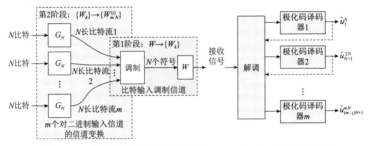

图 5-22　多级码极化编码调制（MLC-PCM）的系统框图

假设发送端每个极化码编码器的码长为 N，采用 $M = 2^m$ 维调制方式，则总码长为 mN。令 $W : X \to Y$ 表示离散无记忆信道，其中 $x \in X$ 表示信道输入的调制阶数为 m 的调制符号，且 $|X| = 2^m$，$y \in Y$ 表示信道输出的符号，$I(X;Y)$ 表示信道 W 输入与输出之间的互信息。给定 m 个比特的序列 b_1^m，调制符号的映射规则为 $\varphi : \{0,1\}^m \to X$。根据图 5-22 所示的 MLC-PCM 两阶段信道极化变换，可以将信道 W 拆分成 m 个无记忆的二进制输入信道 W_k，$k = 1, 2, \cdots, m$，即

$$\varphi : W \to (W_1, W_2, \cdots, W_m) \tag{5-14}$$

考虑图 5-21 中的接收机算法，则信道 W_k 的信道转移概率为

$$W_k\left(y, b_1^{k-1} \mid b_k\right) = \frac{1}{2^{m-1}} \sum_{b_{k+1}^m \in \{0,1\}^{m-k}} W\left(y \mid x = \varphi\left(b_1^m\right)\right) \tag{5-15}$$

然后根据信道转移概率计算 m 个信道容量 $I(\bar{W}_k)$。同时，从互信息的角度可得

$$\sum_{k=1}^{m} I(W_k) = \sum_{k=1}^{m} I\left(B_k; Y \mid B_1, B_2, \cdots, B_{k-1}\right) = I(X;Y) = I(W) \tag{5-16}$$

最后对 m 个无记忆的二进制输入等效信道 $\bar{W}_k$ 的信道容量进行排序，使得

$$I(\bar{W}_{k_1}) \geqslant I(\bar{W}_{k_2}) \geqslant \cdots \geqslant I(\bar{W}_{k_m}) \tag{5-17}$$

在全部 mN 个极化子信道中选择最可靠的 K 个子信道承载信息位。设第 k 个极化码分量码的信息位集合为 A_k，那么信息比特的总数为 $K = \sum_{k=1}^{m} |A_k|$，码率为 $R = \frac{K}{mN}$。对于第 k_t 个极化码分量码，为其分配的信息位个数为

$$K_{k_t} = \left\lceil \left(K - \sum_{t'=1}^{t-1} K_{k_{t'}} \right) \cdot \frac{I\left(\overline{W}_{k_t} \right)}{\sum_{t'=t}^{m} I\left(\overline{W}_{k_{t'}} \right)} \right\rceil, \quad t = 1, 2, \cdots, m \qquad (5\text{-}18)$$

根据以上的公式，针对 5G 移动通信系统中的 MCS 表中所对应的调制方式和编码码率，计算了各个分量比特的码率，如表 5-5 所示。例如，MCS 为 5，调制方式为 16QAM，调制符号数为 256。由于 I/Q 两路独立且每一路表示 16QAM 中的两个比特，那么可以在极化编码调制中采用 2 个码长 512 的分量码来构成极化编码调制的结构。通过表 5-5 可知，第 1 个分量码的码率为 0.1250，第 2 个分量码的码率为 0.6645。那么第 1 个分量码的信息比特数为 $512 \times 0.1250 = 64$，第 2 个分量码的信息比特数为 $512 \times 0.6445 \approx 330$。再查找相关的极化码序列，并根据两个分量码的信息位个数，确定相应的信息为集合 A_1 和 A_2。

表 5-5　MLC-PCM 构造方案下的各个 MCS 的分量比特的码率

调制编码索引 I_{MCS}	目标率 R_T	调制阶数 Q_m	第一信道比特 R_1	第二信道比特 R_2	第三信道比特 R_3	第四信道比特 R_4
0	0.2968	2	0.1484	—	—	—
1	0.4376	2	0.2188	—	—	—
2	0.6640	2	0.3320	—	—	—
3	0.9376	2	0.4688	—	—	—
4	1.2382	2	0.6191	—	—	—
5	1.5390	4	0.1250	0.6445	—	—
6	1.7578	4	0.1523	0.7266	—	—
7	1.9766	4	0.1895	0.7988	—	—
8	2.2226	4	0.2441	0.8672	—	—
9	2.4688	4	0.3145	0.9199	—	—
10	2.6328	4	0.3711	0.9453	—	—
11	2.7928	6	0.0527	0.3906	0.9531	—
12	3.0900	6	0.0645	0.5000	0.9805	—
13	3.3828	6	0.0840	0.6133	0.9941	—
14	3.6718	6	0.1172	0.7207	0.9980	—
15	3.9648	6	0.1660	0.8164	1.0000	—
16	4.2734	6	0.2441	0.8926	1.0000	—
17	4.586	6	0.3457	0.9473	1.0000	—
18	4.8788	6	0.4609	0.9785	1.0000	—
19	5.1758	6	0.5938	0.9941	1.0000	—
20	5.3946	8	0.0645	0.6367	0.9961	1.0000
21	5.6172	8	0.0898	0.7188	1.0000	1.0000
22	5.9530	8	0.1484	0.8281	1.0000	1.0000

续表

调制编码索引 I_{MCS}	目标率 R_T	调制阶数 Q_m	第一信道比特 R_1	第二信道比特 R_2	第三信道比特 R_3	第四信道比特 R_4
23	6.2892	8	0.2383	0.9063	1.0000	1.0000
24	6.6328	8	0.3574	0.9590	1.0000	1.0000
25	6.9766	8	0.5020	0.9863	1.0000	1.0000
26	7.2226	8	0.6152	0.9961	1.0000	1.0000
27	7.4688	8	0.7344	1.0000	1.0000	1.0000

图 5-23 是 AWGN 信道下，误码率达到 10^{-1} 所需要的信噪比，其中符号数为 256，RF-I 表示基于信道容量的码率分配方案，RF-II 表示基于有限码长信道容量的码率分配方案。可以看出，MLC-PCM 能够获得与高斯近似 (GA) 构造近乎一致的性能，并且都优于现有 5G NR 中业务信道所使用的 LDPC 码。

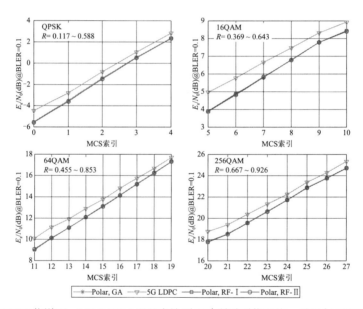

图 5-23　AWGN 信道下，MLC-PCM 误码率达到 10^{-1} 所需要信噪比，以及与 5G LDPC 的比较

极化编码调制另外一种通用构造方式是比特交织极化编码调制（BIPCM），如图 5-24 所示。

图 5-24　比特交织极化编码调制（BIPCM）方案的一般流程示意图

这种方案的步骤与 MLC-PCM 类似，主要的不同在于 W_k 的信道转移概率的计算，在比特交织的情形下：

$$W_k\left(y\middle|b_k\right)=\frac{1}{2^{m-1}}\sum_{\left(b_1^m\setminus b_k\right)\in\{0,1\}^{m-1}}W\left(y\middle|x=\varphi\left(b_1^m\right)\right)$$

(5-19)

式（5-18）与式（5-14）的不同，使得 BIPCM 方法计算出的 m 个信道容量 $I\left(\overline{W}_k\right)$ 与 MLC-PCM 方法计算出的有区别，所以相应的各个 MCS 下的分量比特码率与 MLC-PCM 方法的不同，如表 5-6 所示。

表 5-6　BIPCM 构造方案下的各个 MCS 的分量比特的码率

调制编码索引 I_{MCS}	目标率 R_T	调制阶数 Q_m	第一信道比特 R_1	第二信道比特 R_2	第三信道比特 R_3	第四信道比特 R_4
0	0.2969	2	0.1484	—	—	—
1	0.4375	2	0.2188	—	—	—
2	0.6641	2	0.3320	—	—	—
3	0.9375	2	0.4688	—	—	—
4	1.2383	2	0.6191	—	—	—
5	1.5391	4	0.1426	0.6270	—	—
6	1.7578	4	0.1895	0.6895	—	—
7	1.9766	4	0.2422	0.7461	—	—
8	2.2227	4	0.3086	0.8027	—	—
9	2.4688	4	0.3828	0.8516	—	—
10	2.6328	4	0.4355	0.8809	—	—
11	2.7930	6	—	0.3379	0.1973	0.8613
12	3.0898	6	—	0.3945	0.2539	0.8965
13	3.3828	6	—	0.4492	0.3184	0.9238
14	3.6719	6	—	0.5098	0.3809	0.9453
15	3.9648	6	—	0.5625	0.4551	0.9648
16	4.2734	6	—	0.6328	0.5273	0.9766
17	4.5859	6	—	0.6953	0.6094	0.9883
18	4.8789	6	—	0.7578	0.6875	0.9941
19	5.1758	6	—	0.8223	0.7676	0.9980
20	5.3945	8	0.1816	0.7773	0.7461	0.9922
21	5.6172	8	0.2227	0.8047	0.7852	0.9961
22	5.9531	8	0.3125	0.8398	0.8262	0.9980
23	6.2891	8	0.3945	0.8789	0.8711	1.0000
24	6.6328	8	0.4766	0.9219	0.918	1.0000
25	6.9766	8	0.5586	0.9648	0.9648	1.0000
26	7.2227	8	0.6816	0.9648	0.9648	1.0000
27	7.4688	8	0.7656	0.9844	0.9844	1.0000

极化编码可以与星座概率成形技术相结合，能够在高信噪比条件下进一步逼近香农容量界，为了使 MLC-PCM 系统输出的调制符号服从目标麦克斯韦 - 玻尔兹曼分布，在极化码编码器的信源侧，除信息比特和冻结比特外，还需要添加一些"成形比特"。与图 5-21 中比较通用的概率成形方式不同，极化编码系统的性能高度依赖于其构造算法，因此对于 MLC-PCM 的概率成形系统，需要准确地评估比特位置的可靠度，并为每个极化分量码分配相应的信息位、冻结位和成形位集合。Isca 等人提出数值搜索的方法进行构造[16]，该方法涉及大规模的仿真和迭代更新优化，因此复杂度很高，缺乏灵活性。Trifonov 提出了一种简化的密度进化方法进行构造[17]，通过跟踪子信道对数似然比的概率密度函数来计算其比特位置的可靠性。这种方法虽然精度高，但需要消耗大量的存储空间来保证计算的精度，因此实用性较差。

一种低复杂度、较为灵活的 MLC-PCM 概率成形构造方法如下。对于 2^m 阶的调制符号，给定传输符号的长度 N 和调制符号的熵 $H(X)$，成形比特的个数可以设置为

$$K_S = (m - H(X))N \tag{5-20}$$

根据 $H(X) = \sum_{k=1}^{m} H(B_k \mid B_1, \cdots, B_{k-1})$，每个分量码内的成形比特数为

$$K_{Sk} = (1 - H(B_k \mid B_1, \cdots, B_{k-1}))N \tag{5-21}$$

根据目标 MB 分布，计算每个调制子信道的条件熵 $H(B_k|Y, B_1, \cdots, B_{k-1})$，且有

$$H(X \mid Y) = \sum_{k=1}^{m} H(B_k \mid Y, B_1, \cdots, B_{k-1}) \tag{5-22}$$

对于第 k 个极化分量码，寻找一个等效的二进制输入的加性高斯白噪声（BI-AWGN）信道，使得其容量 $I(\overline{\sigma_k^2}) = 1 - H(B_k \mid Y, B_1, \cdots, B_{k-1})$，其中 σ_k^2 表示 BI-AWGN 信道的噪声方差。将信道侧码字的对数似然比（LLR）近似为一个高斯分布，其均值为 $L_{k,1}^{(1)} = \dfrac{2}{\overline{\sigma_k^2}}$，方差为 $\dfrac{4}{\overline{\sigma_k^2}}$。递归计算信源比特的 LLR 均值：

$$\begin{cases} L_{k,2^{j+1}}^{(2i-1)} = \phi^{-1}(1 - (1 - \phi(L_{k,2^j}^{(i)}))^2) \\ L_{k,2^{j+1}}^{(2i)} = 2L_{k,2^j}^{(i)} \end{cases}, 0 \leqslant j \leqslant n-1, 1 \leqslant i \leqslant 2^j, n = \log_2 N \tag{5-23}$$

因此信源比特位置的可靠度可以近似为

$$P_{k,e}^{(i)} \approx Q\left(\sqrt{L_{k,N}^{(i)} / 2}\right) \tag{5-24}$$

给定冻结比特个数 K_F，选择可靠度最差的 K_F 个比特位置承载冻结比特。再根据调制符号的概率分布、调制子信道和输入符号的条件熵 $H(B_k|B_1, \cdots, B_{k-1})$，计算其巴氏参数：

$$Z_{k,1}^{(1)} = 2 \sum_{b_1^{k-1}} \sqrt{p(b_1^{k-1},0)\, p(b_1^{k-1},1)} \tag{5-25}$$

其中，

$$p(b_1^{k-1},0) = \sum_{\tilde{b}_{k+1}^m} p(b_1^{k-1},0,\tilde{b}_{k+1}^m) = \sum_{\tilde{b}_{k+1}^m} p(x = \varphi(b_1^{k-1},0,\tilde{b}_{k+1}^m)) \tag{5-26}$$

递归计算信源比特的巴氏参数：

$$\begin{cases} Z_{k,2^{j+1}}^{(2i-1)} = 2 Z_{k,2^j}^{(i)} - Z_{k,2^j}^{(i)} \times Z_{k,2^j}^{(i)} \\ Z_{k,2^{j+1}}^{(2i)} = Z_{k,2^j}^{(i)} \times Z_{k,2^j}^{(i)} \end{cases}, 0 \leqslant j \leqslant n-1, 1 \leqslant i \leqslant 2^j, n = \log_2 N \tag{5-27}$$

在每个分量码内，选择 K_S 个巴氏参数最小且不在冻结位集合内的比特位置承载成形比特，相应的位置集合构成成形位集合。剩下的集合就是该分量码的信息位。

考虑 16ASK 调制，频谱效率为 2 bit/（s·Hz），符号长度为 1024，接收端采用 CA-SCL 译码算法，其中 List = 32，CRC 长度为 16 bit，发送端分别采用 SC 算法和 SCL（List = 32）算法计算成形比特，对比的是文献 [17] 中的密度进化算法的性能，结果如图 5-25 所示。可以看出，以上描述的构造算法可以获得和精确构造相近的性能，同时还具有更低的复杂度。

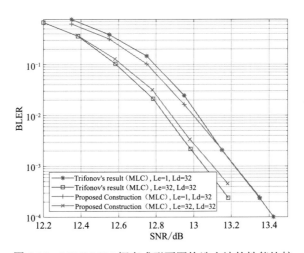

图 5-25　MLC-PCM 概率成形不同构造方法的性能比较

4. 索引调制

索引调制（Index Modulation，IM）技术与常规通信方案不同，它通过选择不同的索引序号来携带额外信息。所传输的比特信息分为两部分，一部分用于选择激活的资源索引，另一部分用于选择在该索引上传输的调制符号，仅激活的索引传输信息而非激活的序号保持静默。常见的索引调制系统框图如图 5-26 所示。索引调制技术具有激活序号随机性和传输信息稀疏性这两个传输特性，并具有低能耗、低复杂度、低成本、灵活配置等优势，在某些方案下还能够有效提升系统的频谱效率。

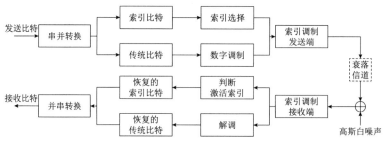

图 5-26 常见的索引调制系统框图

索引调制技术在传统 OFDM 系统中的一种体现是频域索引调制 OFDM（Subcarrier-Index Modulation，SIM-OFDM）。在 SIM-OFDM 中，并非所有的子载波都传输信息，而是将待传输信息平分为两部分：一部分为索引信息，作为键控开关来决定另一部分调制信息在哪些子载波上传输，如图 5-27 所示。

图 5-27 SIM-OFDM 信息传输示意图

SIM-OFDM 带来的问题是接收端检测器门限不容易确定，而且当检测出现突发错误时，解调的 OFDM 符号会出现错序。为此，可采用 OFDM 子载波块（子载波数量大于 2）传输的广义子载波索引调制 OFDM（Generalized Subcarrier Index Modulation，GSIM-OFDM）思想。例如，将 N 个子载波分为若干个组，每组含有 L 个子载波；每组中激活 k 个子载波传输 M 进制星座点，此时的 GSIM-OFDM 系统频谱效率可以表示为

$$R_{\text{GSIM-OFDM}} = \frac{N\left(k \log_2 M + \left\lfloor \log_2 \binom{L}{k} \right\rfloor \right)}{L\left(N + L_{\text{CP}} \right)} \tag{5-28}$$

式中，L_{CP} 为循环前缀合成的子载波开销。

虽然上述方法可改善频谱效率，但系统中总有部分静默的子载波没有传递符号信息，只传递了一部分有限的索引信息，限制了频谱效率。提高 OFDM-IM 系统频谱效率最直接的方法是提高激活子载波的调制阶数，或者减少静默的子载波数，但随着静默子载波数的减少，OFDM-IM 相比于传统 OFDM 系统取得的性能提升越来越有限。为此，可以考虑一种双模索引调制 OFDM（Dual-Mode OFDM，DM-OFDM）系统，将 OFDM-IM 系统在符号域进行扩展，

使原本静默子载波被激活传输一种可区分的星座模式，通过块内子载波采用的星座模式组合传输索引信息，同时所有子载波可以传输符号信息，更为有效地提升了频谱效率。例如，将每个子载波组分为两个子组，其中 k 个子载波应用 A 种调制方案，另外 $L-k$ 个子载波应用 B 种调制方案，从而激活所有子载波，此时 DM-OFDM 系统的频谱效率可以表示为

$$R_{\text{DM-OFDM}} = \frac{N}{L(N+L_{\text{CP}})} \cdot \left(k \log_2 M_{\text{A}} + (L-k) \log_2 M_{\text{B}} + \left\lfloor \log_2 \binom{L}{k} \right\rfloor \right) \tag{5-29}$$

式中，M_{A}、M_{B} 分别为 A 种和 B 种调制方案的调制阶数。

为了保证 BER 性能不恶化，需要保证 DM-OFDM 星座点的最小欧式距离与每种调制方案下的最小欧式距离一致，因此需要对 DM-OFDM 的星座结构进行特殊设计，其星座结构示意图如图 5-28 所示。

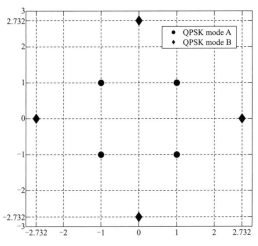

图 5-28　DM-OFDM 星座结构示意图

索引调制的最优译码算法为最大似然（Maximum Likelihood，ML）检测算法，需穷尽搜索所有可能的发射符号，以最大后验概率为准则，找出具有最小欧式距离的发射符号，作为检测结果。为了降低索引调制系统的译码复杂度，可采用以下几种检测方案。

（1）贪婪检测方案，该方案将索引调制系统的检测过程分为两部分，先检测索引序号，再检测调制符号。以 OFDM-IM 系统为例，首先根据接收信号功率检测激活子载波序号，选择 K 个具有最大接收功率的子载波作为激活子载波检测结果，无须信道信息。然后根据上述激活子载波检测结果，按照最大似然原则进行调制符号的检测。图 5-29 所示是贪婪检测方案与最大似然算法的仿真性能对比。

（2）基于压缩感知（Compressive Sensing，CS）的检测方案，利用 OFDM-IM 信号的稀疏特性，可将其表示为稀疏向量，然后利用 CS 相关的算法进行向量的检测 / 恢复。主要的算法是迭代残差检验检测，利用 CS 中的追踪思想，每一次迭代得到局部最优检测结果。具体地，

先进行 MMSE 检测，得到初步检测信号序列，并按照信号能量从大到小排序，接着在每一次迭代中，根据上述排序构建子载波激活图样的检验集合，然后对每一个激活图样的候选进行调制符号的检测，选出局部最优解，计算残差。当残差小于某阈值时，停止迭代，否则进行下一次迭代。

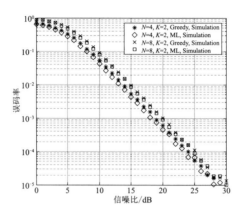

图 5-29 贪婪检测方案与最大似然算法的仿真性能对比

（3）基于深度学习（Deep Learning，DL）的信号 OFDM-IM 检测方法。其中一种方法是利用 Transformer 神经网络结构提取分析输入信号序列特征，再输出各个子载波上不同符号的软概率信息，用于后续子载波序号检测及星座调制符号检测。该方法的具体特征在于：在 OFDM-IM 系统的接收端，接收信号首先经过预处理操作转化为二维信号特征矩阵；然后，该二维信号特征矩阵进入神经网络结构进行非线性映射，得到各个子载波不同承载符号的软概率，该结构包括嵌入层、Transformer 模块和输出层；接着，根据神经网络输出的各个子载波上不同符号的软概率进行子载波序号检测与星座调制符号检测；最后，通过解映射得到最终的 OFDM-IM 信号检测结果。该检测器结构示意图如图 5-30 所示[18]。

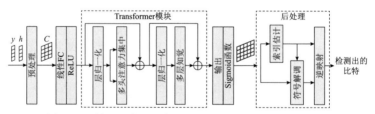

图 5-30 基于深度学习的 OFDM-IM 检测器结构示意图

图 5-31 和图 5-32 是基于深度学习的 OFDM-IM 系统信号检测方法的误比特率性能图。图 5-31 中 ML 代表最大似然检测方案，LLR 代表基于对数似然比的检测方案，DeepIM 和 CNN-IM 分别代表两种已有的基于深度学习的检测方案，TransIM 代表的 OFDM-IM 检测方案。图 5-31 中采用 QPSK 调制，OFDM-IM 子块子载波数分别为 8、16、32。可以看出，TransIM 检测方案能够实现接近 ML 或者 LLR 检测方案的 BER 性能。在各种情况下，其 BER 性能均优于 DeepIM 或 CNN-IM 检测方案，具有较好的健壮性。图 5-32 中采用 16QAM 调制，

OFDM-IM 子块子载波数分别为 8、16、32。可以看出，当调制阶数增加时，各个不同检测方案的错误性能呈现出与图 5-31 中相同的趋势，即 TransIM 方案能够达到或接近 LLR 检测器的性能，且优于 DeepIM 与 CNN-IM 检测方案的性能。

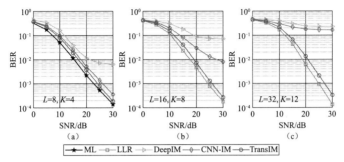

图 5-31　QPSK 调制下，各类方案的误比特率性能图

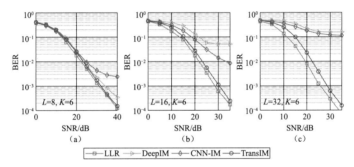

图 5-32　16QAM 调制下，各类方案的误比特率性能图

当采用 QPSK 调制时，表 5-7 列出了不同 OFDM-IM 的深度学习检测器的复杂度。其中，Flops 代表浮点运算操作数，Params 代表神经网络模型参数（即权重和偏置）数量，"M"代表 1000000，"K"代表 1000。可以看出，不同配置下，横向来看，不同的深度学习检测器具有相近的 Flops，即时间复杂度相近，但 TransIM 的检测器在 Params 方面具有稳定和明显的优势，空间复杂度较低。

表 5-7　QPSK 调制下，不同检测方案复杂度对比表

复杂度	配置	检测器		
		DeepIM	CNN-IM	TransIM
Flops	$L=8, K=4$	0.1050M	0.1030M	0.1014M
Params		102.514K	101.818K	13.013K
Flops	$L=16, K=8$	0.2025M	0.2039M	0.2026M
Params		200.029K	202.189K	13.029K
Flops	$L=32, K=12$	0.3776M	0.4000M	0.4048M
Params		375.051K	397.323K	13.061K

5.2 信源信道联合编码

从 1G 到 5G 移动通信系统，信源编码与信道编码一直遵从隔离优化的原理[19]。按照这个原理，信源在做压缩编码时无须考虑信道的统计特性。该原理的一个重要前提是假设信道编码的码块无穷长，但是随着移动数据业务的多样化，越来越多的业务是短数据包的。在这种情况下，信源压缩与信道编码的隔离原理不再适用，理论可以证明，当信道编码的码长有限时，译码器可以利用信源压缩之后的残留冗余来降低整体系统的差错概率，在非渐近区域，有限码长下的信源 / 信道联合设计的理论容量要高于单独优化信源压缩和信道编码的方式。广义地讲，学术界最近比较热的语义通信也是一大类信源信道联合编码的方式，而语义压缩方式超越了传统信源压缩的算法，融入人类主观意念，结合人工智能，依靠强大的数据集，在通信基础理论方面还需要进一步探究，尤其是语义的精确定义和与无线空口的关联。这些都超出了本书的范围。

信源信道联合编码（Joint Source Channel Coding，JSCC）的技术路线主要有两条。第一条是假定发送端的信源压缩方式（如 JPEG）已知。大多数信源编码（语音、音频、图像和视频）标准采用长度可变码（Variable-Length-Codes, VLC）。此时联合译码需要对 VLC 解码算法进行变换，如霍夫曼码、Lempel-Ziv 码等。第二条路线是将信源建模成马尔可夫（Markov）模型，在接收端可以与信道编码的因子图联合译码。接下来，我们主要介绍第二条路线。

联合因子图最初是用 LDPC，即双 LDPC（Double-LDPC, D-LDPC）[20]，如图 5-33 所示。在发送端是两个串行级联的 LDPC 码，第一个 LDPC 码用于将信源信息 s 压缩为序列 b，然后通过第二个 LDPC 码对序列 b 进行信道编码，成为 c 用来对抗信道噪声。在接收端可以采用联合置信度传播。

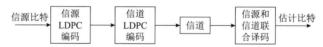

图 5-33　基于双 LDPC 的信源信道联合编码（JSCC）框图

双 LDPC 的信源信道联合编码（JSCC）可以用因子图表示，如图 5-34 所示，其中，左边部分是信源编码，右边部分是信道编码，方块节点是校验节点，圆形节点是变量节点。整个 D-LDPC 码可以用一个联合奇偶校验矩阵 H_J 来表示。

$$H_J = \begin{bmatrix} H_S & H_{L1} \\ H_{L2} & H_C \end{bmatrix} \tag{5-30}$$

式中，H_s 和 H_c 分别是信源 LDPC 的奇偶校验矩阵和信道 LDPC 的奇偶校验矩阵，矩阵 H_{L1} 定义了信源的校验节点与信道的变量节点之间的连接，矩阵 H_{L2} 定义了信道的校验节点与信源的变量节点之间的连接。

与一般的 LDPC 码类似，双 LDPC 的译码门限可以采用外信息传送（Extrinsic Information

Transfer，EXIT）来估计，只不过 EXIT 是作用在联合校验矩阵 $\boldsymbol{H}_J$ 上的。

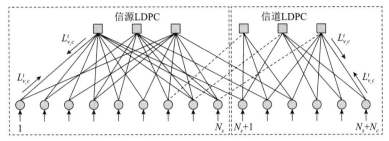

图 5-34　双 LDPC 的信源信道联合编码（JSCC）的因子图

注：$L'_{v,c}$— 从变量节点到校验节点的置信度；$L'_{c,v}$— 从校验节点到变量节点的置信度；N_s— 信源比特数；N_c— 信道编码比特数。

双 LDPC 码的优化问题主要有两个方面。

（1）差错平层区域的优化：双 LDPC 码在实际应用中需要解决的一个重要问题是较高的差错平层，在联合奇偶校验矩阵 $\boldsymbol{H}_J$ 中，直接影响差错平层的是 $\boldsymbol{H}_s$ 和 $\boldsymbol{H}_{L2}$。因此，第一步需要优化这两个矩阵，相当于内码的优化。然后扩展到 $\boldsymbol{H}_{L1}$，看作外码，在 EXIT 上保证外码和内码在迭代过程中形成一个较窄的译码通道。

（2）瀑布区域的优化：优化 $\boldsymbol{H}_{L2}$ 来降低差错平层的过程中，瀑布区有可能变得舒缓，需要进一步优化，如采用多边的 LDPC、差分演进算法等。

图 5-35 是双 LDPC 的误码率仿真结果，这里的信源是一个 Bernoulli 随机过程，$p = 0.04$，信道编码的码率为 1/2。考虑 AWGN 信道，可以发现相比于独立的信源信道编码方式，采用双 LDPC 的信源信道联合编码（JSCC）有大约 2.25 dB 的性能增益。

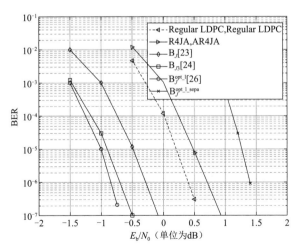

图 5-35　信源信道联合编码（JSCC）的双 LDPC 的误码率仿真结果 [21]

以上双 LDPC 的信源信道联合编码的思想可以推广至极化码，即联合的信源极化和信道极化[22]。信源极化的基本思想是将一对相同的二元信源进行变换,形成信息熵有很大差异的两个信源,其中一个信源的信息熵高于原本信源的信息熵,另一个的信息熵低于原本信源的信息熵。持续进行这种"极化变换",当信源数很大时,一些极化后的信源的信息熵接近 1,几乎没有冗余,可以作为压缩之后的信息;而还有一些极化后的信源的信息熵接近 0,基本上都是冗余,可以由高信息熵的信源比特推断而知,不用传输。

　　双极化码的信源信道联合编码的一个关键是译码器,为达到较好的性能,双极化码需要迭代式的置信度传播(Belief Propagation,BP),如图 5-36 所示,信道 BP 译码器向信源 BP译码器提供高信息熵比特的先验信息,而信源译码器向信道译码器提供信息比特和奇偶校验比特的先验信息。

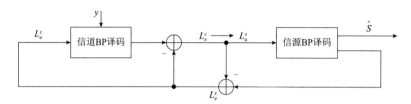

图 5-36　双极化码的迭代式置信度传播(BP)译码

　　为配合 BP 译码,极化码需要以因子图来表示。图 5-37 是一个码长为 8 的极化码的因子图,包含 3 个阶段,每个阶段有 4 个处理单元,每个处理单元连接附近的 4 个节点,每个索引为 (i,j) 的节点关联从左到右和从右到左的信息。

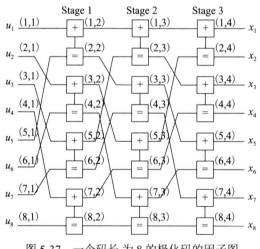

图 5-37　一个码长为 8 的极化码的因子图

　　考虑信源符合 Bernoulli 独立随机过程,$p=0.07$,信源比特的长度为 512,信道编码的码率为 1/2,信道为 AWGN。误码率的仿真性能如图 5-38 所示。可以看出,当信噪比较低,如 -2.5 dB 时,系统极化码与非系统极化码的性能相当,但随着信噪比的提高,系统极化码显示出优势,在误码率为 10^{-3} 时,相对非系统极化码的性能有 0.46 dB 的增益。

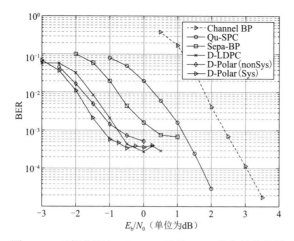

图 5-38　双极化码与双 LDPC 码的 BER 仿真性能比较

5.3 新型多址接入

本节将从多用户系统的容量界、非协作传输的基本方式和多点多用户系统的基本传输方式来介绍新型多址接入。

···→ 5.3.1　多用户系统的容量界研究

单点多用户系统的容量界在本书的第 4 章有介绍，那里假设各个用户的传输是基于系统严格调度的。未来 6G 系统将支持更加海量的用户数，而且属于偶发小包业务，在这种情况下，同时接入的用户数可能会很多，如果采用调度的方式，控制开销和调度时延将难以接受。无物理层标识（Unsourced）的传输是一种有望解决海量用户小包场景的技术方向，终端与网络无须进行传统意义上的连接建立，省去大量的控制信令开销和多步随机接入的过程，在随机接入的同时，完成数据的传输。

无物理层标识传输的容量界研究在最近几年有较大的突破[23]。假设一个高斯多址接入信道：

$$Y = X_1 + \cdots + X_{K_a} + Z,\ Z \sim N(0,1) \tag{5-31}$$

式中，K_a 代表激活（即正在传输）的用户数。这些用户采用一个相同的随机码本，用（M, n, ε）表示。其中，n 表示编码的码长，也代表了信道的自由度。ε 是 K_a 个激活用户平均的译码差错概率。这个码本定义了一对编码 $f:[M] \to X^n$ 和译码 $g:Y^n \to ([M], K_a)$ 的对应，并且满足

$$\frac{1}{K_a} \sum_{j=1}^{K_a} \mathbb{P}[E_j] \leqslant \varepsilon, \tag{5-32}$$

可以看出，与通常的多用户信息论的不同之处有三点：①所有用户采用同一个编码码本；②差错事件是对每个用户定义的，而不是全体用户的联合差错事件；③考虑了有限码长的因素。这些特点比较适合没有调度情形下的海量小包业务传输。

每个信息比特的信噪比可以表示为 $E_b/N_o = nP/(2\log_2M)$，系统总的频谱效率可以写成 $S = K_a(\log_2M)/n$。

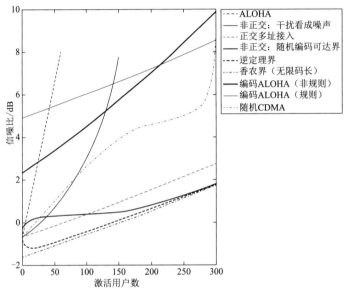

图 5-39　高斯多址接入信道（GMAC）不同传输方案的理论信噪比阈值与激活用户数的关系[23]

考虑高斯多址接入信道（GMAC），每一个用户的信息（承载）长度 k 是 100 bit，经过编码之后的总自由度为 $n = 30000$，平均误码率为 $\varepsilon = 0.1$。图 5-39 比较了不同传输方案的理论信噪比阈值，以及与激活用户数的关系。

（1）ALOHA 类型的方案：经典的 ALOHA 是 1G 到 5G 移动通信系统中随机接入的常用传输方式，在图 5-39 的例子中，把总自由度（即帧长）$n=30000$ 分成 m 个子帧，m 的选取是经过优化的，而且是针对每个 K_a 值进行优化的。用户随机选择其中一个子帧进行传输，译码成功的条件有两个：①用户直接没有碰撞（在同一个子帧传输）；②单用户译码成功。从图 5-39 中看出，经典 ALOHA 的信噪比阈值随着激活用户数的增加急剧增加，主要原因是子帧的数量不够多，无法避免碰撞。经典 ALOHA 的这个问题可以通过 Coded Slotted ALOHA 来解决，例如，用户的每个数据包发送两次。尽管这样做会带来信噪比上的 3 dB 损失，但会显著降低碰撞概率（两次传输都发生碰撞）。

（2）非正交单用户译码类型的方案：仅对自己用户的数据进行译码。此类方案并不是严格意义上的无物理层标识的传输，因为接收端事先必须知道激活用户所用的签名（Signatures）。此类方案又可细分成两种方式，第一种是将其他用户信号的干扰当作噪声（Treat Interference as Noise，TIN），用 K_a 个签名与接收的信号分别进行匹配滤波，然后送入单用户译码器；从

图 5-39 中可以发现，这种方式的理论性能要明显好于经典 ALOHA，在激活用户数 150 以下要比 Coded Slotted ALOHA 的好，但随着用户数进一步增加，干扰增加迅速，使得所需的信噪比增大；第二种是在匹配滤波之后再进行干扰消除（多用户检测），从图 5-39 看出，干扰消除可以提升性能，当激活用户数为 300 时，性能仍然好于 Coded Slotted ALOHA。

（3）正交单用户传输：这种传输方式虽然可以保证没有多用户之间的干扰，如图 5-39 所示，在所考虑的系统配置下，正交单用户传输的性能明显优于 ALOHA 和非正交单用户译码类型的方案，但需要对 K_a 个用户事先分配好资源，并不适用无物理层标识的传输场景。

（4）非正交随机多用户编码：与 ALOHA 相比，这种传输方式是严格意义上的无物理层标识的传输。从图 5-39 可以看出，当激活用户数 K_a 低于 100 时，非正交随机多用户编码的性能稍微逊于正交单用户传输的性能，但当用户数超过 100 之后，非正交随机多用户编码的性能优于正交单用户传输的性能，这个差距随着用户数的增加，进一步扩大，到用户数提高到 200 之后，非正交随机多用户编码的性能将逼近无限码长的香农单用户的容量界。

海量用户场景的一个重要应用是广域覆盖下的小数据包业务，每个用户频谱效率很低。图 5-40 分析了此类场景下，高斯多址接入信道（GMAC）的理论信噪比与系统频谱效率的关系[23]，这里考虑平均误码率 $\varepsilon = 0.1$。总体趋势与图 5-39 的类似，在系统总频谱效率较低时，例如低于 0.2 bit/（s·Hz^{-1}），基于调度的正交传输方式优于非正交随机多用户编码；但当系统总频谱效率高于 0.2 bit/（s·Hz^{-1}）时，非正交随机多用户编码的性能更优，而把其他用户信号的干扰当作噪声的方法（TIN）的性能最差。

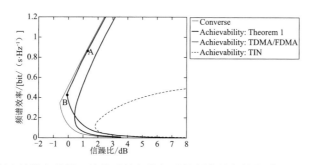

图 5-40 高斯多址接入信道理论信噪比阈值与系统频谱效率的关系（$n \to \infty$, $K_a/n = 10^{-3}$）

以上对于高斯多址接入信道的无物理层标识传输的容量界分析具有较高的理论价值，但在实际系统中，无线信道通常会经历各种衰落，尤其对于海量用户场景，由于控制信令的开销需要保持很低，很难进行闭环的功率控制，所以收到的各个用户发来的信号与高斯多址接入信道的情形有很大不同。Rayleigh 衰落信道下的多址接入信道（Fading MAC）模型可以表示为

$$Y^n = \sum_{i=1}^{K} H_i X_i^n + Z^n \tag{5-33}$$

这里的噪声的分布符合 $Z^n \sim \mathcal{CN}(0, I_n)$，衰落信道的分布符合 $H_i \sim \mathcal{CN}(0, 1)$，不同用户

信道衰落过程是彼此独立的。整个信道的自由度（编码码长）用 n 表示。图 5-41 是在 Fading MAC 信道下的理论信噪比阈值与用户密度 μ 的关系[24]。这里考虑每个用户的信息位长 $k = 100\,\text{bit}$，用户平均译码错误概率 $\varepsilon = 0.1$。整个系统的频谱效率等于 μk。可以发现，当用户密度低于 0.015，即系统总频谱效率低于 1.5 bit/（s·Hz）时，基于调度的正交传输的性能优于多用户随机编码的方式。但当用户密度高于 0.015[系统频谱效率大于 1.5 bit/（s·Hz）] 之时，多用户随机编码的性能随着用户密度的增大，相比正交传输的性能优势逐渐增大，到系统谱效率 6.5 bit/（s·Hz）时，两者的差距接近 15 dB。

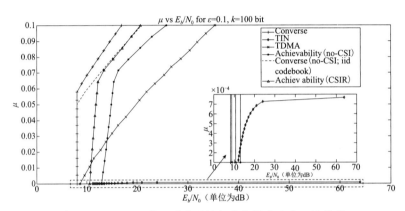

图 5-41　衰落多址接入信道（Fading MAC）的理论信噪比阈值与用户密度 μ 的关系（$k=100$，$\varepsilon=0.1$，$n \to \infty$）[24]

　　以上的衰落多址接入信道的性能还可以用中断概率的方法进行分析[25]，虽然很难反映有限码长对性能的影响，但相比上面基于信息论的复杂推导和数值求解，中断概率的分析方法更为直接和简洁。用 P/N_0 表示每个用户的平均信噪比，第 k 个用户的 Rayleigh 信道衰落系数为 h_k，系统中一共有 K 个激活用户，$|S|$ 表示集合 S 的大小。在经典 MAC 信道的中断分析中，比较常用的是联合中断事件的概率，其数学表达式为

$$p_{\text{out}}^{UL} = \text{Prob}\left\{ \log\left(1 + \frac{P}{N_0}\sum_{k \in \delta}|hk|^2\right)|S|R \right\}, S \subset \{1, \cdots, K\} \tag{5-34}$$

即用户子集 S 中有任何一个用户发生中断的概率。而对于无物理层标识传输，每个用户平均中断概率更有意义，其计算方法是从总共 2^{K-1} 用户子集当中，挑出那些包含这个用户的子集，然后把那些子集的联合中断概率进行平均。

　　图 5-42 是 Rayleigh 衰落多址信道在总的频谱效率一定的情形下，不同复用用户数下的平均中断概率。其中，$K = 1$ 的情况相当于正交传输，只不过把所有的资源都分给了一个用户。随着用户数的增多，每个用户的频谱效率下降，用户间的干扰也越明显，但是总的信噪比要求在逐步降低，渐渐收敛。从平均中断概率的分析结果可以看出，相比 $K = 1$ 的单用户情形，无物理层标识的非正交传输在衰落信道中能够带来"用户分集"增益，从而提高多用户系统的频谱效率；而且用户分集的增益随着系统负载（用户数或者总频谱效率）的增大而变得更

加显著，这一点与图 5-38 的趋势是类似的。

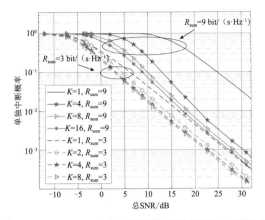

图 5-42   Rayleigh 衰落多址信道的用户平均中断概率

···→ 5.3.2   非协作传输的基本方式

非协作传输的基本大类有如下几种。

1. 级联码方案类型

在这类方案中，各用户采用相同码本，将码字随机均匀映射到某一个时隙上。收发端只进行单时隙的编译码，只考虑一个时隙上最多允许叠加 T 个用户的情况。其设计思路是将 GMAC 信道中的碰撞和噪声问题分开处理，其中一个代表是 BCH 码与前向纠错码（FEC）的级联，BCH 多址编码用于解决多个用户碰撞问题（容限为 T），FEC 信道编码用于对抗噪声，方案的系统框图如图 5-43 所示。

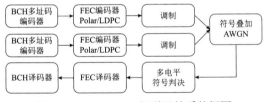

图 5-43   BCH+FEC 级联码的系统框图

BCH 校验矩阵的性质是 T 列线性叠加可解，用户信息映射到 BCH 码校验矩阵的一列，经过信道叠加后的接收码字即为校验子；在发送端，每个用户将自己映射的伴随式进行 FEC 编码，根据码的线性性质，经过 MAC 信道后，码字相互叠加就相当于将用户信息叠加后再统一编码，如图 5-44 所示。BCH+FEC 的译码部分是先进行 FEC 译码，结果为 BCH 多址码的校验子，即各用户映射的校验子分量的模二加的结果，BCH 多址码的译码算法要根据伴随式重映射回 BCH 校验矩阵的列空间，根据校验子分量确定各用户的发送信息。这个译码过程与 BCH 当作 FEC 编码的译码流程相同，可以采用经典的 Berlekamp-Massey 算法。

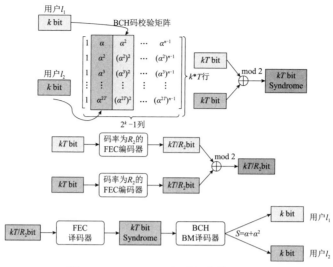

图 5-44　BCH+FEC 级联码的编码和译码

2. 压缩感知编码

采用切块树编码与压缩感知编码（Coded Compressed Sensing，CCS）的级联结构，如图 5-45 所示，用户的子块编码结果分别映射到多个时隙上，在每一子块后缀上增加树编码校验比特，组成等长的复合信息，将复合信息映射为 1 个稀疏向量，经过压缩感知映射后发送到时隙上。接收端可进行逐 CS 时隙的译码，解出其上叠加的复合信息（包含数据部分与树编码校验比特），从根节点（无校验）开始，扩展树结构，并且根据校验关系找到正确路径，串联起属于同一用户的信息，拼合出各个用户的信息。

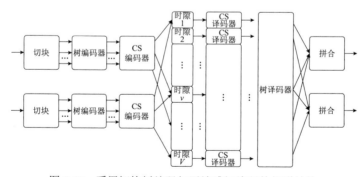

图 5-45　采用切块树编码与压缩感知编码的级联结构

3. 稀疏 IDMA 方案

稀疏 IDMA 方案的设计思想是结合两项技术，第一项技术是 IDMA 叠加编码，采用重复→交织→叠加的方式，从而构造较低码率的编码，这里假设交织图样区分用户，且接收端已知（这本身并不符合无物理层标识的特性）；第二项技术是基于压缩感知的导频编码，为了支持无物理层标识传输，需要指示交织图样，可以将交织图样序号经过压缩感知映射成为较短的导频，附加在数据部分之前，组成复合包进行传输。因此，稀疏 IDMA 是以 IDMA 作为基本的编码范式，对各个用户进行不等重复，形成各用户的分集度及码率的差异化，可以补 0 对齐，保证稀疏叠加，减小多用户间的干扰，导频前缀还可以承载重复次数等信息。

图 5-46 是稀疏 IDMA 的系统架构，第一部分进行导频编码，第二部分进行稀疏 IDMA 编码。在接收端，导频与 IDMA 码字分开译码，先通过导频恢复交织和重复图样，在已知的叠加因子图结构上进行 BP 译码，最终将对应的两部分信息译码结果拼合得到用户的完整发送信息。以两个用户 MAC 系统为例，稀疏 IDMA 的编译码原理如图 5-47 所示。用户 1 和用户 2 都采用同样的 LDPC 码进行编码，它们各自的校验节点到变量节点的因子图是相同的。用户 1 经过 LDPC 编码之后没有重复，只是补 0，所以因子图中相应部分的边数没有增加。用户 2 经过 LDPC 编码之后重复 2 次，因子图相应部分的边数加倍。比特交织之后，因子图的边的分布进一步随机化。两个用户的因子图通过 MAC 叠加节点联系起来，构成一个 3 层的整体因子图。整体因子图的配置信息（包括重复次数和交织图样）都通过导频的压缩感知恢复算法解出，以辅助 IDMA 的 BP 译码。

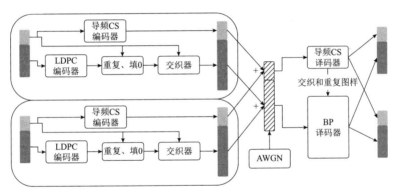

图 5-46　稀疏 IDMA 的系统架构

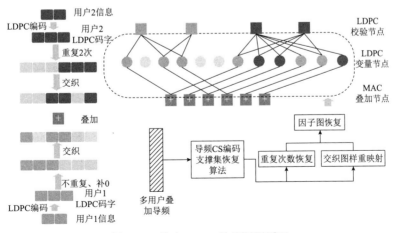

图 5-47　稀疏 IDMA 的编译码原理

图 5-47 中的 3 层因子图中的上半部代表了 LDPC 码的编码结构，相应的 BP 译码器的转移函数可以表示成

$$v = \psi(\text{LLR}) \tag{5-35}$$

其输入为对数似然比（Log-Likelihood Ratio，LLR），输出为信息比特的软信息。3 层因子图的下半部代表了 MAC 叠加的关系，相应的 BP 检测器的转移函数可以写成

$$\text{LLR} = \varphi(v) \tag{5-36}$$

可以通过 $\varphi(v)$ 和 $\psi(\text{LLR})$ 之间的 EXIT（Extrinsic Information Transfer）图来分析稀疏 IDMA 的收敛性。图 5-48（a）中的曲线 $\varphi(v)$ 位于 $\psi(\text{LLR})$ 左边，两条曲线不交叉，可以形成密度演进通道，成功完成迭代检测；而图 5-48（b）中的曲线 $\varphi(v)$ 与 $\psi(\text{LLR})$ 有交叉，演进通道被堵死，不能成功完成迭代检测。从对图 5-48 的分析可以看出，稀疏 IDMA 的译码器的特性需要与多用户检测器的特性相匹配，才能完成 3 层 BP 因子图的迭代收敛。传统的信道编码通常是针对单用户信道进行优化的，虽然在单用户（正交多址）下性能优异，但其迭代译码特性不一定能与多用户检测器匹配，需要采用新的方法进行设计。

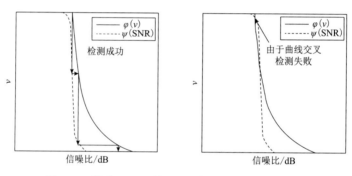

图 5-48　稀疏 IDMA 的 $\varphi(v)$ 和 $\psi(\text{SNR})$ EXIT 分析

图 5-49 对以上介绍的 3 类无物理层标识传输方案的仿真比较，考虑的是高斯 MAC 信道（每一个用户的信道是 AWGN）。可以发现 BCH-CC（卷积码）级联码方案的频谱效率最低，BCH 码的编码效率很低，在用户数较多的情形下难以处理多用户间的干扰，但译码复杂度最低。压缩感知编码方案（CCS）的性能与 BCH-CC 相比有显著提升，抗多用户干扰能力比较强。稀疏 IDMA 方案的稀疏叠加及不等分集增益显著，在这 3 类方案中最贴近理论界。

图 5-46 稀疏 IDMA 的系统架构中的导频编码部分是基于压缩感知（Compressed Sensing，CS）的，其原理大致如下。考虑一个上行系统有 N 个单发天线的终端，但是在每一个时隙（假设在信道相干时间以内）只有少部分终端处于激活状态。用 $a_n \in \{1,0\}$ 来表示用户 n 是否处于激活状态。每个用户随机挑选一个签名序列 $s_n = [s_{1n}, s_{2n}, \cdots, s_{Ln}]^{\text{T}} \in \mathbb{C}^{L \times 1}$，这里的 L 是序列的长度。假设签名序列的集合很大，用户所选的序列不会重。另外，这里的签名序列是独立同

分布生成的，均值为 0，方差为 $1/L$，以保证每条序列的功率归一化。当基站只有一根接收天线时，收到的信号可以写成

$$y = \sum_{n=1}^{N} a_n s_n h_n + w \triangleq Sx + w \tag{5-37}$$

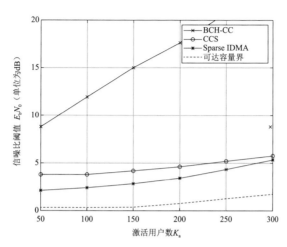

图 5-49　高斯多址接入（GMAC）信道下的几类无物理层标识传输方案的仿真结果

这里的 h_n 是用户 n 到基站的信道系数（复数标量）。向量 w 的长度为 L，代表复高斯的加性白噪声，方差为 σ_w^2。为方便表示，引入复数向量 $x = [x_1, x_2, \cdots, x_n]^T$，这里 $x_n = h_n a_n$，以及 L 行 N 列的矩阵 $S = [s_1, s_2, \cdots, s_N]$。接收机基于接收信号来恢复向量 x 中的非零元素。压缩感知有效性的一个重要假设是潜在的用户数 N 远大于签名序列长度 L，因此尽管签名序列彼此并不正交，但由于用户激活率较低，向量 x 具有稀疏性（少数元素非零）。这个问题可以用近似消息传递（Approximate Message Passing, AMP）算法迭代式求解，首先初始化向量 $x^0 = 0$ 和 $z^0 = y$，每次迭代 AMP 需要进行如下的操作[26]：

$$x^{t+1} = \eta(S * z^t + x^t, g, t) \tag{5-38}$$

$$z^{t+1} = y - Sx^{t+1} + \frac{N}{L} z^t \left\langle \eta'(S * z^t + x^t, g, t) \right\rangle \tag{5-39}$$

这里引入了向量 $g = [g_1, x_2, \cdots, g_N]^T$，上角标 $t = 0, 1, \cdots$ 代表迭代索引，x^t 是第 t 轮迭代对于 x 的估计。向量 z^t 代表残差，引入向量 $\eta(., g, t) = [\eta_t(., g_1), \eta_t(., g_2), \cdots, \eta_t(., g_N)]^T$，其中 $\eta_t(., g_n)$ 是一个复数标量到另一个复数标量的映射，一般是非线性函数，通常称为噪声减少器。引入向量 $\eta'(., g, t) = [\eta'_t(., g_1), \eta'_t(., g_2), \cdots, \eta'_t(., g_N)]^T$，其中 $\eta'_t(., g_n)$ 是 $\eta_t(., g_n)$ 对于第一个变量的一阶导数。算符 $\langle \cdot \rangle$ 代表对一个向量的所有元素进行平均。

以上单收天线的问题可以拓展到多天线接收的情形，例如，M 根天线，此时基站收到的

信号是一个 L 行 M 列的矩阵：

$$Y = \sum_{n=1}^{N} a_n s_n h_n + W \triangleq SX + W \tag{5-40}$$

这里的 h_n 是用户 n 到基站的信道列向量（复数），包含 M 个复数元素，复高斯噪声用 L 行 M 列的矩阵 W 表示，矩阵 $X = [r^T_1, [r^T_2, \cdots, r^T_N]^T$ 有 N 行 M 列，其中 $r_n = a_n h_n$ 是一个 M 列的向量，即矩阵 X 的第 n 行向量。

类似的，AMP 可以用来求解以上的压缩感知问题，只不过用到的噪声减少器是向量型的，分别对接收信号的每一行进行处理，迭代过程如下[27]：

$$X^{t+1} = \eta(S * Z^t + X^t, g, t) \tag{5-41}$$

$$Z^{t+1} = Y - SX^{t+1} + \frac{N}{L} Z^t \left\langle \eta'(S * Z^t + X^t, g, t) \right\rangle \tag{5-42}$$

尽管经典的压缩感知问题和 AMP 算法要求签名序列是符合独立高斯同分布的，但为了降低算法复杂度，如采用 Hadamard 序列，或者当天线之间存在空间相关性时，则考虑更先进的接收算法，如正交近似消息传递（Orthogonal Approximate Message Passing，OAMP）[28]。

对于海量接入系统的压缩感知问题，还可以借助数据驱动的方式来提升，如 AMP 的性能等[29]。

···→ 5.3.3　多点多用户系统的基本传输方式

随着移动数据业务的迅猛增长，网络部署朝着更密集部署的方向发展，以提高小区的流量密度。但小区的密度增大会产生严重的小区间干扰。这个问题可以由以下两个比较经典的方法来改善。

（1）干扰对齐（Interference Alignment, IA）：从协作传输的角度，干扰对齐能达到干扰信道自由度意义上的最优，也就是说能在很高信噪比（SNR）时逼近容量界。当信道状态信息（CSI）理想知道时，干扰对齐能保证把多个干扰信号投影到每个接收端的最小的子空间内。但是实际系统中的 CSI 很难测量准，也很难及时准确反馈。干扰对齐技术对精准 CSI 的依赖性一直阻碍着该项技术在实际系统中的应用。另外一个问题是干扰自由度这个度量过于保守，即假设干扰链路和目标链路的强度相近，没有利用干扰链路与目标链路的强度差别。

（2）速率分担（Rate Splitting, RS）：可以证明被分担能达到两个用户干扰信道的容量。速率分担的主要思路是将每个传输信息分为两部分，一个是公用部分，另一个是私有部分，在接收端假设会进行串行干扰消除（Successive Interference Cancellation，SIC），先译码公共部分，这部分译码成功之后，从接收信号中消除。与干扰对齐重视干扰强度形成鲜明对比，速率分担有时可以把较弱的干扰当成噪声，而先解调较强的。速率分担对 CSI 准确度的要求不是很高。速率分担可以看作调度系统下非正交传输的一般性推广。

这两种经典的方法可以结合起来，即基于信号和干扰对齐的速率分担（Signal Interference Alignment based Rate Splitting, SIA-RS）[30]，一方面利用了速率分担对 CSI 的健壮性，另一方面得益于干扰对齐带来的可靠性。公用信号和私有的目标信号可以对齐以提高 SIC 接收的性能，而私有的干扰信号可以通过干扰对齐得到减弱。这样速率分担中的公用信号对 CSI 准确度的要求降低，增加了叠加复用的增益。

SIA-RS 方案的系统模型可以用以下的公式描述。考虑 K 个用户的 MIMO 干扰信道，每个发送端（TX）有 N_t 根发射天线，每个接收端（RX）有 N_r 个接收天线。用 $\mathcal{K}$ 来表示 K 个用户的集合 $\mathcal{K} = \{1, 2, \cdots, K\}$。第 k 个发送端把信息 W_k 发向第 k 个接收端。为实现速率分担，把每一个信息分成公用和私有两部分，即 $W_k = \{W_k^{(c)}, W_k^{(p)}\}$。所有用户的公用信息可以拼接成一个超信息，即 $W^{(c)} = \{W_k^{(C)}\}_{k \in \mathcal{K}}$。这些公用信息和私有信息经过编码之后变成单层传输的符号，分别表示为 $s_k^{(p)} \sim \mathcal{CN}(0, 1)$ 和 $s_k^{(c)} \sim \mathcal{CN}(0, 1)$。采用叠加编码，第 k 个发送端的发射信号可以写成

$$\boldsymbol{x}_k = \sqrt{tP}\boldsymbol{v}_k^{(p)}s_k^{(p)} + \sqrt{(1-t)P}\boldsymbol{v}_k^{(c)}s^{(c)} \tag{5-43}$$

这里的 $\boldsymbol{v}_k^{(p)} \in \mathbb{C}^{N_t \times 1}$ 和 $\boldsymbol{v}_k^{(c)} \in \mathbb{C}^{N_t \times 1}$ 分别是私有和公用的模值为 1 的波束赋形向量。P 是每个发射端的最大功率，t 是公用部分和私有部分的功率分配。在第 k 个接收端的信号可以表示为

$$
\begin{aligned}
\boldsymbol{y}_k &= \sum_{j \in \mathcal{K}} \boldsymbol{H}_{k,j}\boldsymbol{x}_j + \boldsymbol{n}_k \\
&= \underbrace{\sqrt{tP}\boldsymbol{H}_{k,k}\boldsymbol{v}_k^{(p)}s_k^{(p)} + \sqrt{(1-t)P}\boldsymbol{H}_k\boldsymbol{v}^{(c)}\boldsymbol{s}^{(c)}}_{\text{Desired signal subspace}} \\
&\quad + \underbrace{\sum_{j \in \mathcal{K}\backslash\{k\}} \sqrt{tP}\boldsymbol{H}_{k,j}\boldsymbol{v}_j^{(p)}s_j^{(p)} + \boldsymbol{n}_k}_{\text{Interference subspace}}
\end{aligned}
\tag{5-44}
$$

式中，$\boldsymbol{H}_{k,j} \in \mathbb{C}^{N_r \times N_t}$ 是第 k 个发送端到 j 个接收端之间的空间信道。

图 5-50 是传统的干扰对齐、速率分担、基于信号对齐的干扰对齐（SIA）和 SIA-RS 方法的系统容量分析结果。

这里假设 $N_t = N_r = K = 3$，所有用户的私有信号的目标信干燥比（SINR）为 0 dB，总的 SINR 为 3 dB。在传统干扰对齐方案中，当 $t = 1$ 时，不进行干扰对齐；在 SIA 方案中，当 $t = 1$ 时，进行信号对齐；在传统的速率分担方案中，当 $0 < t < 1$ 时，不进行信号对齐；在 SIA-RS 方案中，当 $0 < t < 1$ 时，进行信号对齐。"B" 代表 CSI 的量化比特数。从图 5-50 可以看出：

1）随着 SNR 的增加，平均和速率的提升渐渐饱和，这反映了 CSI 有限的量化精度带来的残留干扰，提高量化精度，可以延迟饱和过程，提升饱和时的平均和速率。

2）相比传统的干扰对齐，速率分担可以提升平均和速率，即使在量化精度较差（$B = 4$）时。这是由于速率分担可以通过分配功率，额外传输公用信号。

3）信号对齐可以显著提升系统性能，尽管信号对齐会导致额外的对齐误差，但公用信号

和私有信号的对齐有利于串行干扰消除（SIC）。

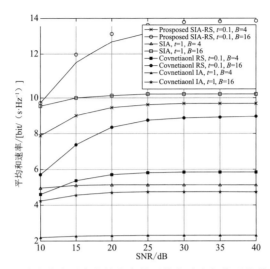

图 5-50　几种多点多用户传输方案的平均和速率与信噪比关系的比较

5.4　潜在的新波形

···→ 5.4.1　变换域波形

正交时频空（Orthogonal Time Frequency Space，OTFS）是一种适合高速移动场景的新波形技术。OTFS 的原理是利用一对二维偶对有限傅里叶变换（Symplectic Finite Fourier Transform，SFFT）：

$$H(t,f) = \iint h(\tau,v) e^{j2\pi(vt-f\tau)} \mathrm{d}\tau \mathrm{d}v \tag{5-45}$$

$$h(\tau,v) = \iint H(t,f) e^{-j2\pi(vt-f\tau)} \mathrm{d}t\mathrm{d}f \tag{5-46}$$

将时延-多普勒（Delay-Doppler，DD）域上的每个信息符号扩展到时频（Time Frequency，TF）域平面上，使每一个传输符号都经历一个近似恒定的信道增益，所以 OTFS 本质上是一种时频域扩展的 OFDM，均化了衰落，但引入了符号间的干扰。TF 域和 DD 域上的信道脉冲响应 $H(t,f)$ 和 $h(\tau,v)$ 如图 5-51 所示。

OTFS 的扩展可以看作一种码率为 1 的符号级编码，在合适的检测方式下可获得频率与多普勒分集增益。OTFS 分集增益的程度与信号检测方式密切相关：如果采用最优的最大似然（ML）检测，则可以获取全部的分集增益；如果采用简单的线性检测（ZF 或 MMSE 检测），则其分集增益会下降。图 5-52 是一个采用线性接收机的 OTFS 系统框图。

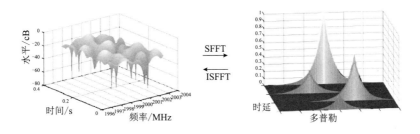

图 5-51 时频（TF）域和时延 - 多普勒（DD）域上的信道脉冲响应

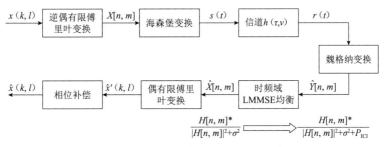

图 5-52 采用线性接收机的 OTFS 系统框图

图 5-53 是 OTFS 采用不同种类的接收机时的性能与 OFDM 的比较。线性接收机中的均衡采用的是线性均衡，先进接收机中的均衡则是基于消息传递（Message Passing，MP）的非线性均衡。信道模型为两径信道，路径时延和功率可调，图例中的数字"710"表示两径之间时延为710 ns。多普勒频偏为 [−5, 5] kHz。调制方式为 QPSK，子载波间隔为 15 kHz，资源块数为 10。可以看出，在这种情形下，OFDM 的性能总体逊于 OTFS 的性能，采用先进接收机的 OTFS 的性能并不随时延变化有明显波动，但线性接收机的 OTFS 的性能随着时延的增大有一定提升。

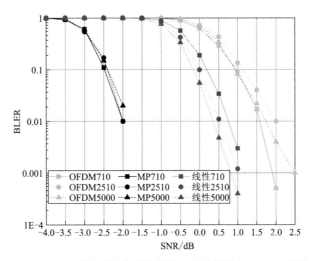

图 5-53 OTFS 采用不同种类的接收机时的性能与 OFDM 的比较

根据无线信道在多普勒－时延域的冲击响应特点，可以指导参考信号的设计。图 5-54（a）是一个双冲激参考信号的图样，这个设计的考虑是对于常见的 DD 域的冲击响应。在接收侧，发送的参考信号将会在 DD 域弥散，如图 5-54（b）所示。基于图 5-54（a）图样可以进行 DD 域的维纳滤波和信道估计。

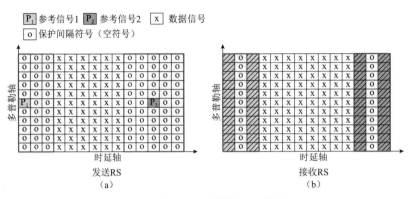

图 5-54　一个 OTFS 参考信号图样的例子

图 5-55 对 OFDM 和 OTFS 在不同移动速度下的解调性能进行了比较。这里假设载频为 4 GHz，一个资源块有 12 个时域符号和 12 个子载波，每一个数据块占 20 个资源块，子载波间隔为 15 kHz 和 30 kHz。采用 QPSK 调制和 LDPC 信道编码，频谱效率为 0.1885 bit/（s·Hz），信道模型是 EVA，移动速度为 120 km/h、300 km/h 和 500 km/h。OTFS 采用线性均衡。可以看出，对于比较低的编码调制等级，不同移动速度下，OTFS 时频域线性接收机的性能均优于 OFDM。

OTFS 的多址设计需要考虑保护间隔，可以固定参考信号，在其周围留有保护间隔，如图 5-56 所示。

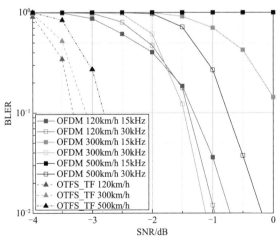

图 5-55　OFDM 与 OTFS 的解调性能

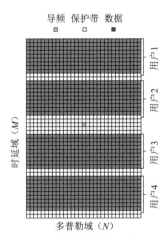

图 5-56　OTFS 的多址方案举例

····→ 5.4.2　超奈奎斯特采样

超奈奎斯特采样（Faster Than Nyquist, FTN）[31] 也被称为重叠复用传输，即允许用时域上更密的采样来承载信息，从而更加有效地利用频谱资源。假设 FTN 系统的成型滤波器为 G，匹配滤波器为 G^H，则系统的等效信道响应为

$$H = G^H G \tag{5-47}$$

信号在收端匹配滤波后的输入输出关系可以表示为

$$\widehat{Y} = G^H G s + \widehat{N} \tag{5-48}$$

式中，$\widehat{N} = G^H N$。如果 $G^H G$ 为单位阵，则不存在符号间干扰，并且匹配滤波后的噪声仍服从高斯分布。在一般的 FTN 系统中，G 如下面的 Toeplitz 矩阵。

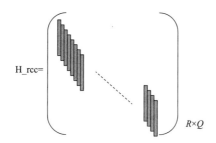

H_rcc= ... R×Q

其中 G 的维度为 $R \times Q$，Q 为上采样后的发送信号样点数，$R = L + Q$，L 为根升余弦滤波器的样点数。矩阵 G 的每一列的 L 个非零值为根升余弦滤波器的抽头系数。显然 $G^H G$ 一般不是单位阵，因此引入了符号间干扰和有色噪声。利用 Cholesky 分解得到白化矩阵 W：

$$G^H G = W W^H \tag{5-49}$$

利用 W 对接收噪声进行白化处理：

$$\widetilde{Y} = L^{-1} \widehat{Y} = L^{-1} (G^H G) s + L^{-1} \widehat{N} = L^H s + \widehat{N} \tag{5-50}$$

因此 FTN 系统的容量公式为

$$C_{\text{FTN}} = \log_2 \frac{\det\left(I_{N_r} + \dfrac{E_s}{Q_{\text{FTN}} N_0} G^H G \right)}{TB} \tag{5-51}$$

式中，E_s 表示带宽为 B 的 FTN 系统在 T 时间内，发送给 Q_{FTN} 符号的总功率。

图 5-57 是不同滚降系数（Roll-Off, RO）下的 FTN 信道容量的计算结果，分别对应重叠系数 $K = 2$ 和 $K = 4$ 两种情况。K 值愈大，重叠愈多。图 5-57 显示，FTN 相对基线（奈奎斯特采样）的性能有一定提升，且提升幅度随滚降系数增大而越来越显著。这印证了 FTN 研究的结论：频谱效率的提升源于充分利用了滤波器的奈奎斯特带宽之外的剩余带宽。

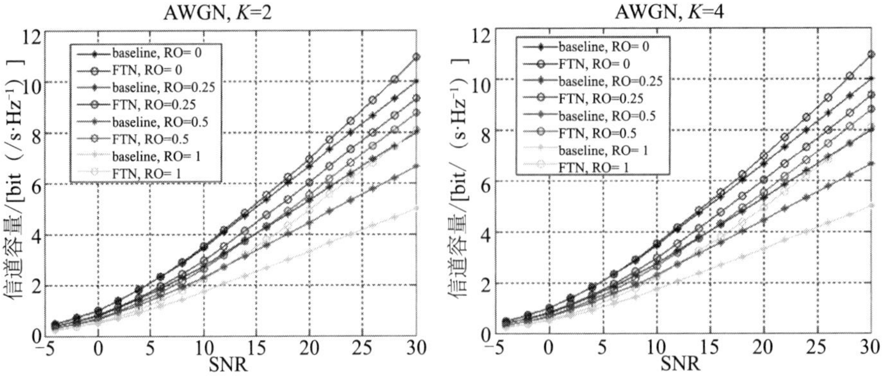

图 5-57　不同滚降系数的 FTN 性能对比

　　由于引入了符号间干扰，FTN 需要采用先进接收机来消除或者抑制这些干扰。FTN 本身可以看作一个实数域的卷积码，其卷积多项式即成形滤波器的抽头系数，最优的接收算法是 Viterbi 算法。随着叠加系数 K 的增加，采样符号间的干扰越大，滤波器的长度越长，Viterbi 算法中的有限机的状态数呈指数增长，复杂度也急剧增长，需要考虑次优的接收算法（如 Fano 算法、消息传递算法等）来降低算法的复杂度。

　　还需要指出的是，尽管 Viterbi 等接收算法对 FTN 的信号检测有一定的"强化"作用，功能类似卷积码，但是 FTN 一般还需要与信道编码相结合，以有效降低传输的误码率。

参考文献

[1] IMT-2030(6G) 推进组 . 先进调制编码技术研究报告 [R]. （2022-11）[2023-06-13]，https://www.imt2030. org.cn/html/default/zhongwen/chengguofabu/yanjiubaogao/index.html?index=2.

[2] NIU K, LI Y, and WU W. Polar codes: analysis and construction based on Polar spectrum [D/OL]. (2019-11-24) [2023-06-13]，https://doi.org/10.48550/arXiv.1908.05889.

[3] ZHANG H, TONG J, LI R, et al. A flip-syndrome-list polar decoder architecture for ultra-low latency communications [J]. IEEE Access, 2018, 7 (12): 1149-1159.

[4] TONG J, WANG X, ZHANG Q, et al. Fast polar codes for terabits-per-second throughput communications [D/OL]. (2021-07-19)[2023-06-13], https://arxiv.org/abs/ 2107.08600, 2021.

[5] PIAO J, DAI J and NIU K. CRC-aided sphere decoding for short Polar codes [J]. IEEE Commun. Lett., 2019, 23(2): 210–213.

[6] HUANG L, ZHANG H, LI R, et al. AI coding: learning to construct error correction codes [J]. IEEE Trans. on Commun., 2020, 68(1): 26-39.

[7] HUANG L, ZHANG H, LI R, et al. Reinforcement learning for nested Polar code construction [C]. IEEE Global Communications Conference (GLOBECOM), 2019: 1-6.

[8] KUDEKAR S, RICHARDSON T, and URBANKE R. L. Spatially coupled ensembles universally achieve capacity under belief propagation [J]. IEEE Trans. Inf. Theory, 2013, 59(12): 7761–7813.

[9] CHEN S, PENG K, JIN H, et al. On the performance of fixed-length spatially coupled LDPC code [C]. IEEE Intl. Symp. on Broadband Multimedia Systems and Broadcasting (BMSB), 2016: 1–4.

[10] ZHANG Y, PENG K, SONG J, et al. Quasi-cyclic spatially coupled LDPC code for broadcasting [J]. IEEE

Trans. on Broadcasting, 2020, 66(1): 187-194.

[11] GRUBER T, CRAMMERER S, HOYDIS J, and et al. On deep learning-based channel decoding [C]. 51st Annual Conf. on Info. Sci. and Systems (CISS), 2017: 1-6.

[12] HE Y, ZHANG J, WEN C K, et al. TurboNet: A model-driven DNN decoder based on max-log-MAP algorithm for turbo code [C]. IEEE VTS Asia Pacific Wireless Communications Symposium (APWCS), 2019: 1-5.

[13] FEHENBERGER T, ALVARADO A, BOCHERER G, et al. On probabilistic shaping of quadrature amplitude modulation for the nonlinear fiber channel [J]. Journal of Lightwav Technology, 2016, 34(21): 5063-5073.

[14] BOCHERER G, STEINER F, SCHULTE P, Bandwidth efficient and rate-matched low density parity-check coded modulation [J]. IEEE Trans. Commun., 2015, 63(12): 4651-4665.

[15] GULTEKIN Y C, WILLEMS F M J, HOUTUM W J V, et al. Approximate enumerative sphere shaping [C], IEEE Intl. Symp. on Info. Theory (ISIT). 2018: 1-6.

[16] ISCAN O, BOHNKE R, XU W. Sign-bit shaping using polar codes Transactions on Emerging Telecommunications Technologies [D/OL]. (2020-07-19)[2023-06-13]，https://doi.org/10.1002/ett.4058.

[17] TRIFONOY P, Design of multilevel Polar codes with shaping [C]. IEEE Intl. Symp. on Info. Theory (ISIT), 2022: 2160-2165.

[18] ZHANG D, WANG S, NIU K, et al, Transformer-based detector for OFDM with index modulation [J]. IEEE Comm. Letters, 2022, 26(5): 1313-1317.

[19] SHANNON C E. A mathematical theory of communication [J]. Bell Syst. Tech. Journal, 1948, 27(3): 379-423.

[20] FRESIA M, PREREZ-CRUZ F, POOR H V. Optimized concatenated LDPC codes for joint source-channel coding [C]. IEEE Intl. Symp. Info. Theory (ISIT), 2009: 2131-2135.

[21] LIU S, WANG L, CHEN J, et al. Joint component design for the JSCC system based on DP-LDPC codes [J]. IEEE Trans. Commun., 2020, 68(9): 5808-5818.

[22] DONG Y, NIU K, DAI J, et al. Joint source and channel coding using double Polar codes [J]. IEEE Comm. Letters, 2021, 25(9): 2810-2814.

[23] ZADIK I, POLYANSKIY Y, THRAMPOULIDIS C. Improved bounds on Gaussian MAC and sparse regression via Gaussian inequalities [C]. IEEE Intl. Symp. on Info. Theory (ISIT), 2019: 1-6.

[24] KOWSHIK S S, POLYANSKIY Y. Quasi-static fading MAC with many users and finite payload [C]. IEEE Intl. Symp. on Info. Theory, 2019: 1-6.

[25] ZHANG Y, PENG K, CHEN S, et al. Asymptotic analysis for NOMA over fading channel without CSIT [C].14th Int'l. Wireless Commun. and Mobile Computing Conf., 2018: 1116-1120.

[26] DONOHO D, MALEKI A, MONTANARI A, Message-passing algorithms for compressed sensing [J]. Proc. National Academy of Science, 2009, 106(45):18914-18919.

[27] KIM J, CHANG W, JUNG B, et al. Belief propagation for joint sparse recovery [D/OL]. (2011-02-16)[2023-06-13]. http://arxiv.org/abs/1102.3289v1.

[28] CHENG Y, LIU L, PING L. Orthogonal AMP for massive access in channels with spatial and temporal correlations [J]. IEEE Journal on Selected Areas in Commun, 2021, 39(3): 726-740.

[29] BAI Y, CHEN W, SUN F, et al. Data-driven compressed sensing for massive wireless access [J]. IEEE Communications Magazine, 2022, 60(11): 28-34.

[30] SU X, YUAN Y, WANG Q, Performance analysis of rate splitting in K-user interference channel under imperfect CSIT: average sum rate, outage probability and SER [J]. IEEE Access, 2020, 8(7): 136930-136946.

[31] RUSEK F, ANDERSON J B. Constrained capacities for Faster-Than-Nyquist signaling [J]. IEEE Trans. on Info. Theory, 2009, 55(2): 764-775.

第 **6** 章

多天线空域类技术

从第4代移动通信开始，多天线技术对系统频谱效率、小区覆盖率、用户体验速率等的不断提高发挥了十分重要的作用。多天线技术是3GPP中的"常青树"，几乎在每一个标准版本都有增强，是物理层工作组（RAN1）的重要技术方向之一。

多天线空域类技术都是利用无线信道的空间自由度来增加小区覆盖和提高系统容量。空间自由度基本上通过增加天线数和极化方向的方式获得。天线可以是集中式部署的，即天线与信号收发端共站址、紧凑相连，天线单元的间距可以是几个波长、半波长或者亚波长级别的。天线部署还可以是分布式的，即天线与天线之间、天线与收发端在不同的地理位置，彼此通过有线方式或无线方式相连，其中无线的分布方式构成了中继网络。天线单元可以自带射频单元和功率放大器等，构成有源天线，还可以不带射频单元和功率放大器，完全由反射或者透射式的智能超材料构成的无源器件。另外，天线阵面还可以制作成特殊的形状，形成具有涡旋波前的电磁辐射。

本章从基站/终端多天线技术增强、智能超表面中继、全息无线电和统计态轨道角动量等几大方面，对6G可能的多天线空域类技术进行介绍。人工智能在多天线中的应用主要体现在基站/终端多天线技术增强。

6.1 基站/终端多天线技术增强

┈→ 6.1.1 稀布阵天线

大规模天线（massive MIMO）技术作为5G及6G的核心关键技术之一，通过部署具有大量天线单元的天线阵列获得高频谱效率和系统容量。传统天线产品在迎风面、体积、质量、功耗等方面已达到商用部署极限。例如，目前5G中应用于低频的massive MIMO已经达到192天线和64通道，高频预计可达到512天线、4通道。未来天线阵列的规模持续增大，天线阵元数及射频通道数将进一步增多，基站硬件设计将面临天线阵面尺寸扩大、质量显著增加、馈电网络更加复杂的挑战。在此背景和需求下，面向B5G/6G的天线阵列设计需要考虑天线的优化布局，降低天线阵列规模持续扩展带来的实际部署压力。

稀布阵是一项解决上述问题的潜在技术，已在雷达、卫星等领域广泛应用，但在早期移动通信系统中，由于天线阵列规模较小，其应用较少。随着移动通信领域天线阵列的规模持续增大，该技术在移动通信领域的实际应用价值有望被进一步挖掘。在移动通信系统中，系统性能受到诸多实际环境因素的影响，包括信道质量、用户分布的随机性和移动特性等。因此，对于应用稀布阵的massive MIMO系统而言，需要综合考虑信道环境、阵列天线数及收发通道数变化对系统性能的影响。

稀布阵技术实现的基本原理是，利用子空间的采样定理，通过优化阵元位置、幅度激励等方法，减少阵元数/通道数，并且保证天线增益、旁瓣抑制等与半波长间距的均匀阵保持相同[1]。在稀布阵天线综合过程中，天线阵列的方向图构建是基础。例如，以均匀平面阵

（Uniform Planar Array, UPA）的方向图作为优化目标，图 6-1 中 $G = M \times N$ 个激活的天线阵元分布在 $y-z$ 平面，其中 M 为垂直方向的阵元个数，N 为水平方向的阵元个数。阵面垂直方向长度为 L_z，水平方向长度为 L_y。

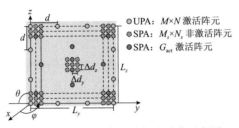

图 6-1　均匀平面阵、稀布平面阵示意图

该 UPA 的方向图函数可表示为

$$F\left(\theta,\varphi\right) = \sum_{m=0}^{M-1}\sum_{n=0}^{N-1} w_{m,n}\mathrm{e}^{\mathrm{j}\frac{2\pi}{\lambda}(md\sin\theta\sin\varphi + nd\cos\theta)}$$
$$= e\left(\theta,\varphi\right) \otimes w \tag{6-1}$$

式中，θ、φ 分别为俯仰角和方位角，M 为垂直方向的阵元个数，N 为水平方向的阵元个数，$w_{m,n}$ 是坐标位置为 (md, nd) 的天线阵元的激励幅度，d 为该均匀平面阵的阵间距，λ 为空间自由波长。$e(\theta,\varphi)$、w 分别为导向矢量、激励矢量，$\otimes$ 为内积运算。

稀布阵技术的核心关键是对阵元位置分布 (md, nd)、激励幅度 $w_{m,n}$ 等进行优化，减少阵元数 / 射频通道数，并保证阵列方向图与相同口径均匀阵相近。如图 6-1 所示，对于稀布平面阵（Sparse Planar Array, SPA），优化设计前需要构建虚拟的均匀平面阵。在与上述 UPA 相同的阵面尺寸下，以 Δd_y、$\Delta d_z(\Delta d_y, \Delta d_y \ll d)$ 分别为 y 轴、z 轴上的阵间距，构建包含 $G_s = M_s \times N_s(G_s \gg G)$ 个虚拟的非激活天线阵元的初始化 SPA，其中初始化 SPA 的方向图与式（6-1）类似。通过阵列优化设计，可基于该初始化 SPA 获得 G_{act} 个天线阵元，这些天线阵元可认为是激活的天线阵元，在实际系统中具有辐射能力。G_{act} 个激活的天线阵元形成重构 SPA，其方向图函数为

$$F_s\left(\theta,\varphi\right) = \sum_{l=0}^{G_{\mathrm{act}}-1} w_l^s\,\mathrm{e}^{\mathrm{j}\frac{2\pi}{\lambda}\left(y_l^s\sin\theta\sin\varphi + z_l^s\cos\theta\right)}$$
$$= e_s\left(\theta,\varphi\right) \otimes w_s \tag{6-2}$$

式中，w_l^s 是重构 SPA 中坐标位置为（y_l^s，z_l^s）的天线阵元的激励幅度，$e_s(\theta,\varphi)$、w_s 分别为重构 SPA 的导向矢量、激励矢量。为评估分析重构 SPA 与 UPA 的匹配程度，定义重构误差 Err 如下：

$$\text{Err} = \frac{\int_{\theta_{\min}}^{\theta_{\max}} \int_{\varphi_{\min}}^{\varphi_{\max}} \left| F(\theta, \varphi) - F_s(\theta, \varphi) \right|^2 \mathrm{d}\varphi \mathrm{d}\theta}{\int_{\theta_{\min}}^{\theta_{\max}} \int_{\varphi_{\min}}^{\varphi_{\max}} \left| F(\theta, \varphi) \right|^2 \mathrm{d}\varphi \mathrm{d}\theta} \tag{6-3}$$

式中，$\theta_{\max}$、$\theta_{\min}$ 和 $\varphi_{\max}$、$\varphi_{\min}$ 分别为俯仰角和方位角的上下限。

天线方向图综合是稀布阵设计的核心关键。为了获得与原均匀阵相当的性能，稀布阵天线综合需要在给定阵列尺寸、最小阵元间距等诸多约束条件下，对天线阵元的位置、激励幅度等目标参数进行优化设计。由此可见，稀布阵天线综合是一个多变量的非线性优化问题。应用于稀布阵天线综合的算法主要有：①智能化优化算法，包括遗传算法、粒子群算法、差分算法等，该类算法适合在较小天线规模阵列中应用，而对于大规模天线阵列，其算法的复杂度显著增加；②快速傅里叶变换、矩阵束、前后向矩阵束等算法有效提升了计算效率，使得大规模天线阵列的稀布综合成为可能，但这类算法大多需要目标优化天线数作为先验信息，无法获取最优天线数；③压缩感知类算法，如基于凸优化的算法等，可同时优化阵元分布和阵元激励幅度，同时灵活处理最小阵间距等约束条件，具有较高的自由度。

以下是基于凸优化算法进行稀布阵优化设计的一个例子。在稀布综合过程中，通过调节 ε，可以得到不同稀疏度的稀布阵，如表 6-1 所示。

表 6-1　不同匹配误差的稀布阵

匹 配 误 差 /%	均匀阵规模	稀布阵规模	稀 疏 度 /%
1	64（8×8）	52	18.75
5	16（4×4）	14	12.50
5	36（6×6）	24	33.33
5	64（8×8）	40	37.50
10	64（8×8）	32	50.00
15	64（8×8）	22	65.63

可以看出，稀疏能力与原均匀阵规模相关。在相同匹配误差条件下，原有均匀阵天线数越多，可以稀疏的比例越高。表 6-1 中 8×8 均匀阵（64-UPA）、含 52 天线阵元的稀布阵（52-SPA）、含 32 天线阵元的稀布阵（32-SPA）的阵元位置分布如图 6-2 所示。

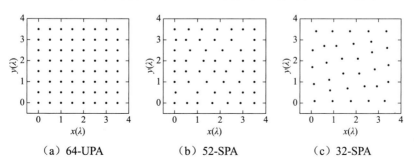

（a）64-UPA　　　　　　（b）52-SPA　　　　　　（c）32-SPA

图 6-2　均匀阵和稀布阵的阵元位置

64-UPA、52-SPA、32-SPA 阵列在 φ 方向上不同扫描角度下（ $\hat{\varphi}_1 = 0°$, $\hat{\varphi}_2 = 20°$, $\hat{\varphi}_3 = 40°$ ）的归一化辐射方向图如图 6-3 所示。

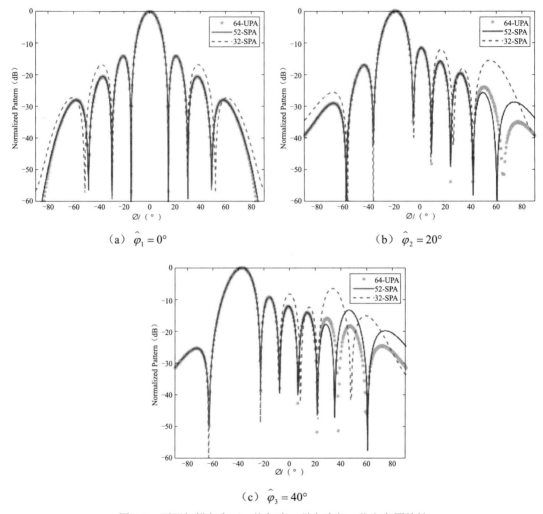

（a）　$\hat{\varphi}_1 = 0°$　　　　　　　　（b）　$\hat{\varphi}_2 = 20°$

（c）　$\hat{\varphi}_3 = 40°$

图 6-3　不同扫描角度下，均匀阵、稀布阵归一化方向图特性

可以看出，当扫描角度为 0° 时，52-SPA 与 64-UPA 归一化方向图几乎重合。随着扫描角度逐渐增大，52-SPA、32-SPA 均出现部分旁瓣电平抬升，32-SPA 甚至出现了栅瓣。

系统级性能评估基于时分双工（Time Division Duplexing，TDD）移动通信系统及宏蜂窝（Urban Macro Cell，UMa）应用场景展开，并根据 3GPP TR 38.901 构建 5G 信道模型。系统带宽为 100 MHz，载频为 2.4 GHz。网络拓扑采用蜂窝六边形结构，每个蜂窝结构的中心为宏基站，分别覆盖当前蜂窝结构内的 3 个扇区。终端用户在每个扇区内随机分布。在基站天线配置中，每个阵元连接一套射频收发链路。在所有仿真中，对于配置不同天线阵列的基站，其发射总功率保持相同。64-UPA、52-SPA、32-SPA 阵列应用系统的 CDF 曲线图如图 6-4 所示。

可以观察到，相比于 64-UPA 应用系统，52-SPA 应用系统、32-SPA 应用系统均存在一定性能损失，而 52-SPA 应用系统与 32-SPA 应用系统表现相近。

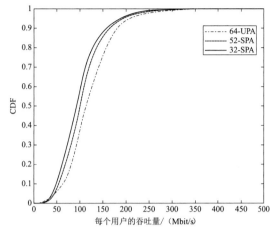

图 6-4　64-UPA、52-SPA、32-SPA 阵列应用系统的 CDF 曲线图

表 6-2 给出不同阵列应用系统的小区平均吞吐量和小区边缘用户吞吐量。当天线阵元数为 52 时，性能损失约为 11.53%。当天线阵元数进一步缩减至 32 时，性能损失约为 16.72%。对于小区边缘用户吞吐量，52-SPA 应用系统的性能损失约为 3.73%，32-SPA 应用系统的性能损失约为 10.64%。

表 6-2　不同阵列应用系统的小区平均吞吐量和小区边缘用户吞吐量

平 面 阵	稀 疏 度	小区平均吞吐量 /（Mbit/s）	小区边缘用户吞吐量 /（Mbit/s）
64-UPA	—	1201.90	45.60
52-SPA	18.75%	1063.25	43.90
32-SPA	50.00%	1000.95	40.75

出现上述性能损失的原因是扫描过程中旁瓣及栅瓣引入的干扰。对于移动通信系统中处于远离阵轴线方向的用户，基站的天线阵列需要采用较大扫描角度的波束进行服务，此时稀布阵的旁瓣甚至栅瓣将对本小区的其他用户甚至邻小区用户造成干扰，导致系统性能下降。值得注意的是，虽然 32-SPA 应用系统的性能损失略高于 52-SPA 应用系统的性能损失，但 32-SPA 的稀疏度高达 50%，大幅降低了天线数及射频通道数。

⋯→ 6.1.2　分布式 MIMO

大规模天线系统可以采用集中式或者分布式的部署。5G 移动通信系统的大规模天线的标准化和实际部署以集中式部署的天线阵列为主。天线阵列通常为一个二维的平面阵列。在中低频段（低于 6 GHz）部署时，单个阵列可以集成 128 或者 256 个天线单元。如果是毫米波频段的部署，每个阵列上的天线单元数可以更多一些。由于天线阵列的体积、质量和迎风面积等限制因素，如果还是沿用 5G 大规模天线的硬件基础设计，天线数量的进一步大幅增加还是比较困难的。

分布式 MIMO 通过大量密集分布在不同地理位置的站点，灵活地根据环境，构建成星形、树形、链形、环形等分布式协作簇，协作完成资源调度、数据的联合发送，有效转化干扰源为有用信号 / 协调干扰，提升边缘用户速率和系统频谱效率，保证用户移动时的一致性体验。在高价值高流量、低空立体覆盖等场景中具有应用前景。例如，①针对高校、CBD 等热点区域，采用室外覆盖室内的方式时，将多个节点连接到基带单元（Base Band Unit，BBU），实现控制信道合并、数据信道复用；②针对大中型场馆及交通枢纽等室内密集场景（体育场、火车站、大礼堂等），通过室分系统升级，实现数据信道复用，提升容量；③针对室内高频段电磁波衰减严重，信号难以穿透室内墙壁，且反射损耗更大的问题，可考虑分布式智能表面系统无损反射电磁波，缩小覆盖阴影区域，减少中断概率，且智能表面体积小，可以根据室内环境，灵活地选择位置和数量进行部署；④针对灾情、偏远山区等信号突然中断或人员难以到达的地方，可采用多个可飞行基站及时构建起分布式超大规模天线系统，以满足应急通信需求；⑤针对高速移动场景，终端移动速度将超过 1000 km/h，大量分布式天线系统将满足超高移速下高话务质量的需求。此外，近些年出现一种新型天线结构及低成本的无线条带系统，其结构如图 6-5 所示。每个条带包括电缆或带状保护壳、阵元、电路安装芯片（APU），其中每个 APU 包括一系列的功率放大器、移相器、滤波器、调制器、A/D 和 D/A 转换器。每个条带都连接到一个或多个 CPU。阵元采取分布式安置时，可应用到一些现有的建筑体表面，构成分布式超大规模天线系统。

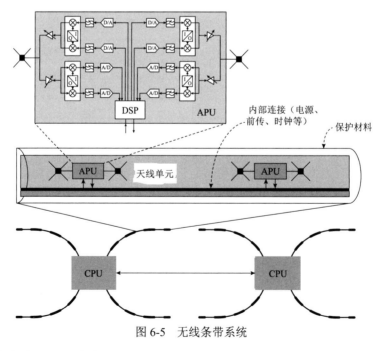

图 6-5　无线条带系统

早期的分布式 MIMO 包括分布式天线、多点协作传输和网络 MIMO 等。在 4G LTE-

Advanced 中，标准化的多点协作传输（Coordinated Multi-Point Transmission，CoMPT）技术，可以支持 2 或 3 个基站之间的协作。5G 新空口的第一个版本（Rel-15）也支持多点协作传输技术，主要的技术方案是动态传输点选择等。5G 标准的第二个版本（Rel-16）增加了非相干联合传输（Non-Coherent Joint Transmission，NC-JT）。LTE 及 NR 的分布式天线部署方案参与协作的基站数相对较少，以非相干联合传输为主。因此，分布式天线从规模和传输方案两个方面改进都可以大幅度提升性能。

分布式多天线传输，性能最佳的传输方案为相干联合传输（Coherent Joint Transmission，C-JT）。基本原理是把分布式部署的天线统一处理，计算预编码矩阵，实现对无线信号空间分布的控制。如果再结合天线规模的增大，对无线信号空间分布的控制将做得更加精准，甚至可以实现将空间信号集中到一个空间"点"附近。相比 4G 和 6G 的多点协作传输，未来分布式 MIMO 包括两个方面的增强：一是天线在空间分布的范围更广泛，不局限在少量的几个基站的位置；二是天线的数量巨大。

分布式超大规模天线技术的优势体现在以下几个方面。

（1）天线规模可以更大：集中式天线部署受限于天线的体积、质量等因素，天线规模很难做到更大。目前的集中式大规模天线以 192 或 256 天线为主，在给定的频段上难以做到更大的天线。分布式部署的天线则没有这些限制。

（2）更接近终端：分布式部署的天线达到一定程度的规模之后，在终端的附近总是能找到距离较近的分布式天线，缩短了基站天线与终端的距离，路径传输损耗大大降低。基站以很低的发射功率就可以实现高速、高质量的数据传输。

（3）分集增益：多天线技术发展，不论是空间复用传输，还是分集传输，空间相关性都是重要的因素。空间相关性与天线间距及散射环境密切相关。天线之间的距离越大，空间相关性越低。分布式部署的超大规模天线具有天然的低相关性优势。在 5G 新空口的第二个版本，为提升 URLLC 业务传输的可靠性，就设计了利用分布式天线的分集传输机制。

（4）空间复用增益：多天线传输所能支持的流数取决于信噪比和信道的空间相关性。空间相关性越低，支持多流传输的可能性越大。而分布式部署的超大规模天线由于天线之间的低相关性，更容易支持多流传输。在 5G Rel-16 阶段，为了提升边缘用户的传输速率，设计了针对 eMBB 场景的非相干传输机制，也利用了空间上分离的天线之间的低相关性，提高了多流传输的概率。

下面我们对分布式超大规模天线所面临的挑战和关键技术做简要的介绍。

1. 预处理算法

集中式大规模多天线技术的预编码算法包括 MRT 预编码、ZF 预编码和正则化迫零（RZF）预编码等线性预编码算法，以及 THP 和 VP 等非线性预编码算法。这些预编码算法在分布式超大规模多天线仍然可以使用，但是要考虑分布式系统的特点进行优化调整。首先要考虑分布式站点间信息交互的问题。根据站点间信息交互程度的不同，预编码算法可以分成两类。

（1）站点间协作预编码算法：站点间交互用户的信道状态信息，但不交互用户的数据信息，多个基站联合完成计算或者各基站独立计算，各基站独立传输数据。

（2）站点间联合预编码算法：站点间交互终端的信道状态信息和数据信息，多个站点联合完成计算，联合传输数据，对应于联合传输方案。

站点间协作预编码算法相对于站点间联合预编码算法，不需要在站点间交互终端的数据信息，此外，终端的信道状态信息交互量也更少。对于站点间协作预编码算法，系统内的每一个站点可以独立计算预编码，只要站点可以获得其到区域内所有用户的信道状态信息。对于站点间联合预编码算法，需要有一个中心处理单元（可以是某一个站点）进行计算，中心处理单元需要知道区域内所有站点到所有终端的信道状态信息。例如，采用 ZF 算法，中心处理单元需要对扩展信道矩阵求逆，用到了所有相关的信道矩阵。

当分布式天线规模变大时，站点间协作预编码算法和站点间联合预编码算法需要在站点间交互的信息量也线性增加。此外，各种预编码算法对信道状态信息的实时性有比较高的要求。也就是说，站点间需要频繁的交互信道状态信息以保证预编码算法的性能，这就给实际的应用带来了很大的挑战。如何降低站点间的交互量，以及在站点间信息交互的容量和时延受限的情况下设计预编码算法是分布式 MIMO 需要进一步探索的问题。

还需要考虑的问题是单站点或者天线的功率约束问题。MRT 或者 RZF 一类算法计算出来的预编码权值是非横模的，也就是说不同天线的发射功率不同。对于集中式大规模天线，不同天线到终端的路径损耗的差异不大，不等功率发射不会带来什么问题。但是对于分布式 MIMO，不同站点到终端的路径损耗差异可以非常大，在计算预编码时必须考虑功率约束的问题。传统预编码算法需要在有单站点功率约束的条件下重新设计才能工作于分布式超大规模多天线系统。

2. 信道状态信息（CSI）获取

大规模多天线技术的效果取决于基站侧所能获得的信道状态信息的准确程度。FDD 系统主要依靠终端通过上行信道的反馈获得信道状态信息。5G 系统采用高精度的码本结构，很大程度上提升了信道状态信息获取的精度，同时开销相对于普通精度的码本也有显著提升。随着天线规模的进一步扩大，反馈开销也将急剧增加。为了降低反馈开销，NR Rel-16 引入了码本压缩方案，利用频谱频域相关性降低反馈开销。NR 的 Rel-15 和 Rel-16 的码本设计的基本假设都是集中式大规模天线，不一定适用于分布式超大规模天线。对于分布式超大规模天线，如何使得基站获得高精度的信道状态信息（CSI）是一重要的研究问题。

TDD 系统的优势在于利用信道互易性可以获得准确的信道状态信息，不必下行信道反馈，进而提高系统的频谱效率。但是在实际系统中，多个基站或者远端射频单元（RRU）的收发通道电路不同，使得整体的上行、下行信道并不互易。为此，需要对 RRU 的天线进行校准，对协作簇内各节点收发通道系数进行补偿，以实现信号的相干传输。在高频传输时，实时系数补偿挑战较大。集中式超大规模天线可以通过硬件电路实现自校准，但是对于分布式的超大规模多天线来说，在各个 RRU 之间连接耦合电路并不现实。因此可以考虑空口自校准方式实现分布式超大规模多天线的校准。此外，也可以考虑在基站天线之间直接进行空口的信号收发实现校准，这要求 RRU 之间空口信道质量比较好，例如有直射路径，足以支持校准信号的传输。此时可以利用多天线设计基于波束的校准方案，形成基站间指向性强的波束，有效提升空口校准精度及协作传输的系统性能。

为了支持空口的天线校准，可以借鉴 OFDM 系统中终端发送上行信号时采用一定的时间提前量。如图 6-6 所示，根据 TDD 系统帧结构，组 B 基站（或 RRU）正常在下行时隙 D_1 发送信号，其中在比较靠后的时隙（如 D_2）发送天线校准用的导频；而组 A 基站（或 RRU）在上行子帧 U 开始之前，即还处于保护间隔（Guard Period，GP）时（也称 TDD 特殊时隙），开始信号的接收。提前接收的时刻（或与下行子帧边界的错位量）取决于 RRU 之间的距离及 OFDM 符号长度等。由于有多对 RRU 需要进行天线校准，而且每一个 RRU 上有多根天线，可以采用正交导频序列，配置多个时域循环移位，保证多个 RRU 对的多个天线能通过一次校准信号的传输，进行互易性校准测量。

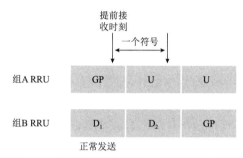

图 6-6　两个 RRU 之间天线通过特殊时隙进行空口校准的示意图

3. 基站间信息和数据交互

分布式 MIMO 通过回程链路在不共站址的站点之间交互终端的数据信息、信道状态信息等。理想回程链路要求吞吐量非常高，时延非常低，如采用光纤或 LOS 微波的点到点连接。非理想回程链路为广泛使用的典型回程链路，如 xDSL、NLOS 微波和其他回程链路（如中继）。表 6-3 和表 6-4 分别给出了理想回程链路和非理想回程链路的典型参数[2]。网络中的回程链路有各种形式，所能提供的信息交互能力也不同。分布式超大规模天线技术方案需与回程链路的能力相匹配。

表 6-3　理想回程链路的典型参数

回程链路技术	时延（单路）	吞 吐 量
光纤	2 ～ 5 ms	50 M bit/s ～ 10 Gbit/s

表 6-4　非理想回程链路的典型参数

回程链路技术	时延（单路）	吞 吐 量
光纤接入 1	10 ～ 30 ms	10 M bit/s ～ 10 Gbit/s
光纤接入 2	5 ～ 10 ms	100 ～ 1000 Mbit/s
DSL 接入	15 ～ 60 ms	10 ～ 100 Mbit/s
电缆	25 ～ 35 ms	10 ～ 100 Mbit/s
无线回程链路	5 ～ 35 ms	典型值 10 ～ 100 M bit/s，可能达到 Gbit/s

联合预编码方案由于其交互量大，对时延的要求高，只能基于理想回程链路实施。而协作预编码方案，在部分非理想回程链路上也具有实施的可能性。

4. 站点之间的时频同步

在分布式 MIMO 传输中，多个节点间需要同步传输来实现相干传输。在高频传输时，对硬件要求更高，各站点到终端的距离不同。对于终端，需要从多个站点接收数据，无线信号的传播时间不同，所以即使是各个站点同时发射出的信号，到达终端的时间也不相同。采用 OFDM 调制的系统，一般来说，信号的到达时间差远小于循环前缀（Cyclic Prefix，CP）的长度就不会对数据的接收产生不良影响。在 5G 系统设计中，CP 的长度与子载波间隔之间是反比关系。15 kHz 和 60 kHz 子载波间隔对应的 CP 长度分别约为 4.7 μs 和 1.18 μs。未来移动通信系统的工作频段更高，带宽更大，预期子载波间隔会进一步增加，对应的 CP 长度也会随之缩小。这个情况下，分布式 MIMO 对时间同步的要求将更加严格。

频率同步误差：一方面会破坏子载波之间的正交性，引入干扰；另一方面会增加信道的时变特性，引起信道在时域内的波动，影响信道状态信息获取的时效性和精确性。

因此，站点之间的时间和频率同步精度直接影响了分布式 MIMO 的性能。由于其分布式的特点，站点之间实现精确时频同步有很高的工程难度。针对这一问题，在未来移动通信系统中，可以考虑研究基于空口无线信号传输的站点间时频同步技术。

5. 网络结构

分布式 MIMO 将网络设备拉近到终端的附近。从结构上说，一个终端无论移动到网络中的什么位置，在这个终端的附近都会有一些 RRU 为之服务，真正实现以用户为中心的网络结构。物理层之上的网络协议和网络结构设计也需要与之匹配。

4G/5G 分布式 MIMO 仅采用固定协作簇，其性能提升面临瓶颈。面向 6G 网络，为提供更高的数据传输速率，满足无边界用户体验的需求，分布式 MIMO 需支持动态协作。为支持 RRU 之间的动态协作，可以考虑灵活扩展的动态簇协作传输架构，如图 6-7 所示。

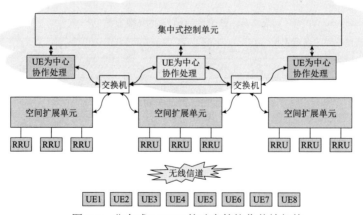

图 6-7　分布式 MIMO 的动态簇协作传输架构

一般的通信系统，数据包经 MAC 层处理之后，在物理层基带的处理过程包括信道编码、速率匹配、加扰、调制、层映射、资源映射、预编码、OFDM 调制。基带生成的信号经过数模转换和模拟波束赋形后发射出去。下行数据物理层传输处理过程如图 6-8 所示。

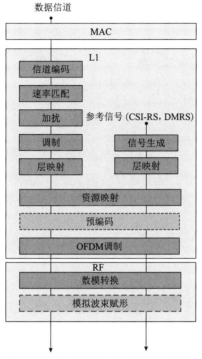

图 6-8　下行数据物理层传输处理过程

对于联合预编码方案，完整实施上述过程需要多个网络实体的参与，包括中心处理单元和分布式站点。上述处理过程在各个实体之间如何划分会影响回程链路上的信息交互量和交互内容。两种比较极端的方式，分别对应为信息交互量最大和最小。

（1）中心处理单元将 OFDM 调制之后的基带数据通过回程链路分发给各个站点，如图 6-9（a）所示。所有的计算集中于中心处理单元，回程链路上的数据传输量极大，数据量正比于系统带宽和天线数量。优势是通过集中处理简化了远端站点的实现，较容易实现计算负荷的均衡，可以充分利用网络的计算能力。

（2）中心处理单元将 MAC 层的数据包直接发送给各站点，由各站点完成信道编码、调制、OFDM 调制及预编码等计算，如图 6-9（b）所示。中心处理单元负责完成预编码的计算，并将计算得到的预编码发送给各个站点。这种方式在回程链路上的数据量最小，数据量和待传输的终端数据量有关。

实际上还可以有介于两者之间的处理方式，例如，中心处理单元将预编码后的数据发送给各站点，由各个站点进行后续的 OFDM 调制等操作。具体使用哪种信息交互方式需根据回程链路的容量、各节点的处理能力等综合考虑确定。

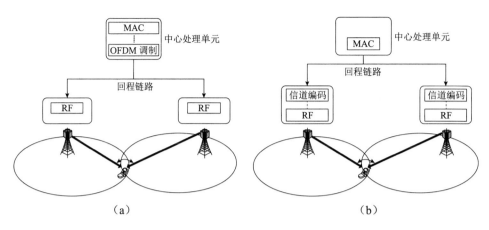

图 6-9　中心处理单元与基站间的处理功能划分

此外，4G 和 5G 系统的分布式 MIMO 仅应用于业务数据传输阶段，用户接入与切换的上行速率无法保障。接入阶段，上行速率一直是网络瓶颈问题。面向 6G 网络的海量用户接入需求，对接入阶段的速率需求更为明显。这需要一个全流程无蜂窝协作传输方案，实现协作接入流程与协作簇切换，提升接入流程的上行速率和健壮性。为达到全流程协作，可以改进同步信号发送和配置方法，以及随机接入资源配置方法，实现接入流程的速率提升和健壮性增强。例如，针对基于同步信号的协作环境，把移动测量与切换判决引入协作基站，实现时延降低及切换流程的速率提升；针对同步信号的非协作环境，设计源基站与目标基站间交互同步信号协作申请消息，保证用户一致性体验。

···→ 6.1.3　基于电磁超表面的基站多天线系统

传统基站设备由基带单元（BBU）和射频单元（RRU）组成。其中，基带单元提供基带协议处理及基站系统管理等功能；射频单元负责射频信号的收发处理。随着基站架构的演进，基站设备形态也经历了机柜式宏基站、分布式基站、多模基站这几个发展阶段。在 2G 时代，基站的形态主要以机柜式宏基站为主，采用基带射频一体化架构，射频单元和基带单元共同放置在机柜内，射频馈线从机房拉到天线，其特点为集成度低、功耗高、施工复杂、部署灵活性差。为了提高组网灵活度，降低工程复杂度，基于基带射频分离架构的分布式基站逐步成熟，基站设备分化为 BBU 与 RRU，BBU 放置在机房，RRU 上塔，BBU 和 RRU 之间通过光纤连接。基带射频分离使得机房占地面积减小，射频馈线损耗降低，提升了射频覆盖效率。随着 LTE 的引入，运营商面临着多制式网络共存的情况，同一站址存在 2G、3G、4G 多种无线技术，为了避免重复投资及降低网络部署和维护成本，出现了多模基站，改变了一个制式一套基站设备的模式。多模基站采用多模 BBU 与多模 RRU 的分布式架构，多模 BBU 在同一套硬件平台上同时支持多种接入技术，支持多制式共机框或共板卡，多模 RRU 则可在连续的瞬时工作带宽内通过软件配置同时支持多制式，完成对多制式射频信号的收发处理。4G 每个基站都有一个 BBU，并通过 BBU 直接连到核心网。而在 5G 网络中，接入网不再是由 BBU、

RRU、天线这些单元组成，而是被重构为以下 3 个功能实体：CU（Centralized Unit，集中单元）、DU（Distribute Unit，分布单元）、AAU（Active Antenna Unit，有源天线单元）。原来 4G 的 RRU 和天线合并成 AAU，把 BBU 分离成 CU 和 DU，DU 下沉到 AAU 处，一个 CU 可以连接多个 DU。4G 只有前传和回传两部分，在 5G 网络中则演变为 3 个部分，AAU 连接 DU 部分称为 5G 前传，连接接口有两种：CPRI（Common Public Radio Interface，通用公共射频接口）及 OBSAI（Open Base Station Architecture Initiative，开放式基站架构）。中传指 DU 连接 CU 部分，而回传是 CU 和核心网之间的通信承载。从设备架构角度划分，5G 基站架构可具体分为 BBU-AAU、CU-DU-AAU、BBU-RRU- 天线、CU-DU-RUU- 天线、一体化 gNB 等。

在 5G 基站框架中，BBU 的功率不受业务负荷增大的影响，而 AAU 随着负荷的增加，功耗会大幅度增大。更为重要的是，由于 Massive MIMO 技术要求 AAU 部分中相控阵规模尽量大，这无疑增加了成本和系统的复杂度。此时，可任意波束赋形（相控阵的核心功能）的智能超表面有望打破基站天线进一步发展的瓶颈。如图 6-10 所示，在传统的相控阵架构中，波束赋形功能需要在射频或者基带等通道内完成。然而，在新体制框架下的基站可直接通过调节智能超表面单元的幅度与相位，直接实现波束赋形。 基于智能超表面的新体制基站架构如图 6-11 所示。具体地，新体制基站的 BBU 部分参考 5G 基站设计架构，AAU 部分打破原有的物理结构，在射频发射终端采用低成本、高灵活度的智能超表面来完成包括波束赋形功能在内的所有传统相控阵功能。

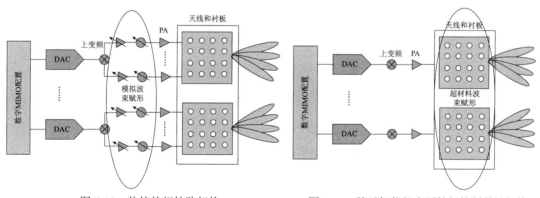

图 6-10　传统的相控阵架构　　　　　图 6-11　基于智能超表面的新体制基站架构

超表面基站系统射频部分，即 5G 架构中的有源天线单元（AAU）。该射频部分由超表面和馈源天线组成，来自室内基带处理单元（BBU）的通信信号通过馈源天线以空馈的方式照射到超表面阵列上，由于在超表面单元设计时嵌入了相位、幅度、极化、频率等调制功能，即在天线辐射表面上集成了幅度 / 相位控制功能，从而可以将波束控制模块功能通过对超表面的控制来实现，降低基站射频部分的体积、功耗和成本。图 6-12 是一个智能超表面基线系统射频结构示意图，从左到右依次是天线罩（用于对基站射频部分进行基本的保护）、馈源天线、超表面阵列。整体射频部分利用 FPGA 控制板以数字方式操控超材料表面 "0" 和 "1" 的码元分布，进而控制馈源天线空馈的合成波束指向，从而实现波束的实时调控。

图 6-12   智能超表面基线系统射频结构示意图

在图 6-12 的超表面基站例子中，整个结构包含 4 个等间距矩形网格排布的超表面阵列，其中每个子阵的单元规模为 25×25 个，如图 6-13 所示，可以支持 MIMO 4 流传输。整个超表面单元数有 2500 个。

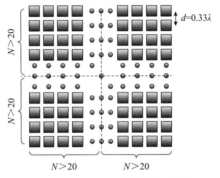

图 6-13   阵面子阵划分的示意图

智能超表面天线空馈示意图如图 6-14 所示，采用空馈式激励，一方面能够避免复杂的馈电网络设计，另一方面可以减小毫米波导波馈线的损耗，提升传输效率。4 个子阵均能够独立激励、独立调控，以实现独立的波束和信号通道。

图 6-14   智能超表面天线空馈示意图

如图 6-15 所示，在每个天线子阵列的后面接射频通道，可以进一步融合信号数字化，通过软件配置以实现高级需求和未来功能。这为自适应波束形成提供了更大的自由度，其动态范围呈线性增长。

超表面基站射频部分软件通过编码 FPGA 端，调用超表面阵列中集成的幅度 / 相位控制功能，从而控制电磁波的合成波束指向，实现波束的实时调控。由于子阵面的超表面单元规模数量很大，可以采取串行控制方案。通过多级专业多通道驱动芯片级联方式扩展控制 I/O 数量。串行级联移位寄存器集成在信息超材料天线中，如图 6-16 所示，FPGA 提供串行配置数据接口，使移位寄存器 13 在 1 μs 内完成所有超表面单元下一个状态的缓存及切换；在切换时刻，通过脉冲使所有移位寄存器在同一时刻（约为 ns 级）输出已缓存的配置。

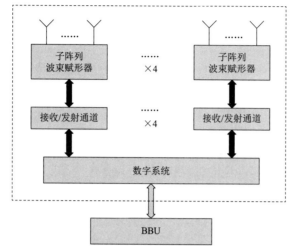

图 6-15　信息超表面基站射频部分架构示意图

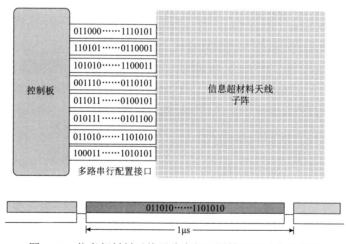

图 6-16　信息超材料天线子阵串行配置接口及时序示意图

···→ 6.1.4　AI 辅助的 CSI 压缩反馈、参考信号 / 定位增强

闭环 MIMO 的性能增益在很大程度上取决于基站发送端是否能够精确获得上行链路和下行链路 CSI。对于上行链路，终端可以发送探测参考信号（Sounding Reference Signaling，SRS），基站根据接收到的 SRS 信号来估计每个用户终端的上行信道响应；而下行链路的 CSI 获取则较为困难，这也是当前大规模 MIMO 需要重点解决的难题。在时分双工（Time

Division Duplexity，TDD）制式下，基站可通过上行发送上行 SRS 进行信道估计，再利用信道互易性获取下行链路的 CSI；而在频分双工（Frequency Division Duplexity，FDD）制式下，上、下行链路工作在不同的频点上，信道互易性较弱，因此下行链路的 CSI 需要先由用户端通过下行参考信号估计获得，再通过反馈链路传送回基站端。完整的 CSI 反馈会带来大量的控制信令开销，所以通常采用矢量量化（Vector Quantization，VQ）或基于码本的方法来降低反馈比特数。3GPP 传统 CSI 反馈基于码本 CSI 反馈，适用于 FDD 系统。传统码本设计采用基于 DFT 向量的线性组合。Rel-15 Type I/Type II 码本在空域进行信道特征向量压缩；Rel-16 eType II 码本在空频域进行信道特征向量压缩；R17 FeTypeII 码本考虑上下行信道角度互易性。

无线信道的测量和建模表明，随着基站天线数量的增加，局部散射体的变化并不大。因此，用户端在空频域的信道矩阵可用一种稀疏形式来表示，此种特性为压缩感知（Compressive Sensing，CS）的 CSI 反馈方案的提出提供了基础。理论上讲，具有相关性的 CSI 在某些基上可以变换为不相关的稀疏向量，然后利用 CS 方法对其进行随机投影来获得降维的测量值；该测量值在占用少量资源开销的情况下通过反馈链路传送回基站，基站再根据 CS 算法从低维压缩测量值中恢复出原始的稀疏信道向量。通过利用 CSI 的空时相关性，CS 方法不依赖于统计数据，简化了压缩过程且在一定程度上减少了反馈开销。然而，传统基于 CS 的方法仍然存在以下几个问题：① CS 方法严重依赖于信道结构的先验假设，即信道在某些变换基上满足稀疏性，而实际信道在任何基上都不是完全稀疏的，甚至可能没有可解释的结构；② CS 方法使用随机投影来获得低维压缩信号，并没有充分利用信道结构特征；③现有的用于 CSI 恢复的 CS 算法多为迭代算法，具有较大的计算开销和较慢的运行速度，不满足实际系统的实时性要求。

以深度学习（Deep Learning, DL）技术为代表的人工智能迅猛发展，鉴于 DL 在通信系统各个领域的成功应用[3-7]，国内外研究者们正在将 DL 技术引入大规模 MIMO 的反馈方案，为解决 FDD 制式下 CSI 反馈难题提供新的设计思路。

1. 基于 ML 的 CSI 反馈的基本网络结构

在压缩感知图像重建及结构信号感知重建方面，卷积神经网络（Convolutional Neural Network，CNN）得到了广泛的应用。MIMO CSI 的反馈架构也可以基于卷积神经元网络，即所谓的 CsiNet[8]。CsiNet 的结构类似于自动编码器（Auto-Coder），包括编码器和译码器两部分。编码器一般放在终端，用于 CSI 压缩，即利用信道矩阵的稀疏特性将原先 N 维的空间信道矩阵 $\boldsymbol{H}$ 压缩成 M 维的码字 s，用 $\gamma = M/N$ 表示数据压缩率（$M < N$）；译码器一般放在基站端，用于 CSI 重建，即将接收到的码字 s 恢复成原始的信道矩阵 $\boldsymbol{H}$。

CsiNet 的工作机制可归纳如下：用户端在接收到空频域的信道矩阵 $\boldsymbol{H}$ 后，通过一些预处理的方式，例如，利用 Rel-16 eType II 码本在空频域的稀疏性压缩，然后使用编码器生成一个压缩码字 s；接着码字 s 通过反馈链路被回传到基站，基站接收到码字 s 后，用译码器来重建角度时延域的信道矩阵 $\boldsymbol{H}$；最后通过逆 DFT 变换得到空频域的恢复信道矩阵。

图 6-17 是 CsiNet 的网络结构示意图，其中 Conv 表示卷积层，Dense 表示全连接层，Reshape 表示重塑，即保持输入数据的总维度不变，而重新调整输出数据的结构，卷积层中的

数字表示卷积核的大小，重塑和全连接层中的数字表示输出向量维度，每层上方所标注的数字表示生成通道数。编码器包括一个卷积层和一个全连接层，卷积层使用 3×3 卷积核分别对输入信道矩阵的实部和虚部进行特征提取，生成两通道特征图；之后再将两通道特征图合并，重塑成一个向量并输入全连接层进行压缩。译码器包括一个全连接层、两个 RefineNet 单元和一个卷积层。第一层全连接层将接收到的码字解压缩成两个和编码器输入维度相同的矩阵作为信道矩阵实、虚部的初始估计值；再经过两个 RefineNet 单元不断改善重建信道矩阵，每个 RefineNet 单元由 4 层卷积层构成，第一层作为输入层，后三层分别生成 8、16、2 通道特征图，并通过引入残差网络思想，将第一层和最后一层的输出相加后作为整个单元的输出，有效避免了梯度消失问题；最后一层卷积层使用 Sigmoid 激活函数对输出信道矩阵的元素进行归一化。所有卷积层均使用 same padding 方式在输入周围填充 0，使输出始终保持原始信道矩阵的维度。除最后一层卷积层外，其余卷积层均使用泄漏修正线性单元（Leaky Rectified Linear Unit，Leaky ReLU）作为激活函数，并且在激活函数之前使用批标准化（Batch Normalization，BN）来降低训练难度。网络训练采用的代价函数为均方误差（Mean Square Error，MSE），并使用端到端学习和 Adam 优化算法更新参数集。

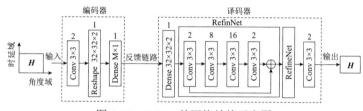

图 6-17　CsiNet 的网络结构示意图

2. 基于时域、频域、空域等相关性的网络结构

在很多典型的大规模 MIMO 应用场景中，信道变化比较缓慢，采集的一帧信道数据具有时间相关性，可以利用这种时间相关性对信道矩阵进行更高效的压缩。类比高帧速率视频压缩感知的实时架构，可以将相干时间内的 T 个角度时延域的信道矩阵作为一个信道组，其信道矩阵间的相关性类似于视频信号中的帧间相关性，用长短期记忆网络（Long Short-Term Memory，LSTM）来对 CsiNet 架构进行增强和扩展[9]，如图 6-18 所示的 CsiNet-LSTM，以实现压缩率和恢复质量之间更好的折中。在 CsiNet-LSTM 架构中，CsiNet 编码器和 CsiNet 译码器两个模块沿用了 CsiNet 的结构。在对信道矩阵进行角度时延域特征提取和恢复重建时，CsiNet-LSTM 采用了两种不同的压缩率。第一个 CsiNet 模块采用较高的压缩率，从而能够保留第一个信道矩阵有足够的结构信息以进行后续的高分辨率恢复。由于剩余信道与第一个信道之间具有一定的相关性，所包含的有效信息量较少，所以之后的 $T-1$ 个信道矩阵都可以用较低的压缩率进行编码。在恢复重建前，将第一个高压缩率编码的码字串联到所有低压缩率码字的前面，充分利用信道相关性信息进行译码。将译码后的输出构成长度为 T 的序列送入 3 层 LSTM 中，LSTM 通过前一时刻的输入能够隐式地学习时间相关性，再与当前时刻的输入合并从而提高低压缩率下的 CSI 重建质量。

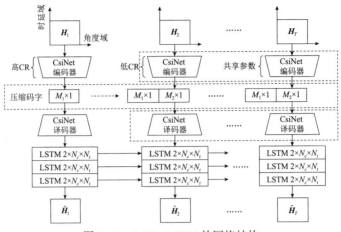

图 6-18　CsiNet-LSTM 的网络结构

在 CsiNet 的基础上引入 LSTM 的另一种架构，如图 6-19 所示的 RecCsiNet 架构[10]。RecCsiNet 的编码器包括特征提取和特征压缩两个模块，译码器包括特征解压缩和信道恢复两个模块，其中特征提取模块和信道恢复模块与 CsiNet 中的结构相同，而特征压缩模块和解压缩模块中使用了 LSTM 网络。特征压缩模块的输入分为两个并行流，分别为 LSTM 网络和线性全连接网络（Fully-Connected Network，FCN）。LSTM 用于提取时变信道的时间相关性，FCN 用于跳跃连接，可以加速收敛并减少梯度消失问题。相应地，解压缩模块也包括 LSTM 网络和线性 FCN，压缩模块和解压缩模块的输入和输出大小是对称的。类似于残差网络，在线性 FCN 的连接作用下，LSTM 网络可以学习残差特性，而不是直接学习时间相关性，使得网络学习更为健壮。可以看出，同样是使用 LSTM 提取时间相关性，RecCsiNet 结构侧重于特征压缩模块和解压缩模块的优化，而 CsiNet-LSTM 的网络结构侧重于信道恢复模块的优化。

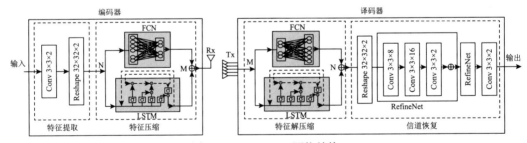

图 6-19　RecCsiNet 网络结构

为解决训练参数过于庞大的问题，RecCsiNet 结构可以进行调整，如图 6-20 中的 PR-RecCsiNet[10]，以串行结构连接 FCN 和 LSTM，因此 LSTM 的输入和输出因为具有相同的维度而可以直接连接，FCN 映射则用于降低 LSTM 的输入维度，从而减少了整体网络的训练参数。

基于 AI 的信道预测的另一大类是应用递归神经网络（Recursive Neural Network, RNN），如图 6-21 所示。

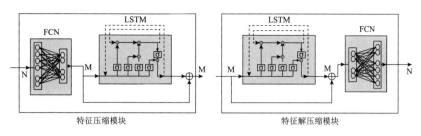

图 6-20 PR-RecCsiNet 网络结构

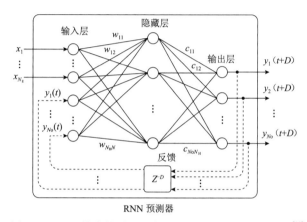

图 6-21 用于快衰信道预测的递归神经元网络（RNN）[11]

该种方法之所以能够较好地拟合信道随时间的变化曲线，在很大程度上来源于 RNN 神经元网络对时间序列的良好处理能力。和现有的 AI 预测器相比，RNN 网络的计算代价更小，并可以有很好的准确率，尤其适合多步预测，能够实现一个长时间范围的预测。

MIMO 信道在空域和频域之间存在一定的相关性，这种相关性可以用来预测信道。具体来讲，就是根据一部分天线和一部分频段的信道状态信息（CSI），预测整个天线阵列在整个系统带宽的信道状态信息，[12] 提出了一种全连接的人工神经元网络，对空域和频域间的相关性进行学习，如图 6-22 所示。网络的输入是部分天线或者部分频段的并不完整的信道状态信息，网络的输出是整个天线阵在系统带宽的 CSI。

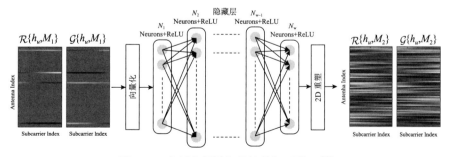

图 6-22 空域和频域相关性的机器学习[12]

3. 利用 FDD 上下行信道的部分互易性

FDD 系统由于上行链路和下行链路工作在不同频段上，信道基本上不互易，通常需要用户端将下行 CSI 反馈回基站。但是注意到，上下行链路的信道都可表示成由多径和散射体等组成的物理环境的函数。有研究表明，FDD 系统的双向信道间还存在一定的相关性，文献 [11] 侧重于研究 FDD 系统中上下行 CSI 的相关性，以利用上行 CSI 提高下行 CSI 的恢复精度。

图 6-23 给出了在不同置信区间（Confidence Interval，CI）中 FDD 系统上行链路和下行链路 CSI 间相关系数的分布。可以看出，原始形式的上下行链路 CSI 间的相关系数非常不稳定，规律性不明显，使得在恢复下行链路 CSI 时无法使用信道互易性。通过将时延域的 CSI 变换为极坐标形式，分别考虑其幅度和相位的相关性，可以发现上下行链路的 CSI 幅度表现出极强的相关性，而相位间不存在明显相关性。同样的，将 CSI 实部和虚部的符号进行分离，也可以发现上下行链路 CSI 的绝对值具有较强的相关性，而符号间不存在明显的相关性。因此，用户端在对下行 CSI 进行压缩反馈时，可以分配更多资源去反馈下行链路 CSI 的相位或符号，而将其幅度或绝对值进行高度压缩以降低反馈开销。相应的，基站在对下行链路 CSI 的幅度或绝对值进行解码时，可以联合使用反馈得到的下行链路 CSI 幅度或绝对值，以及自行估计获得的上行链路 CSI 幅度或绝对值，充分利用它们之间的相关性以提高下行 CSI 的恢复精度。

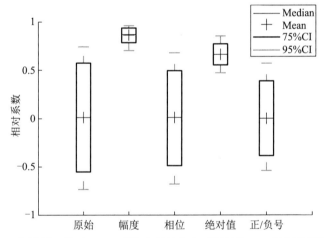

图 6-23　不同置信区间中 FDD 系统上行链路和下行链路 CSI 间相关系数的分布

利用上下行 CSI 幅度和绝对值间的相关性，文献 [13] 提出了 CSI 反馈架构 DualNet-MAG。图 6-24 给出了 DualNet-MAG 的网络结构。从图 6-22 可以看出，终端首先将需要反馈的下行 CSI 的幅度和相位进行分离，将幅度通过编码器进行压缩编码后反馈回基站，而相位则直接基于幅度分布进行量化再反馈回基站，因此总反馈开销中的较大比例来自于相位反馈。在进行 CSI 重建时，基站对反馈得到的下行幅度和估计得到的上行幅度进行联合译码，充分利用双向互易性提高幅度的重建精度，再加上反馈得到的量化相位即可恢复出下行 CSI。该方法显著提高了反馈效率和下行链路 CSI 的恢复准确性。

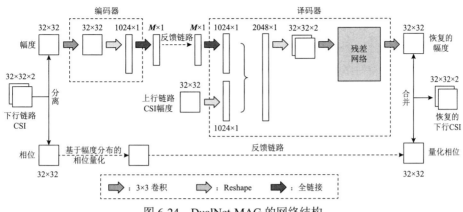

图 6-24　DualNet-MAG 的网络结构

4. 迁移学习

无线网络数据呈现出较强的场景依赖性，即不同场景下的同一类数据的结构特征也可能不尽相同。这一特点对无线 AI 模型的泛化性提出了较高的要求，即希望同一模型能够在尽量多的场景中工作。然而，设计一种具有较好泛化性的 AI 模型十分具有挑战性。目前有两种主要的提升模型泛化性能的思路：①通过构建包含来源于多种典型场景数据的数据集，模型能学习到不同场景下的数据特点，进而保证模型在多种典型场景中的泛化性能；②基于分类的思想，训练多个针对某一特定场景的模型，随着场景切换变更所使用的模型，从而保证典型场景上的平均性能。

简单来讲，迁移学习的概念就是首先基于数据集 A（一般为较为完备的大规模数据集）训练一个初始模型，然后基于该初始模型以较小开销训练一个适用于数据集 B（往往是不同任务）的模型。迁移学习已经在典型机器学习领域（如计算机视觉、自然语言处理等）取得了不错的效果。诸如 BERT 等自然语言处理预训练模型可以对接多种下游任务，让数据和算力有限的使用者也能享受到模型发展带来的性能提升。

使用迁移学习解决模型泛化问题的思路实际上是：基于某个包含多种场景样本的数据集，训练一个预训练模型，再基于特定场景下收集的少量数据，快速基于预训练模型得到一个具有比较满意性能的模型。上述做法的原理是基于大规模数据集得到的预训练模型能够学习到某些一般性的特征提取机制，由于不涉及具体特征的提取，该机制在不同场景之间可以具有良好的迁移性。

以下是基于深度学习的信道压缩反馈的例子，用于说明迁移学习在提升 AI 模型反馈能力方面的应用。为简便起见，这里选择比较基本的全连接模型作为信道压缩反馈网络的骨干结构。用例的原理如图 6-25 所示。设置特征抽取网络的所有全连接层及特征恢复网络的前两层全连接层为预训练层，在迁移模型时预训练层的权重保持冻结而不进行训练，同时设置特征恢复网络的后两层全连接层为适配层，在模型迁移后可进行训练。本实验模型中的量化层使用矢量量化方法。具体参数如表 6-5 所示。

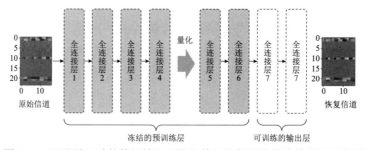

图 6-25　迁移学习时的特征抽取网络与特征恢复网络的结构分配示意图

表 6-5　迁移学习的实验参数表

量化比特数	168×2
数 据 格 式	CDL UMa LOS、UMi LOS 场景信道仿真数据，格式为（16, 16, 2）对应 16 时延时隙，4×4 MIMO，复数
特征抽取网络设置	4 层全连接（512，5×200），（5×200，10×200），（10×200，10×200），（10×200，168），LeakyReLU 激活函数
特征恢复网络设置	4 层全连接（168，10×200），（10×200，10×200），（10×200，10×200），（10×200，512），LeakyReLU 激活函数
矢量量化码本	8 bit 码本量化 4 个浮点数
学 习 率	$0.0001 \sim 0.00001$，自适应下降
优 化 器	Adam
训 练 轮 数	100
Batch size	64
训 练 环 境	Nvidia Tesla V100 $\times$ 1
损 失 函 数	原始信道与恢复信道的 NMSE

这里采用从源域（UMa 信道模型）到目标域（UMi 信道）的迁移学习，即在源域训练模型完成后冻结前 n 层预训练层，在目标域只训练最后 k 层，并测试结果。源域预训练部分是 UMa LOS 信道，数据集中有 20000 组信道采样，其中 80% 用于训练，20% 用于测试。源域训练的收敛情况如图 6-26 所示，训练时间为 6 分 11 秒，训练结束时的 NMSE = 0.06785。

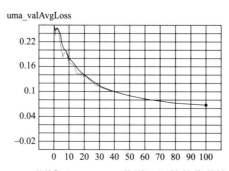

图 6-26　源域（UMa LOS 信道）训练的收敛情况

作为对比，分别用大数据集（20000 样本，其中 80% 用于训练，20% 用于测试）、中数据集（10000 样本，其中 80% 用于训练，20% 用于测试）和小数据集（1000 样本，其中 80% 用于训练，20% 用于测试）训练 UMi LOS 信道，训练的收敛情况分别如图 6-27（a）、（b）和（c）所示。UMi LOS 信道训练情况如表 6-6 所示。

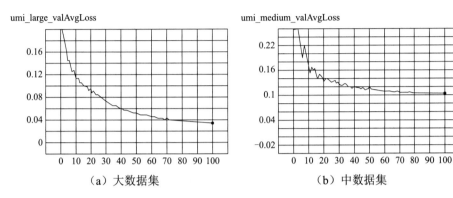

（a）大数据集　　　　　　　　　　（b）中数据集

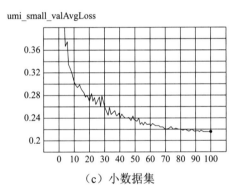

（c）小数据集

图 6-27　目标域（UMi LOS 信道）训练的收敛情况

表 6-6　UMi LOS 信道的训练情况

UMi LOS	大数据集	中数据集	小数据集
测试 NMSE	0.03523	0.1037	0.2146
训练时间	5 分 50 秒	3 分 18 秒	1 分 3 秒

以 UMa LOS 的训练结果作为预训练层保持冻结，对 UMi LOS 进行迁移学习。表 6-7 是采用不同可训练层做迁移学习的训练情况。

表 6-7　UMa LOS 到 UMi LOS 信道的迁移训练结果和训练时间开销

训练层	大数据集	中数据集	小数据集
训练最后 1 层	0.06589	0.0744	0.1256
	3 分 12 秒	1 分 46 秒	38 秒

续表

训 练 层	大 数 据 集	中 数 据 集	小 数 据 集
训练最后 2 层	0.05335	0.07871	0.1294
	3 分 35 秒	1 分 59 秒	40 秒
训练最后 3 层	0.03524	0.08238	0.1301
	3 分 59 秒	2 分 10 秒	42 秒
训练最后 4 层	0.03416	0.08233	0.1294
	4 分 21 秒	2 分 22 秒	45 秒

面向 UMa LOS 与 UMi LOS 两种场景的泛化性实验表明，迁移学习可以使 AI 模型获得较好的泛化性能。但注意到 UMa LOS 与 UMi LOS 两种场景本身比较相似，迁移难度较低。

···→ 6.1.5　上行 MU-MIMO 的广义极化

极化码是 6G 业务信道的一种备选编码方式。与其他信道编码方式不同，极化码利用了信道合成过程中的极化效应，有效地逼近香农信道容量。极化原理可以推广到调制，以及多用户 MIMO 信道[14]，从而提高极化编码 + MU-MIMO 系统的容量。图 6-28 是一个上行多用户 MIMO 传输的系统模型。这里假设系统有 N 个单发射天线用户，基站有 N 根接收天线。每个用户在 T 个时隙发送数据，在每个时隙，每个用户有一个预编码权值（单个复数），所以在 T 个时隙，N 个用户的预编码权值构成一系列向量 $\{f_1, f_2, \cdots, f_N\}$。

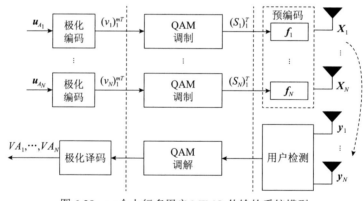

图 6-28　一个上行多用户 MIMO 传输的系统模型

传统的预编码权值优化的目标仅仅是最大化预编码后的空间信道的容量，这种准则对于最优接收机（包括理想的信道编码）比较适用，但如果采用极化码类型的编码方式，以及串行消除的译码方式，则需要用基于广义极化的准则，即最大化多用户数据之间的可靠度度量。具体而言，先通过传统方法得出最优接收机条件下的预编码矩阵，然后经过矩阵旋转和元素置换，在不影响系统总容量的条件下，使不同用户的容量差别最大。其中的旋转矩阵可以表示为

$$P_{\text{rota}} = \begin{bmatrix} 1 & & & \\ & e^{-j2\pi/L} & & \\ & & \ddots & \\ & & & e^{j2\pi(N-1)/L} \end{bmatrix}^{l} \qquad (6\text{-}4)$$

式中，L 代表旋转的角度粒度，索引 $l = 0, 1, \cdots, L-1$。置换矩阵是对单位阵进行列置换后的矩阵，一共有 N！个，所构成的集合可以表示为

$$P_{\text{perm}} = \left\{ \boldsymbol{I}_N^{(1)}, \cdots, \boldsymbol{I}_N^{(N!)} \right\} \qquad (6\text{-}5)$$

预编码的优化问题可以表述为

$$\begin{cases} \max\limits_{i,l} \dfrac{1}{N} \sum\limits_{n=1}^{N} (I_n - \bar{I})^2 \\ \text{s.t.} \ \boldsymbol{QR} = \boldsymbol{HF}^{(l,i)} \\ \boldsymbol{F}^{(l,i)} = \boldsymbol{V}_{\text{H}} \boldsymbol{P}_{\text{rota}}^{l} \boldsymbol{P}_{\text{perm}}^{(i)} \\ l = 1, 2, \cdots, L \\ i = 1, 2, \cdots, N! \end{cases} \qquad (6\text{-}6)$$

式中，$\boldsymbol{H}$ 是多用户空间信道矩阵，$\boldsymbol{F}$ 是多用户预编码矩阵，$\boldsymbol{QR}$ 是对 $\boldsymbol{HF}$ 矩阵的上下三角阵分解，$\boldsymbol{V}$ 是对 $\boldsymbol{H}$ 矩阵进行奇异值分解（SVD）之后的右酉矩阵。I_n 是用户 n 的互信息。考虑时隙数 $T = 256$，信道为独立瑞利（在每个时隙内不变）衰落信道，编码码率为 $\{0.25，0.5\}$，调制阶数为 QPSK、16-QAM 和 64-QAM，用户数 $N = 4$，角度粒度 $L = 8$（即 π/4）。图 6-29 是 4 个用户各自容量与平均容量的方差，分别比较了传统 MU-MIMO 预编码（PC-MIMO-QR）、仅进行旋转矩阵优化的预编码（DFT-QR）和旋转 / 置换联合优化的预编码（GP-RP），信道编码码率为 0.5。可以看出，无论在哪一种调制方式下，联合优化后的容量方差更大，信道极化现象更明显。

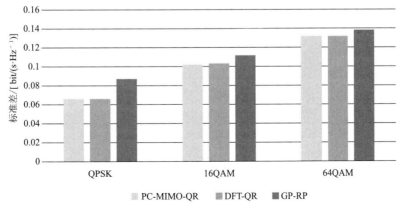

图 6-29　上行 MU-MIMO 在不同预编码方式下的用户容量方差，信噪比 = 6 dB

图 6-30 是误块率（Block Error Rate，BLER）在 3 种预编码方案下的比较。其中，图 6-30（a）是当码率为 0.5 时，不同调制阶数情形下的比较，图 6-30（b）是当调制阶数为 QPSK 时，码率分别为 0.25 和 0.5 时的比较。可以看出，旋转 / 置换联合优化的预编码能够提高上行 MU-MIMO 的 BLER 性能。

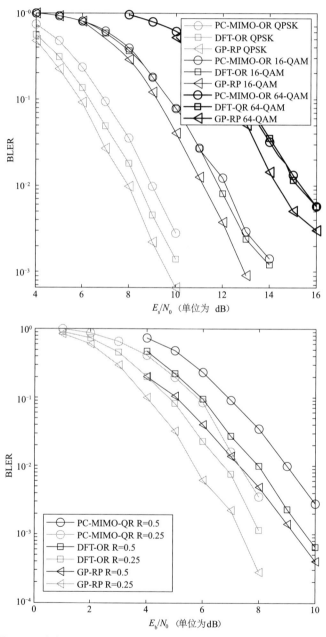

图 6-30　上行 MU-MIMO 3 种预编码方案的误块率（BLER）比较

6.2 智能超表面中继

智能超表面（RIS）技术融合了材料科学的最新发展和传统移动通信中的多天线技术。通过数字可编程的方式控制可调器件，改变电磁单元的电磁特性，实现对空间电磁波传输特性的调控，具有重塑电磁波传播环境的潜力，近年来无论是在学术界还是工业界，都引起了很大的关注，在中国的发展速度也很快，目前我国在超材料领域及移动通信用的 RIS 方向上的研究已经处于全球领先地位。

RIS 在无线通信中的应用主要有两类，一类是智能反射面应用，另一类是基站波束赋形应用。与传统中继或放大器直放站相比，智能反射面无须功率放大器、射频、馈线和基带处理电路等器件，具有低功耗、低成本、低噪声、易部署等优势。在基站波束赋形应用方面，RIS 可以取代传统基站模/数混合天线中的移相器，实现模拟域的波束赋形。学术界还进一步提出了 RIS 替代传统发射机中的射频器件完成对信号的调制和滤波的新型发射机架构，有望降低基站的复杂度和设计制造成本。

⋯→ 6.2.1　信息超材料特性

1. 信息超材料概述

超材料的"超"是强调其材料特性在自然界不存在或者很难形成，但可以人工合成。这里的"人工合成"并不是在微观层面改变材料的原子/分子的组成、结构或者排布，而是通过设计和制作大量亚波长的微细结构，改变材料的一些物理参数，如等效介电常数、磁导率等。

超材料的发展经历了从三维超材料到二维超材料（超构表面），再到智能超材料 3 个阶段，日趋成熟，如图 6-31 所示。最开始的三维超材料体系复杂，制备困难，而且存在较高的材料损耗；之后的二维超材料把设计问题聚焦到材料表面，超构表面采用平面结构，比较容易制备，材料的损耗有所降低，调控的自由度增大；第三个阶段是智能超材料，可以实现定制化、更灵活的数字调控。将整个超表面分成多个阵列单元，借助 FPGA 输出序列调整每个单元内部二极管开关的通断，实现了对电磁波的数字可编程直接调控，所以也被称为信息超材料。

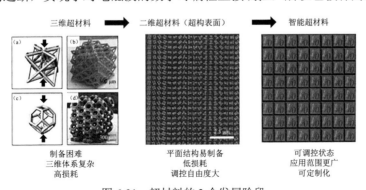

图 6-31　超材料的 3 个发展阶段

超材料种类的选择与工作频率有关，表 6-8 列举了不同频段所适合的超材料类型。材料的选取一方面是基于可调器件的自身特性，另一方面还考虑到器件的加工尺寸。无线系统的主要工作频段包括微波频段和太赫兹波频段。在微波频段，比较常用的电敏材料有开关二极管和可变电容二极管。在毫米波及太赫兹波频段，液晶和石墨烯是比较优良的信息超材料。

表 6-8　电磁敏感的信息超材料 / 器件

工 作 频 段	微 波 频 段	太赫兹波频段	光 波 频 段
适合的电控超材料	• 开关二极管 • 可变电容二极管 • 铁电体 • 铁磁体 • MEMS 器件	• 开关二极管 • 液晶 • 石墨烯 • 相位可变材料 • 半导体（掺杂硅）等	• 非线性材料 • 纳米光机系统

2. 信息超材料结构与硬件原理

信息超材料面板是由多个可调单元构成的。图 6-32 是一个可调单元结构的断面示意图，由表面层的金属薄层、中间介质衬底层和馈电网络层组成。通常，在介质层中有很细的金属导线（如偏置电压馈线）连接上下层的金属薄层。介质层一方面可以绝缘，另一方面起到结构支撑作用。一般来讲，相对于入射波长，电介质衬底比较薄，金属层更薄。表面层金属薄层通常不是一整块连续的，而是有特殊的平面形状，不同区域的金属薄层之间可以由各类可调元器件（如开关二极管、变容二极管等）连接。

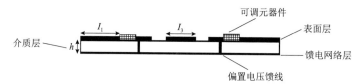

图 6-32　智能超表面单元构成的断面示意图（反射式为例）

在单元设计时，在很多情况下可以从远场出发，假设入射电磁波为理想平面波，反射方向图可以用图 6-33 中显示的公式表达，其中的阵列因子与入射电磁波的角度和超表面单元在 RIS 板上的行列坐标有关，每个可编程单元的幅值和相位在这里量化为 0 和 1 两种相位状态。

超表面的整体幅度 / 相位图样取决于每一个单元的幅度和相位，而智能超表面每个单元的幅度 / 相位可以调控。大致的机理如下。

- 调相机理：通过改变有源调控器件（如二极管）的状态，从而改变单元当中电流的分布和流向，使得单元的相位谐振特性发生变化。

- 调幅机理：通过改变有源调控器件（如二极管）的状态，从而改变单元结构的介质损耗和欧姆损耗。

另外，电磁波具有一定的偏振方向，超表面单元内部电流的方向可以影响对偏振方向的响应。与固定功能的非智能超表面不同，可编程智能超表面单元的谐振特性不仅与金属薄层和介质层等的形状、尺寸、分布、材料等有关，还在很大程度上取决于有源调控元器件（如二极管）的特性，这无疑大大增加了设计的复杂度。为简化设计，可以忽略一些与电磁调控关系不大的性质参数，而是将智能超表面单元的各个组成部分分别抽象为等效的电阻、电容或电感，由这一系列的等效参数构成整个单元的等效电路。

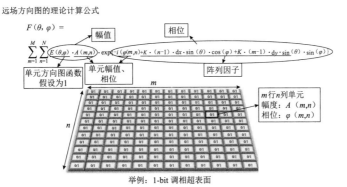

图 6-33　远场反射方向图与超表面单元幅值 / 相位及阵列因子的关系

采用开关二极管，可以构成 1 bit（具有"1"状态和"0"状态）的智能超表面单元，如图 6-34 所示。二极管的通断，可以改变上下两个金属薄层中的电流分布和方向，使得超表面单元对于垂直入射的电磁波产生不同的相位响应。例如，在电磁波载频为 9 GHz 时，单元关断状态下的相位响应大概为 -80°，而导通状态下的相位响应约为 100°，它们之间的相位差大约是 180°。

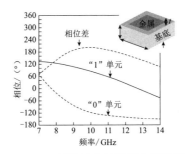

图 6-34　1 bit 超材料单元的相位调控示意图

⋯→ 6.2.2　智能超表面中继系统

1. 系统模型

随着多天线技术发展的日益成熟，当今的移动通信系统在基站侧和终端侧大多安装了多个天线。这些天线可能以波束赋形为主要目的，也可能是为了空间复用，或者是发射 / 接收分集。智能超表面也是一个拥有多个天线单元的节点，只不过这些天线单元多数是无源的，不需要功率放大器进行驱动。图 6-35 所示是一个比较通用的智能超表面中继的系统模型。

在图 6-35 所示的系统模型[15]中，"S"代表发射侧，其上部署了 M 根天线。"D"代表接收侧，其上部署了 N 根天线。RIS 反射板上有 K 个无源的天线单元，写成集合形式 $\mathcal{K} = \{1,$

$2, \cdots, K\}$。发射侧与接收侧之间存在直连信道，可以用一个 N 行 M 列的空间信道复数矩阵 $\boldsymbol{H}_d \in \mathbb{C}^{N \times M}$ 来表示。发射侧与 RIS 之间的信道用一个 K 行 M 列的空间信道复数矩阵 $\boldsymbol{H}_1 \in \mathbb{C}^{N \times M}$ 来表示，RIS 与接收侧之间的信道用一个 N 行 K 列的空间信道复数矩阵 $\boldsymbol{H}_2 \in \mathbb{C}^{N \times K}$ 来表示。注意，这里的空间信道矩阵中的元素取值既包含了信道的大尺度信息，如路径损耗和阴影衰落，也包括小尺度衰落的信息。此时的无线传播环境也没有限定是以视距（LOS）为主，还是以非视距（NLOS）为主；既可以是远场传播，例如当整个 RIS 面板的尺寸较小、发射侧到 RIS 及 RIS 到接收侧比较远时，也可以是近场传播，例如当 RIS 面板的尺寸较小、发射侧到 RIS 及 RIS 到接收侧比较近时。

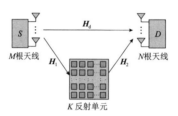

图 6-35　智能超表面中继链路的一般模型

在 M 根天线上的发射信号可以用一个 M 维的复数向量 $\boldsymbol{x} \in \mathbb{C}^{M \times 1}$ 来表示，每个元素对应于一根发射天线。这个向量是通过对 l 层的数据复数向量 $\boldsymbol{s} \in \mathbb{C}^{l \times 1}$ 进行预编码而得，即

$$\boldsymbol{x} = V\boldsymbol{s} \tag{6-7}$$

式中，$\boldsymbol{V} \in \mathbb{C}^{M \times l}$ 是预编码矩阵，数据复数向量各元素之间是不相关的，即 $\mathbb{E}\{ss^H\} = I$。发射功率满足条件：$\mathrm{tr}(\boldsymbol{VV}^H) \leqslant P_s$。发射信号分两路到达接收侧，一条是直连链路，另一条经过 RIS 的反射，这两个信号在接收侧线性叠加，在 N 根天线上的接收信号是一个 N 维的复数向量 $\boldsymbol{y} \in \mathbb{C}^{N \times 1}$，可以表示成为

$$y = (\boldsymbol{H}_d + \boldsymbol{H}_2\boldsymbol{\Phi}\boldsymbol{H}_1)V_s + n_1 \tag{6-8}$$

这里假设噪声为加性的高斯白噪声，均值为 0，协方差矩阵为 $\sigma_D^2 \boldsymbol{I}_N$，即 $n_1 \sim CN(0, \sigma_D^2 \boldsymbol{I}_N)$。白噪声与发送数据信号相互独立。对角矩阵 $\boldsymbol{\Phi} = \mathrm{diag}(\phi_1, \phi_2, \cdots, \phi_K)$ 中的对角线上的元素代表 RIS 各个天线单元上的反射系数。考虑线性接收机，经过接收波束赋形，得到估计的数据复数向量，如以下公式所示：

$$\hat{s} = Uy \tag{6-9}$$

式中，$\boldsymbol{U}$ 是接收波束赋形矩阵。整个 RIS 辅助传输的复合信道为

$$H = \boldsymbol{H}_d + \boldsymbol{H}_2\boldsymbol{\Phi}\boldsymbol{H}_1 \tag{6-10}$$

根据闭环预编码的单用户 MIMO 容量公式，复合信道的容量的最大化问题可以表示成为

$$\max_{V,\Phi}\ \log\det(I_N + HVV^H H^H R_n^{-1}) \tag{6-11a}$$

$$\text{s.t.}\ \ \text{tr}(VV^H)\leqslant P_s \tag{6-11b}$$

$$|\phi_k|\leqslant 1, \forall k\in\kappa \tag{6-11c}$$

式（6-11b）体现了发射功率受限，式（6-11c）体现了 RIS 天线单元的无源特性，即反射系数的幅值不大于 1。需要指出的是，这个反射系数与天线单元的增益不是完全一样的概念。天线单元本身是无源器件，可以放在发射侧、RIS 板上或者是接收侧。天线增益是相对于全向天线的增益，它与天线单元的尺寸（或者称为孔径）及入射 / 反射的方向角有关，在不少情况下，一个 RIS 天线单元的增益有可能大于 0 dBi。同样道理，发射侧和接收侧的天线单元增益也可能大于 0 dBi。在图 6-35 和式（6-8）的模型中，发射侧、RIS 和接收侧的天线单元增益包含在空间信道矩阵 H_1、H_2、H_d 的元素当中了。

对于基站 -RIS 信道和 RIS- 终端信道都是以 LOS 径为主的情形，可以采用更简单的分析方法来估算 RIS 的大体性能，主要体现在 RIS 级联链路的路径损耗上。这种路损模型还显性化地包括了 RIS 天线单元的增益特性。图 6-36 示意了一个 RIS 天线单元的几何关系，整个 RIS 面板有 N 个天线单元，阴影部分的天线单元是第 n 个单元，它与发射端（用"T"表示）和接收端（用"R"表示）的距离分别为 $r_{i,n}$ 和 $r_{s,n}$，与发射端和接收端的方向向量分别为 r_n^i 和 r_n^s。

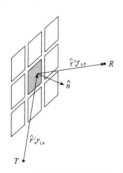

图 6-36　RIS 天线单元的几何关系 [16]

根据电磁波在自由空间传播损耗的 Friis 公式，第 n 个单元上所收到的信号功率可以表示成

$$P_n^i = P_T G_T\left(\hat{r}_n^{\ i}\right) G_e\left(-\hat{r}_n^{\ i}\right)\left(\frac{\lambda}{4\pi r_{i,n}}\right) \tag{6-12}$$

式中，P_T 是发射侧的天线系统的总发射功率，函数 $G_T(.)$ 是基站天线的辐射图。$G_e(.)$ 是 RIS 天线单元的增益方向图。$G_R\left(\hat{r}_n^{\ i}\right)$ 是发射天线系统在方向 $\hat{r}_n^{\ i}$ 上的增益，$G_e\left(-\hat{r}_n^{\ i}\right)$ 是 RIS 天线单元在方向 $-\hat{r}_n^{\ i}$ 上的增益，λ 是波长。将发射端到 RIS 的第 n 个单元，以及从 RIS 的第 n 个单元到

接收端的链路级联，接收端收到的信号功率可以表示成

$$P_{R,n} = P_T G_T\left(\widehat{\boldsymbol{r}}_n^{\,i}\right) G_R\left(-\widehat{\boldsymbol{r}}_n^{\,s}\right)\left(\frac{\lambda}{4\pi}\right)^4 \frac{G_e\left(\widehat{\boldsymbol{r}}_n^{\,i}\right) G_e\left(\widehat{\boldsymbol{r}}_n^{\,s}\right)}{r_{i,n}^2 r_{s,n}^2} \tag{6-13}$$

式中，$G_R(.)$ 是终端天线方向图，$G_R\left(-\widehat{\boldsymbol{r}}_n^{\,s}\right)$ 是接收端天线系统朝向 RIS 的第 n 个单元的增益。N 个单元反射的信号在接收端相干叠加，总的信号可以表示为

$$y = \sum_{n=1}^{N} b_n \sqrt{P_{R,n}}\, \mathrm{e}^{j\phi_n} \tag{6-14}$$

其中

$$\phi_n = 2\pi \frac{r_{i,n} + r_{s,n}}{\lambda} \tag{6-15}$$

代表了第 n 个单元的传播时延，b_n 是第 n 个单元上的幅度和相位控制。整个接收端的接收功率为

$$P_R = \left|\sum_{n=1}^{N} b_n \sqrt{P_{R,n}}\, \mathrm{e}^{j\phi_n}\right|^2 \tag{6-16}$$

在远场情形，式（6-16）求和中的 RIS 天线单元增益和 RIS 与收发两端的距离与 n 无关，可以作为公共项提到求和运算之外，求和只需计算

$$\left|\sum_{n=1}^{N} b_n \mathrm{e}^{j\phi_n}\right|^2$$

显然，如果 b_n 的相位与式（6-16）中的 ϕ_n 匹配，RIS 的天线单元数 N 愈大，相干叠加的增益愈大，能够完全补偿传输距离造成的路损。接收功率与 N^2 成正比。在实际系统中，由于 RIS 器件和控制器复杂度 / 功耗的限制，b_n 的相位是离散量化的，这会造成一定的有效孔径损失，但总体的趋势还是随着 RIS 单元个数的平方增长。

2. 工作方式举例

一般模型要求网络侧知道每一段信道的所有信息，例如，基站到 RIS 的空间信道 $\boldsymbol{H}_1$、RIS 到终端的空间信道 $\boldsymbol{H}_2$，以及基站到终端的空间信道 $\boldsymbol{H}_d$，不仅是大尺度衰落，而且还有小尺度衰落。而 RIS 本身是无源器件，很难单独估计基站或终端到一个 RIS 单元的信道。多数情况是通过估计级联信道，再反推出各段信道的响应。所需要的参考信号的开销通常是比较高的。相应的控制信令的开销也很高。因此 RIS 在初期部署时，为降低参考信号和控制信令的开销，保证系统的稳健，更为现实可行的工作模式还是基于波束反馈，即对 RIS 面板上的天线单元进行相位梯度的调节，从而形成波束，以降低基站到终端的路径损耗，提高链路的容量。波束反馈方式不仅适用于中低频，如 sub-6 GHz，也同样适用于毫米波频段。

图 6-37 是一个固定波束工作模式的示意图，比较适合中低频段部署。这里的基站采用覆盖整个小区的宽波束。根据基站到 RIS 面板的方向角度，RIS 采用合适的单元相位分布，形成 4 个固定方向的波束，基本覆盖 RIS 所希望服务的用户位置范围。RIS 以分时的方式，轮循逐个扫描 4 个波束，终端对 4 个固定波束的接收强度进行测量和上报，基站根据上报的波束强度信息，选出最优的波束，如图 6-37 中的固定波束 3，然后告知 RIS。接着 RIS 根据基站的指示，用固定波束 3 来转发数据。由于是固定波束扫描，从限制扫描次数的角度考虑，波束一般不是很窄，并且因为存在终端没有对准某个固定波束中心的情形，此种模式下的波束赋形的增益相对受限。但是其优点是信道对终端基本上是透明，终端无须对信道状态信息（包括 RIS 面板到终端的空间角度信息）进行直接估计，参考信号和控制信令的开销较小。从图 6-37 还可以看出，由于基站采用小区宽波束，在本小区的终端，只要不处于覆盖盲区，都是能与基站直接通信的，RIS 级联链路的作用有两种：①当基站与 RIS、RIS 与终端，以及基站与终端的信道主要是 LOS 径，级联链路可以增加终端的接收信号功率；②当以上几条链路存在明显 NLOS 径时，级联链路可以增加信道的空间秩，提升 MIMO 的信道容量。因此，RIS 中继具有增加系统容量的潜力。如果终端处于覆盖盲区，终端也不用区分信号是仅来自于固定波束 3，还是加上小区宽波束的。

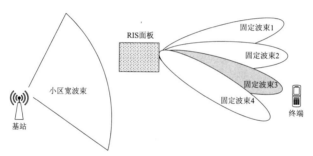

图 6-37　基站宽波束 + RIS 固定波束工作模式的示意图（Sub-6 GHz）

RIS 中继的工作方式还可以是基于随机采样的。这种方式的优点是不需要显式地估计 RIS 级联信道，基站或者终端不用发送参考信号，控制信令的开销也比较低。"盲估计"的方式基于统计学原理，通过对随机样本的充分利用，有效优化 RIS 天线单元的相位，最大化（级联链路 + 直连链路）总信道容量[17]。

以单收单发（SISO）链路为例，即基站只要一根发送天线，终端只有一根接收天线，假设 RIS 一共有 N 个无源的反射单元，用 $h_n \in \mathbb{C}$，$n = 1, 2, \cdots, N$ 来表示从基站到终端经过第 n 个 RIS 单元的级联信道，用 $h_0 \in \mathbb{C}$ 表示基站与终端的直连信道。简便起见，每个单元级联信道用一个复指数表示：

$$h_n = \beta_n \mathrm{e}^{j\alpha n}, \, n = 0, 1, \cdots, N, \tag{6-17}$$

其中的幅值服从 $\beta_n \in (0,1)$ 分布，相位服从 $\alpha_n \in [0, 2\pi)$ 分布。

N 个仅具有调相功能的 RIS 单元构成的调相向量表示为 $\theta=(\theta_1,\theta_2,\cdots,\theta_N)$，其中每个 RIS 单元的相位取值均匀量化成 K 个等级，即只能在如下的集合当中选取：

$$\Phi_K=\{\omega,2\omega,\cdots,K\omega\}, \quad \omega=\frac{2\pi}{K} \tag{6-18}$$

可以看出，一个调相向量取值共有 K^N 种可能性，实际中，系统是无法全部遍历的。

发送信号用 $X\in\mathbb{C}$ 表示，其平均功率为 P，即 $\mathbb{E}[|X|^2]=P$，则接收信号可以表示成为

$$Y=\left(h_0+\sum_{n=1}^{N}h_n\mathrm{e}^{\mathrm{j}\theta_n}\right)X+Z \tag{6-19}$$

式中，Z 为高斯白噪声，$Z\sim CN(0,\sigma^2)$。

条件采样平均（Conditional Sample Mean，CSM）算法是尽量利用所有的采样来得出最佳的调相向量，具体算法如下。采了 T 个随机向量样本之后，先把含 T 个向量的总样本集合分为 $N\times K$ 个子集，每个用 $Q_{nk}\subseteq\{1,2,\cdots,T\}$ 表示，从而把 T 个相位向量中第 n 个单元取值为 Φ_k 的那些向量都归到这个子集中，用数学公式表达：

$$Q_{nk}=\{t:\theta_{nt}=\phi_k\},\forall(n,k) \tag{6-20}$$

然后对每个子集中所有的采样向量所对应的接收信号功率值进行平均，即

$$\widehat{\mathbb{E}}[|Y|^2\,\theta_n=\phi_k]=\frac{1}{|Q_{nk}|}\sum_{t\in Q_{nk}}|Y_t|^2,\forall(n,k) \tag{6-21}$$

从式（6-21）可以看出，CSM 算法的本质是对比平均性能，每个平均是在 $\theta_n=\phi_k$ 范围（或条件下）的。因此，对于调相向量的每一个单元，都可以通过最大化条件平均，从总共 K（当 T 不够大时，有可能小于 K）种相位可能性中来选取最合适的相位，即

$$\theta_n^{\mathrm{CSM}}=\arg\max_{\varphi\in\Phi_K}\widehat{\mathbb{E}}[|Y|^2|\theta_n=\varphi] \tag{6-22}$$

对于 CSM 算法，采样样本数 T 一般至少需要大于 10 倍的 RIS 单元个数 N，才能保证算法的良好性能。

相比之下，随机采样的基线方式，即随机最大采样（Random-Max Sampling，RMS）虽然运算简单，但性能较差。其主要思想就是从 T 个随机采样来代表全集中的 K^N 种组合，从中选出最好的一个样本。用公式表达，即

$$\theta^{\mathrm{RMS}}=\theta_{t_0}, \quad t_0=\arg\max_{1\leqslant t\leqslant T}|Y_t|^2 \tag{6-23}$$

从理论上可以证明，除非采样数 T 随着 RIS 单元数 N 以指数速度上升，否则随机最大采样方法在性能上与条件采样平均方法有较大差距。

···→ 6.2.3　初步的性能验证

　　系统仿真的小区拓扑、终端分布、RIS 中继的分布，以及仿真方法是基于 3GPP 的系统仿真配置的，在此之上加入 RIS 中继特有的参数和仿真模型。表 6-9 列举了大尺度信道模型下的系统仿真基本参数。

表 6-9　RIS 中继的系统仿真基本参数（大尺度信道模型）

仿 真 参 数	数　　值
网络拓扑	六边形网格，7 个基站（共 21 扇区）
站间距	500 m
载波频率（f_c）	2.6 GHz
系统带宽	20 MHz
基站发射功率	43 dBm
基站天线高度	25 m
基站天线的下倾角	2°
基站天线配置	垂直振子数 × 水平振子数 × 极化：2×4×2，正负 45° 交叉极化 (1-to-1 TXRU 对应)
基站天线振子最大方向增益	0 dBi
RIS 中继密度	4、8、16 个 / 扇区
RIS 中继的部署方式	小区边缘：0.9 ～ 1.0 小区半径的环状区域 小区中间：0.5 ～ 0.55 小区半径的环状区域
RIS 中继之间的最小距离	5 m
RIS 面板上的单元振子数	$M×N$ = 16×16，40×40，90° 垂直极化
RIS 单元间距	$0.4l$ 或 $0.5l$
RIS 天线高度	15 m
RIS 天线的下倾角	15°
RIS 单元最大方向增益	5 dBi
RIS 单元天线方向图	与基站天线振子的相同
基站 -RIS 链路信道模型	LOS 径
终端数量	每个扇区平均 50 个
室外终端比例	100%
终端撒点方式	小区边缘：0.85 ～ 0.9 小区半径的环状区域整个小区内均匀分布
终端天线高度	1.5 m
终端天线增益	0 dBi（x-y-z 全向天线）
终端天线配置	1×2×2，90° 垂直极化
RIS- 终端的信道模型	LOS 径
终端噪声系数	7 dBi
基站 - 终端的信道模型	3GPP TR 38.901 UMa 或 UMi
基站与终端的最小距离	25m

由于 BS-RIS 及 RIS-UE 链路均为 LOS 径，RIS 单元的最优相位（不考虑干扰）可以直接根据入射角和反射角计算：

$$\boldsymbol{\Phi}_{l,k} = -2\pi \frac{\left(\hat{\boldsymbol{r}}^{\mathrm{T}}_{\mathrm{ZOA_{RIS}},\mathrm{AOS_{RIS}}} + \hat{\boldsymbol{r}}^{\mathrm{T}}_{\mathrm{ZOD_{RIS}},\mathrm{AOD_{RIS}}}\right) \cdot \bar{\boldsymbol{d}}_{l,k}}{\lambda} \tag{6-24}$$

式中，$\hat{\boldsymbol{r}}_{\mathrm{ZOA, AOA}}$、$\hat{\boldsymbol{r}}_{\mathrm{ZOD, AOD}}$ 分别为入射波束和反射波束的导向矢量；$\bar{\boldsymbol{d}}_{l, k}$ 是第 l 行、第 k 列 RIS 天线单元相对 RIS 板中心的距离矢量；λ 是波长。

这里，RIS 的单元用二维索引，体现每个单元在 RIS 面板的位置。为了更能反映实际器件的性能，仿真模型包含了等间隔相位量化的情形，例如，2 bit 量化采用如下公式：

$$\boldsymbol{\Phi}_{l,k} = \begin{cases} \pi/4, & 0 \le \Phi_{l,k} \mod 2\pi < \pi/2 \\ 3\pi/4, & \pi/2 \le \Phi_{l,k} \mod 2\pi < \pi \\ -3\pi/4, & \pi \le \Phi_{l,k} \mod 2\pi < 3\pi/2 \\ -\pi/4, & 3\pi/2 \le \Phi_{l,k} \mod 2\pi < 2\pi \end{cases} \tag{6-25}$$

图 6-38 是 RIS 放置在小区边缘，UE 在小区内均匀随机分布的情形，右边是局部放大图，可以看出，RIS 面板的法线方向指向本小区的基站。

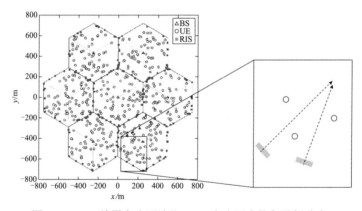

图 6-38　RIS 放置在小区边缘，UE 在小区内均匀随机分布

图 6-39 是当 RIS 布置在小区边缘，用户在整个小区均匀分布情形下的 RSRP 和 SINR 的 CDF。与没有 RIS 的情况相比，8 个 256 阵子的 RIS、8 个 1600 阵子的 RIS 和 16 个 1600 阵子 RIS 的接收信号功率增益分别约为 3 dB、12 dB 和 15 dB。与没有 RIS 的情况相比，8 个 256 阵子的 RIS、8 个 1600 阵子的 RIS 和 16 个 1600 阵子 RIS 的 SINR 增益分别约为 2.5 dB、9 dB 和 12 dB。仿真结果表明在小区中部署 RIS 带来的性能增益。从图 6-39 可以看出，在无线网络中部署 RIS 可以显著提高整个小区的系统性能；增加单个 RIS 面板的单元数或增加每个扇区的 RIS 面板数可以提高系统的性能。

图 6-40 对比了用户均匀分布情形下的最优相位与 2 bit 量化的 SINR CDF，可以看出，在

这种情况下，量化带来的性能损失不明显。

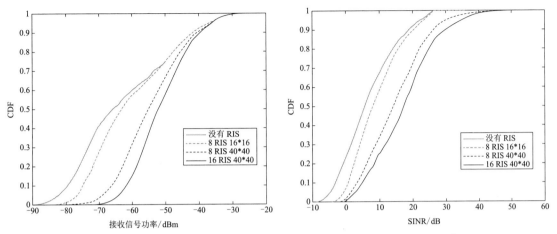

图 6-39　RIS 布置在小区边缘，用户在整个小区均匀分布情形下的用户
信号强度（RSRP）和信干燥比（SINR）的累计概率密度函数（CDF）

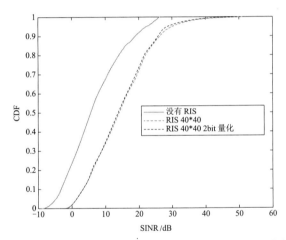

图 6-40　RIS 布置在小区边缘，用户均匀分布情形下的最优相位与 2 bit 量化的用户 SINR CDF 比较

···→6.2.4　外场测试

在南京 5G 现网环境下的一个测试[18]中，所测 RIS 板的尺寸为 $1.6\,\mathrm{m}\times0.8\,\mathrm{m}$，单元数为 $32\times16=512$，输入电压为 24 V，额定功率为 $3\sim4$ W，调相精度为 1 bit，采用点控方式。图 6-41 是室外遍历场景的宏观俯视图和街景图。圆点所在位置是基站的位置，属于密集城区中的杆站，高为 10 m，由于附近小区高楼遮挡，杆站信号覆盖范围有限。RIS 部署在十字路口，距离杆站的距离大约是 100 m，杆站与 RIS 之间有树木遮挡。RIS 能够将基站发来的信号反射至另一条道路上，测试区域距离杆站的直线距离约为 265 m。基站方向入射到 RIS 板的俯

仰角和方位角，以及反射波束的出射俯仰角和方位角如表 6-10 所示。

图 6-41　南京室外遍历场景的俯视图和街景图

表 6-10　室外遍历场景的波束角度参数

入 射 角		出 射 角		波 束 宽 度	
θ	φ	θ	φ	H	V
39°	2°	−25°	2°	9°	8.7°

　　南京室外遍历场景的下行信干燥比（SINR）在没有 RIS 和部署 RIS 后的打点图对比如图 6-42 所示。可见 RIS 的部署对 SINR 的影响效果是有些错综复杂的：当 SINR 比较低时，增益明显，但对于高 SINR，偶尔略有下降。一个可能的解释是，SINR 的估计是基于小区下行同步信号块的，5G 协议规定同步信号必须采用固定波束扫描，缺乏有效方式降低邻站的干扰，包括从邻站经 RIS 反射造成的干扰，而下行业务信道的邻区干扰可能通过调度器算法自适应的控制。图 6-43 是南京室外遍历场景的下行吞吐在没有 RIS 和部署 RIS 后的打点图对比。可以看出，RIS 的部署对下行吞吐有一定的性能增强。图 6-44 是南京室外遍历场景的 SINR 和下行吞吐在没有 RIS 和部署 RIS 后的 CDF 对比。

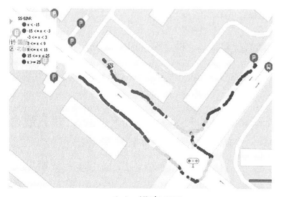

　　　（a）没有 RIS　　　　　　　　　　　　　（b）部署 RIS

图 6-42　南京室外遍历场景的 SINR 在没有 RIS 和部署 RIS 后的打点图对比

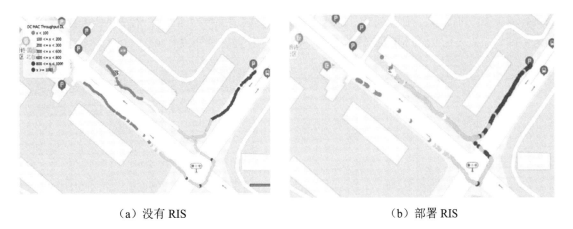

（a）没有 RIS　　　　　　　　　　　（b）部署 RIS

图 6-43　南京室外遍历场景的下行吞吐在没有 RIS 和部署 RIS 后的打点图对比

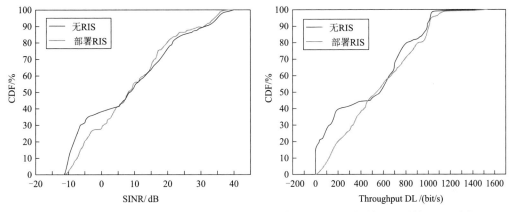

图 6-44　南京室外遍历场景的 SINR 和下行吞吐在没有 RIS 和部署 RIS 后的 CDF 对比

在深圳 5G 现网的一个 RIS 测试中，采用上节介绍过的数据驱动的"盲波束赋形"方法。其中一个场景是对某地下停车场进行 RIS 算法和性能验证，图 6-45 是其周边街道地图和内部布局。宿主基站的站点架设在主干道旁的高楼楼顶，约 31 m 高，与 RIS 反射板 [图中用 IRS（Intelligent Reflection Surface）标注] 具有视距，RIS 反射板的安装位置与基站站点的直线距离约为 105 m，RIS 反射板接收到的宿主站的信号强度为 -58 ～ -60 dBm，SINR 大约为 30 dB。小区信号与智能板之间的入射夹角可以调整为 $\theta = 20°$、$30°$、$40°$、$50°$、$60°$、$70°$、$80°$ 和 $90°$。

图 6-46 是最佳入射角寻优的下行范围测试结果。图 6-46 中的黑色水平基线代表没有部署 RIS 反射板时的终端在地下停车场步测的下行平均 RSRP、SINR 和 MAC 层的数据传输速率。黑色曲线是放置 RIS 反射板，但其没有通电，相当于一块普通的光滑金属板。深灰色曲线是采用随机最大相位，即基线的盲估计方法，浅灰色曲线是采用条件采样平均的盲估计方法。可以看出，相比基线值 -99 dBm，下行平均 RSRP 的增益为 2.76 ～ 3.69 dB，增益在夹角 $\theta = 40°$ 时最大，在 $\theta = 60°$ 时次之；相比基线值 13.51 dB，下行平均 SINR 的增益为 0.94 ～ 2.06 dB，增益

在夹角 $\theta = 40°$ 时最大，在 $\theta = 50°$ 时次之；相比基线值 228 Mbit/s，下行 MAC 层数据传输平均速率的增益为 50 ~ 149 Mbit/s（即 22% ~ 65%），增益在夹角 $\theta = 70°$ 时最大，在 $\theta = 40°$ 时次之。

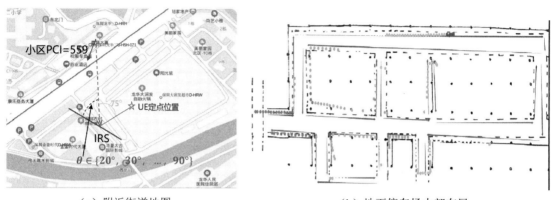

（a）附近街道地图　　　　　　　　　（b）地下停车场内部布局

图 6-45　地下停车场周边街道地图和内部布局

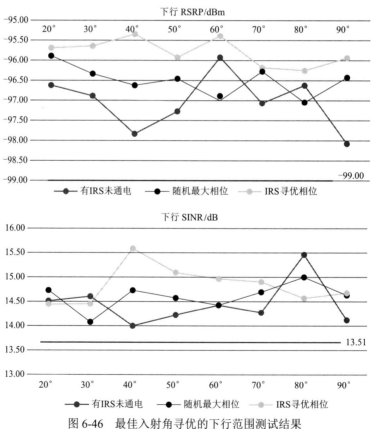

图 6-46　最佳入射角寻优的下行范围测试结果

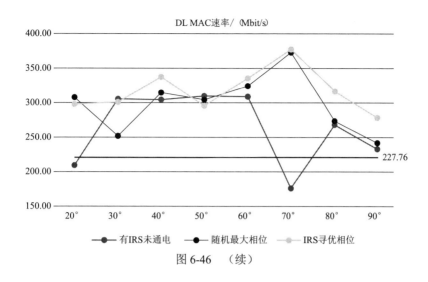

图 6-46 （续）

6.3 全息无线电

"全息"一词最早用于光学领域。由于激光的发现，相干光源的普遍应用成为可能。光全息技术利用相干光的干涉原理，可以多角度、立体地呈现光波场的三维特征，被广泛用于光学成像、视觉效果增强、虚拟现实、干涉测量等。无线电与光都是电磁波，全息无线电受光学全息的启发，能够充分发挥射频波段信道的空域资源，助力无线通信、感知成像等。全息无线电有以下几个特点。

1. 对无线电磁场的高分辨性

就收发天线孔径而言，越大的天线孔径，对电磁场的分辨率越高。因此，全息无线电所需要的天线孔径应该是比较大的，这一点与智能超表面（RIS）十分类似。在远场条件下，尤其是以 LOS 径为主的传播环境，电磁场的空间分辨率可以直接用平面波的波束宽度来衡量，而波束宽度仅仅与收发天线的振子数量有关。为了形成单一的主瓣波束（而不是多个幅度相当的栅瓣波束），天线振子的间距一般在半个波长左右（此时进一步减小振子间距并不能明显改变主瓣波束宽度，而且会带来振子间耦合和布线的困难），所以从远场波束赋形的意义上，天线阵列的孔径仅取决于振子数量，空域信道的分辨率只与天线振子数有关。但是对于以 NLOS 径为主的场景和在近场传播的条件下，电磁波场的复杂性大大提高，很难再用简单的平面波束角度描述，电磁场的分辨率不仅与天线振子数有关，还与天线面阵的相位连续性有关。

由于射频器件制作工艺的限制，基站或者终端的有源天线阵列一般是离散孔径的，天线单元的尺寸难以做得更小，单元数量也很难继续大幅增加。随着微波光子技术的迅速发展，可以通过光子前端的相干光调控来完成从电场到光场的转换和相应的光学信息处理，实现射频电磁场的三维光学成像。图 6-47 是一个连续孔径有源天线阵列的示意图[19]，其中的每一个单元由高功率单行载流体光电二极管（Uni-Traveling Carrier Photo Diodes，UTC-PD）和若干条金属贴线及光纤连接而成。光波波长大多在微米或亚微米级别，相应的器件（如光纤、发光二极管、光电二极管）的尺寸可以很小，使得图 6-47 中的单元尺寸远小于射频波厘米级或毫米级的波长，从而实现孔径几乎连续的天线阵列。单行载体二极管的高功率特性可以保证有足够强功率来驱动每一个振子。UTC-PD 与电光调制器（Electro-Optical Modulator, EOM）的紧密耦合可以用图 6-48 中的等效电路模型来描述[20]。

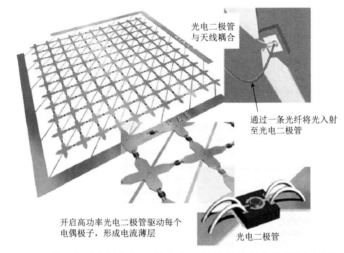

图 6-47　基于高功率单行载流体光电二极管的连续孔径有源天线阵列

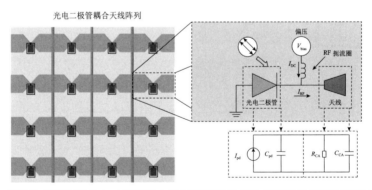

图 6-48　基于单行载流子光电二极管和电光调制器的连续孔径有源天线阵列等效电路模型

2. 依赖光学信息处理

5G 基站大规模天线虽然性能优越，但能耗问题严重。能耗大的原因之一是需要多个大带宽的功率放大器，另一个是射频和基带的信号处理。全息无线电的电磁传播环境更为复杂，天线数量巨大（几乎连续孔径），沿用传统的射频基带处理的复杂度难以接受。如图 6-49 所示，将收到的射频信号转化成为光学信号，通过光场的傅里叶变换，进行信道的探测和测量。光学傅里叶变换可以工作在模拟域，无须 A/D 和 D/A 的数模转换，大大降低了信号处理的功耗。

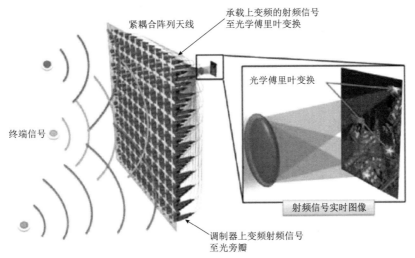

图 6-49　全息无线电的全光信号处理示意图

3. 信道建模的复杂性

对于连续孔径的天线阵列,空间信道矩阵将十分巨大。全息无线电的复杂信道环境使得空间信道矩阵的特征提取更具挑战性,需要采用有效的信道模型来描述,为此学术界提出了一系列新的建模方式,例如:①基于波数域平面波展开的信道模型,将信道分解成为发送波矢量和接收波矢量,以及波数域信道三部分。通常情况下,波数域信道具有一定的稀疏性,即只有有限个非零元素,可以用非零部分包含重要的信道信息;②基于角度域扩展函数的信道模型,与基于波数域的模型类似,认为信道可以表示展开成为多个平面波,即信道由角度域上的不同波方向的扩展函数叠加而成;③基于特征函数的信道模型,从电磁波场的理论出发,将发送空间的电流密度用多个正交基展开,空间电流所产生的电场用另一组正交基展开。这样可以用核函数将电流密度函数与产生的电场相联系。

除了连续孔径有源天线阵列的系统架构,全息无线电还有基于智能超表面(RIS)+ 离散孔径有源天线阵的架构,通过 RIS 实现大规模、低成本的天线阵列,由 RIS 与有源天线构成一个天然的深度学习神经网络架构。另外还可以结合分布式天线,进行孔径合成。

6.4 统计态轨道角动量

统计态轨道角动量(Orbital Angular Momentum,OAM)源于物理光学,根据麦克斯韦方程组可以推导出光学涡旋在近轴传播时具有确定的轨道角动量[20]。这一发现使得光学涡旋现象很快应用于光纤通信,而且由于光波频段很高,波束发散角很小,光学 OAM 的发展促使 OAM 逐步向无线电波频段拓展,即 300 GHz 以下。具有 OAM 的电磁波又称"涡旋电磁波"。与传统的平面波、球面波不同,OAM 的相位面沿着传播方向呈螺旋状,其原理是在正常电磁波中添加一个相位旋转因子 $\exp(il\phi)$,此时相位波前将不再是平面或球面形状,而是围绕波束传播方向旋转，如图 6-50 所示。

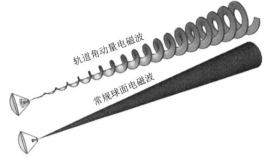

图 6-50　涡旋波面的原理示意图

OAM 的特性使得电磁波的等相位面沿着传播方向呈螺旋形态旋转一周，相位变化 $2\pi l$，且波前中心处场强为零，如下面公式所示：

$$U（r,\phi）=A(r)\exp（\mathrm{i}l\phi）\tag{6-26}$$

式中，$A(r)$ 为电磁波幅值，r 表示到波束中心轴线的辐射距离，ϕ 为方位角，l 表示轨道角动量的本征值，也叫模态值或阶次。不同本征值 l 的电磁涡旋波彼此正交，可以在同一带宽内并行传输不同本征值的 OAM 涡旋波：

$$\int_0^{2\pi}\mathrm{e}^{\mathrm{j}l_1\varphi}(\mathrm{e}^{\mathrm{j}l_2\varphi})*\mathrm{d}\varphi=\begin{cases}2\pi, l_1=l_2\\0,\quad l_1\neq l_2\end{cases}\tag{6-27}$$

图 6-51 所示是轨道角动量（OAM）的几种本征态波面形状的立体示意图和传输截面上的图样。

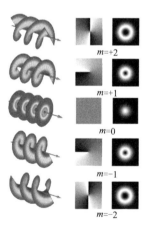

图 6-51　轨道角动量（OAM）的本征态

具有涡旋波面的射频电磁波可以由均匀环形天线阵列法、螺旋相位板、落选抛物面天线、循环行波天线等方法产生，如图 6-52 所示。

（1）均匀环形阵列法：在圆环上等间距布满天线阵元，相邻辐射单元之间相位差为 $2\pi l/N$，环绕天线阵列一周后产生了 $2\pi l$ 的相位旋转，这里的 l 为 OAM 模式，N 为天线阵列阵元数目。均匀环形阵列法比较简单，在仿真和原理实验中被大量采用。

（2）螺旋相位板：表面为具有一定折射率的透明玻璃板，并且玻璃板的厚度正比于绕相位板中心的方位角，随着旋转方位角的增加，其厚度也会线性增加。当电磁波透过螺旋相位板（或者经过反射）之后相位沿着螺旋方向依次延时，其产生的电磁波在空间叠加之后等效出一个螺旋相位面。

（3）螺旋抛物面天线：将普通的抛物面天线一侧开一道口，口的两边错开，将其扭曲成螺旋状，从物理上模拟了波束相位的旋转，使得电磁波束的不同点相对其他点有了不同的相位波，因而将普通电磁波扭曲成涡旋电磁波。

（4）循环行波天线：基于环形谐振腔本征模理论。

统计态轨道角动量本质上是一种特殊的波束赋形。传统波束赋形技术通过调整天线阵列中每个阵元的相位和幅度，使得某些角度的信号获得相长的干涉，而使另一些角度的信号获得相消的干涉，从而产生具有指向性的波束，获得明显的阵列增益。OAM 通过调整均匀环形天线阵列（UCA）中每个阵元的激励相位，使得某些角度的信号获得相长的干涉，而使另一些角度的信号获得相消的干涉，从而产生具有特定形态的波束，如图 6-53 所示。图 6-53（a）是传统波束赋形的天线方向图，图 6-53（b）是 OAM 不同模态下的天线方向图。

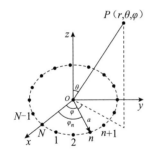
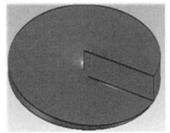

（a）均匀环形天线阵列法　　　　（b）螺旋相位板（理想结构和阶梯结构）

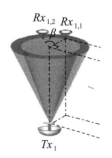

（c）螺旋抛物面天线　　　　（d）循环行波天线

图 6-52　涡旋波面射频电磁波的生成方式

（a）传统波束赋形　　　　　　　　　　　　　　（b）OAM

图 6-53　传统波束赋形的天线方向图与 OAM 的天线方向图（不同模态）

OAM 系统在物理实现上要求发送和接收天线阵列圆心对准，而且当有散射、反射或者衍射时，OAM 的模态将难以保持，所以不适用于用户终端位置不定的移动通信，而是更适合收发端位置固定的、以 LOS 径为主的点对点通信的应用场景，如回传链路。即使是 LOS 的点对点通信，OAM 也存在随着传播距离的增加或者模态的增加，能量在空间上越来越发散的问题，如图 6-54 中的电场强度截面图所示。这里考虑的载波频率 $f = 28$ GHz，天线阵子数为 512，发送端的直径 $D = 1$ m。图 6-54（a）、（b）所示的截面图分别对应传播距离 $d = 100$ m 和 $d = 200$ m，OAM 模态阶数都是 1。可以看出，传输距离增加到 2 倍时，OAM 的接收直径从 1.2 m 扩大到 2.6 m。而且注意到，由于圆环阵列不会在波束中心轴线上产生波程差，波前中心处场强为零，是中空的，这对接收天线的小型化提出了挑战，增加了实际远距离通信的部署难度。图 6-54（c）所示的截面图是 OAM 模态阶数为 2，传播距离 $d = 100$ m 时的电场强度分布，可以发现接收直径已经达到 2 m，比同样距离的模态阶数为 1 的接收直径增大了约 67%。接收直径可以通过增大发送端直径、提高发射射频波的频率、使用透镜天线汇聚、部分孔径接收法等得到一定程度的减小。

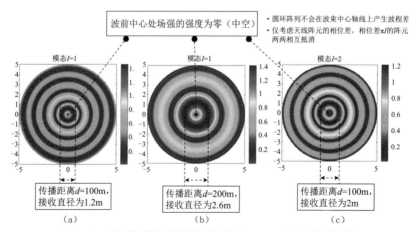

图 6-54　不同传播距离和模态阶数的 OAM 电场强度截面图

实际的传输环境中存在着干扰。例如，大气湍流会影响涡旋波的相位、能量分布，进而影响不同模态之间的正交性；建筑物的反射和多径的干扰更是会完全改变 OAM 波的形态。这些干扰的存在会使得 OAM 涡旋波的波前相位遭到破坏，无论是哪一种 OAM 的应用形式都会受到较大影响，这给 OAM 波在现实环境中的应用带来很大的挑战。

不失一般性，我们考察一个典型的均匀环形天线阵列的 OAM 系统，模态阶数为 1，如图 6-55 所示。发端的等效天线数为 M，收端的等效天线数为 N。由于 OAM 适合固定的点对点的以 LOS 径为主的通信，这里的无线信道可以建模成为高斯加性白噪声（AWGN）。

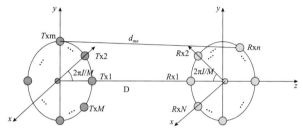

图 6-55　均匀环形天线阵列的收发系统图，模态阶数为 1

由于均匀环形天线的相位等距性，当 $N = M$ 时，空间信道矩阵是一个循环阵：

$$H = \begin{bmatrix} c_1 & c_2 & c_3 & \cdots & c_N \\ c_N & c_1 & c_2 & \cdots & c_{N-1} \\ c_{N-1} & c_N & c_1 & \cdots & c_N \\ \cdots & \cdots & \cdots & & \cdots \\ c_2 & c_3 & c_4 & \cdots & c_1 \end{bmatrix} \tag{6-28}$$

对信道矩阵进行奇异值分解可得：

$$H = W_N \sum W_N^H \tag{6-29}$$

特征矩阵 W_N 是 N 维 DFT 矩阵，特征向量为

$$W_n = \frac{1}{\sqrt{N}} [1\, w_n\, w_n^2 \cdots w_n^{N-1}] \tag{6-30}$$

其中，每个元素可以写成

$$w_n = \exp(-\mathrm{j}2\pi(n-1)/N) \tag{6-31}$$

特征值是第一列元素的离散 DFT 变换：

$$\lambda_n = \sum_{m=1}^{N} c_m w_n^{m-1} \tag{6-32}$$

从上面的推导过程可以看出，预编码矩阵取自空间信道矩阵的非零特征值对应的特征向量，接收端用 IDFT 变换，即可解出各流（模态）数据。可以看出，在以 LOS 径为主的信道，对于每一个模态阶数，OAM 信道的秩和与传统秩为 1 的波束赋形的秩相同，单链路的系统容量优势并不显著。

参考文献

[1] LOU M, JIN J, WANG H, et al. Applying sparse array in massive MIMO via convex optimization [C]. IEEE Asia-Pacific Microwave Conference (APMC), 2020: 1-6.

[2] 3GPP. Scenarios and requirements for small cell enhancements for E-UTRA and E-UTRA (Release 12): TR 36.932 [S]. 2014.

[3] SHEA T O, HOYDIS J. An introduction to deep learning for the physical layer [J]. IEEE Trans. on Cognitive Commun and Networking, 2017, 3(4): 563-575.

[4] QIN Z, YE H, LI G, et al. Deep learning in physical layer communications [J]. IEEE Wireless Communications, 2019, 26(2): 93-99.

[5] 张静, 金石, 温朝凯, 等. 基于人工智能的无线传输技术最新研究进展 [J]. 电信科学, 2018, 34(8): 46-55.

[6] GUO J, WEN C, JIN S. Deep learning-based CSI feedback for beamforming in single-and multi-cell massive MIMO systems [J]. IEEE Journal on Selected Areas in Commun., 2021, 39(7): 1872-1884.

[7] WANG T, WEN C, WANG H, et al. Deep learning for wireless physical layer: opportunities and challenges [J]. China Communications, 2017, 14(11): 92-111.

[8] WEN C K, SHIH W T, JIN S. Deep learning for massive MIMO CSI feedback [J]. IEEE Wireless Comm. Letters, 2018, 7(5): 748-751.

[9] WANG T, WEN C, JIN S, et al. Deep learning-based CSI feedback approach for time-varying massive MIMO channels [J]. IEEE Wireless Comm. Letters, 2019, 8(2): 416-419.

[10] LU C, XU W, SHEN H, et al. MIMO channel information feedback using deep recurrent network [J]. IEEE Comm. Letters, 2019, 23(1): 188-191.

[11] JIANG W, SCHOTTEN H D. Neural network-based channel prediction and its performance in multi-antenna systems [C]. IEEE 88th Vehicular Technology Conference (VTC-Fall), 2018: 1-6.

[12] ALRABEIAH M, ALKHATEEB A. Deep learning for TDD and FDD massive MIMO: mapping channels in space and frequency [C]. Systems and Computers, 2019: 1-6.

[13] LIU Z, ZHANG L, DING Z. Exploiting bi-directional channel reciprocity in deep learning for low rate massive MIMO CSI feedback [J]. IEEE Wireless Comm. Letters, 2019, 8(3): 889-892.

[14] FENG Z, WANG S, XU J, et al. A precoding scheme for Polar coded uplink MU-MIMO systems [C]. IEEE Intl. Conf. Commu. ,2022: 1-6.

[15] GU Q, WU D, SU X, et al. Performance comparisons between reconfigurable intelligent surface and full/half-duplex relays [C]. IEEE Vehicular Technology Conference Fall, 2022: 1-6.

[16] ELLINGSON S. W. Path loss in reconfigurable intelligent surface-enabled channels [C]. IEEE 32nd Annual Intl. Symp. on Personal, Indoor and Mobile Radio Commun (PIMRC), 2021: 1-6.

[17] REN S, SHEN K, ZHANG Y, et al. Configuring intelligent reflecting surface with performance guarantees: blind beamforming [J]. IEEE Trans. on Wireless Comm., 2023, 22(5): 3355-3370.

[18] SANG J, YUAN Y, TANG W, et al. Coverage enhancement by deploying RIS in 5G commercial mobile networks: field trials [J]. IEEE Wireless Communications, (2022-12-26)[2023-06-13], http://ieeexplore.ieee.org/document/pppp288.

[19] KONKOL M R, ROSS D D, SHI S, et al. High-power photodiode-integrated connected array antenna [J]. Journal of Lightwave Technology, 2017, 35(10): 2010-2016.

[20] GIBSON G, COURTIAL J, PADGETT M J, et al. Free-space information transfer using light beams carrying orbital angular momentum [J]. Opt. Express., 2004, 12(22): 5448–5456.

第 **7** 章

高频段部署类技术

本章的高频段狭义地讲是指太赫兹、可见光波段，广义地讲还包括毫米波和红外波段。相比中低频段，高频段通信 / 感知的部署具有几大特点。

（1）更大程度地依赖于通信硬件的发展。由于半导体材料工艺的限制，高频器件的研发生产的成熟度大大低于厘米波频段，高成本、高功耗、低效率、低集成度一直是高频器件走向商业化的痛点。

（2）覆盖范围较小，很难独立组网。严重的路径损耗使得高频电波随距离增大而迅速衰减，散射 / 衍射效应的缺乏使得高频波的穿透能力较差，很容易被各种障碍物阻挡。尽管采用大规模口径天线，通过产生极窄的波束，可以在一定程度上弥补路径损耗，但高频器件功放效率问题仍然严重限制传输距离。为了提高传输的健壮性，可以采用多节点传输 / 接收来增加信道的分集，但是要实现大范围的广域覆盖，尤其是地面环境的室外覆盖还是十分困难的，目前高频的主要应用场景还是室内或近距离覆盖。

（3）功能发生了一定的变化和拓展。除了支持传统的无线通信业务，高频电磁波有望在感知场景中发挥重要作用。高频段的短波长、大带宽有助于大幅提高测距、测速、测角等的精度，以及空间方位的感知分辨率。

7.1　太赫兹频段通信

⋯→ 7.1.1　器件发展与工艺

适合太赫兹频段的半导体材料大致可以分为 3 类。第一类是互补金属氧化物半导体（CMOS）材料，CMOS 的最大优势是在信息技术行业有很高的性价比，被广泛应用在智能手机、平板电脑、个人计算机等；第二类是硅锗（SiGe）材料，可以构成双极互补金属氧化物半导体（BiCMOS）；第三类是Ⅲ - Ⅴ（第 3 ～ 5 主族元素化合物）材料，如砷化镓（GaAs）和磷化铟（InP）组成的高电子迁移率晶体管（High Electron Mobility Transistor，HEMT）等。迁移率是表征半导体的一个重要参数，迁移率越大，半导体器件的响应速度越快，工作频率越高。相比硅半导体，砷化镓等半导体的电子有效质量较小，工作频率更高。HEMT 通过调制掺杂异质节来提高电子迁移率。

图 7-1 是不同半导体材料构成的器件的输出功率与生成信号的频率，这里包括 CMOS、异质节双极化晶体管（Hetero junction Bipolar Transistors，HBT）、Ⅲ - Ⅴ族化合物构成的 InP 和 GaAs 的 HBT 或者 HEMT，以及 GaAs 的肖特基二极管。HBT 的一大优势在于发射结的放大系数基本上与发射结两边的掺杂浓度无关，这样就可以把基区的掺杂浓度做得很高，甚至高于发射区的掺杂浓度，从而保证放大系数很大的前提下，尽量提高器件的工作频率。图 7-1 中的数据都是归一化为一条传输链。可以发现，CMOS 器件在 300 GHz 的输出功率大概为 -1 dBm，但频率升高到 500 GHz 时，输出功率降到了大约 -7 dBm。相比之下，Ⅲ - Ⅴ材料构成的电子线路在同样频段的输出功率要比 CMOS 的高出 5 ～ 15 dB。超过 500 GHz 之后，总体趋势是 CMOS 输出功率与Ⅲ - Ⅴ族化合物的差距进一步扩大。这主要是因为砷化镓拥有较高

的饱和电子速率及电子迁移率，使得砷化镓适用于 250 GHz 或更高的频段。但是也有一个例外，当频率为 1.3 THz 时，通过级联一个对称 MOS 变容管构成的 5 倍频器和一个非对称 MOS 变容管的 2 倍频器，CMOS 器件的输出功率仅仅比III - V材料差 5 dB。硅锗（SiGe）材料的输出功率与频率的关系大体上介于 CMOS 材料和III - V族化合物之间。

图 7-2 是基于 CMOS 晶体管、SiGe HBT 和III - V族化合物的相干接收机在不同频率下的噪声系数。可以看出，在 200 GHz 以下的频段，CMOS 器件的噪声系数可以达到 9 dB，与 SiGe 或III - V 的差别不大；但超过 300 GHz 之后，基于III - V族化合物器件的噪声系数仍能保持比较低的水平。

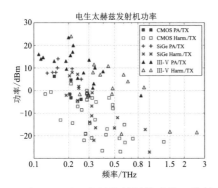

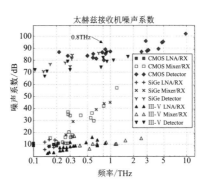

图 7-1　不同半导体材料构成的器件的
输出功率与生成信号的频率 [1]

图 7-2　不同半导体材料构成的器件的
噪声系数与生成信号的频率 [1]

尽管 CMOS 和 SiGe 器件在输出功率上处于劣势，但是它们都是硅基的集成电路，成本较低，并且容易实现单片上的高集成度，产生规模效应；而III - V族化合物，如 GaAs、GaN 半导体具有较高的输出功率，但集成难度较高，成本较高。因此，近年来业界提出了一些异构集成，将硅和III - V族化合物拼接起来，有望降低成本，提高输出功率。

除了器件所用的材料和类型，工作频率还与器件的具体工艺、最小线宽等有关。表 7-1 列举了一些半导体太赫兹器件在不同材料、工艺和线宽条件下，目前所能达到的最高工作频率和反向击穿电压。其中，pHEMT 的 "p" 是 pseudomorphic 的缩写，pHEMT 能够在一定程度上克服普通结构的 HEMT 器件的温度稳定性较差的问题。mHEMT 的 "m" 是 metamorphic 的缩写，mHEMT 采用一层缓冲层来匹配两种材料的晶格常数。DHBT 中的 "D" 是 double 的缩写。SOI 是 Silicon On Insulator 的缩写，是以绝缘体为衬底的硅晶体管，可以降低硅晶体管之间的寄生电容，提高时钟频率，并能够减少漏电，具有更低的功耗。

表 7-1　半导体太赫兹器件在不同材料、工艺和线宽下的工作频率和方向击穿电压

材　料	工艺技术	最小线宽 /nm	最高工作频率 /GHz	反向击穿电压 /V
	pHEMT	100	185	7
GaAs	mHEMT	70	450	3
	mHEMT	35	900	2

续表

材　料	工 艺 技 术	最小线宽 /nm	最高工作频率 /GHz	反向击穿电压 /V
InP	HEMT	130	380	1
	HEMT	30	1200	1
	DHBT	250	650	4
	DHBT	130	1100	3
GaN	HEMT	60	250	20
	HEMT	40	400	42
SOI	CMOS	45	280	1
SiGe	HBT	130	400	1.4

太赫兹波的产生方式分为全固态电子学、倍频 + 混频、光电子学、时域脉冲等几种，如图 7-3 所示。其中，电生方式中的基于全固态电子学的固态半导体，以及光生中的光外差系统受环境因素限制较少，应用较多。QCL 代表 Quantum Cascade Laser（量子级联激光器），可以产生高可靠性的中远红外波。FEL 是 Free Electron Laser（自由电子激光器），具有较高的效率。

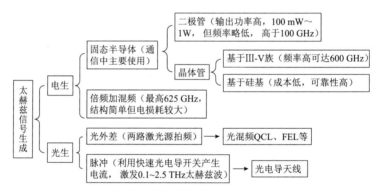

图 7-3　太赫兹信号生成方式分类和所对应的常用材料器件及性能特点

1. 全固态电子学太赫兹通信系统

全固态电子学太赫兹通信系统工作频段由微波倍频搬移至太赫兹频段。其调制方式主要是混频调制方式，即低频射频信号经过倍频过渡到太赫兹频段，然后采用电混频器实现太赫兹波形调制，如图 7-4 所示。该方式体积小、易集成、功耗低，可实现高阶调制。其缺点在于本振源经过多次倍频后，相位噪声特性恶化，倍频的损耗也很大，生成的太赫兹波频率一般在 1 THz 以下。

全固态电子学太赫兹通信系统中有 4 个关键的器件。

第一个是在发射端的倍频器，其工作原理是利用半导体二极管电压 - 电流的非线性关系，产生高次谐波，以实现信号频率加倍的功能。倍频器是有源器件，它在发射模块中主要用来生成太赫兹频段的本振信号，是发端最核心的器件。

第二个是发射模块中的功率放大器，其性能直接决定太赫兹通信的传输距离。目前比较普遍采用的是基于磷化铟（InP）材料的异质节双极化晶体管（HBT），相位噪声较低，频带较宽，并具有比较好的集成能力。目前，硅基器件（CMOS 和 BiCMOS）的工艺有一些突破，尤其是基于 SiGe 的 BiCMOS。

第三个是接收模块中的低噪声放大器（Low-Noise Amplifier，LNA），作为接收机的第一级，其主要作用是放大微弱的接收信号，它的重要指标是噪声系数和放大增益。目前主流的 LNA 是基于磷化铟（InP）材料的高电子迁移率晶体管（HEMT），具有截止频率高和噪声系数低的优点。

第四个是接收模块中的变频器，一般是基于肖特基势垒二极管。肖特基势垒二极管是一种可常温工作、导通电压较低、反向恢复时间极短的二极管。利用其非线性特性，采用外差方式将太赫兹频段传输信号下变频。变频器的关键性能指标是噪声温度和变频损耗，技术上比太赫兹倍频器和功率放大器更成熟，最高工作频率可达 5 THz。

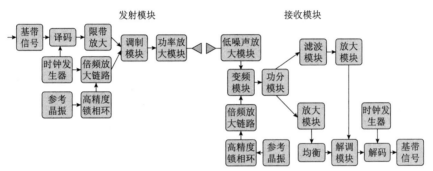

图 7-4　全固态电子学混频调制通信系统结构

2. 光电子学太赫兹通信系统

光电子学太赫兹通信系统一般是指通过光学外差法生成频率为两束光频率之差的太赫兹信号并进行调制，其结构如图 7-5 所示。光电子学太赫兹通信系统的优点为可以利用光纤通信中的光学调制方法，传输速率高，带宽利用率高；生成的太赫兹波频率高；能够实现太赫兹波频率的灵活可调；缺点是发射功率仅为微瓦级，存在集成问题，通信距离短，体积大，能耗高，仅适用于近距离通信。

图 7-5　光电子学太赫兹通信系统结构

图 7-6 是一个光纤集成的光生太赫兹通信系统[2]，工作频率在 384 GHz 和 434 GHz，能够完成 2×2 的 MIMO 传输。从光波频段到太赫兹频段的转换是基于单向载流体光电二极管

（Uni-Travelling-Carrier Photo Diode, UTC-PD）的光学混频，从太赫兹频段到光波频段的转换是基于混合的光电下变频。

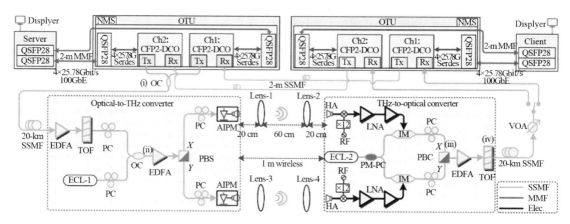

图 7-6　光纤集成的光生太赫兹通信系统举例

从服务器（Server）生成的实时业务数据包含两个比特流，每个比特流的速率为 100 G bit/s，并行成为 4 路，每一路的速率为 25.78 G bit/s，在光传输模块（OTU）中分别有两条通路，即 Ch1 和 Ch2。它们的载频分别为 193.5 THz 和 193.55 THz，相差 50 GHz。每一条信道通路（Ch1 或 Ch2）采用的是锥体形状因子可插式的数字相干光（CFP2-DCO）模块，集成度较高，整个模块以磷化铟（InP）作为衬底材料，内含红外固体激光光源、马赫增德光调制器（MZM）等核心器件。激光光源的原理性结构如图 7-7 所示。该类固体激光器光源也可以单独使用，如用于生成本振激光。CFP2-DCO 中采用 MZM 作为光调制器的原因是这里光纤的调制带宽不是很宽，基本在 100 GHz 以内。MZM 的基本结构如图 7-8 所示。单色激光（没有任何调制）从左端输入，分成上下两路，由于输入射频信号电压的改变，施加到磷化铟（InP）材料上的电压随之而变，材料折射率也跟着改变，使得两路上的光波经历了不同（而且一直在变化）的相位差，在右端合并时，就产生强度随时间变化的光干涉信号。

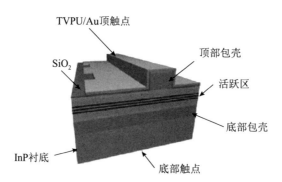

图 7-7　以磷化铟（InP）为衬底的红外固体激光器示意图

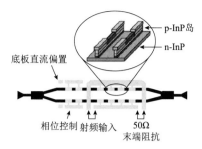

图 7-8 马赫增德光调制器（MZM）的基本结构

CFP2-DCO 的输出经过光耦合器（Optical Coupler，OC），在 20 km 的标准单模光纤（Standard Single-Mode Fiber，SSMF）中传输，其频谱如图 7-9（a）所示。该光纤的平均损耗是 0.2 dB/km，在 1550nm 的色散为 17ps/km/nm。在光波 / 太赫兹转化器的前端是一个掺铒光纤放大器（Erbium-Doped Fiber Amplifier，EDFA），用于补偿光纤传输的损耗。通带可调的光学滤波器（Tunable Optical Filter，TOF）用来抑制放大器的带外噪声。光学本振是由一个外腔激光器（External Cavity Laser，ECL-1）构成，工作频率为 193.116 THz，输出功率为 13.5 dBm。本振与 TOF 输出的 9 dBm 的承载信息的光信号在光耦合器中合并，然后由 EDFA 放大再驱动一个天线集成光学混频单元（Antenna-Integrated Photomixer Module，AIPM）。这个光学混频单元集成了 UTC-PD 和领结天线或对数周期天线。图 7-9（b）显示的是耦合光信号和本振光的频谱，分辨率为 0.03 nm。通道 Ch1 和通道 Ch2 与本振光的频率间隔分别为 384 GHz 和 434 GHz。偏振分束器（Polarization Beam Splitter，PBS）用来分解光波的 X 方向极化和 Y 方向极化。

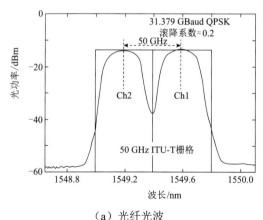

（a）光纤光波

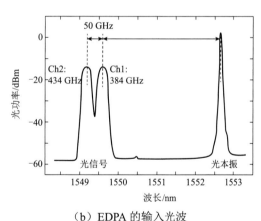

（b）EDPA 的输入光波

图 7-9 光生太赫兹通信系统中的光波频谱

这里的 UTC-PD 本质上进行光强度调制，由于不同频率光的叠加产生相互干涉，探测器能够探测叠加后的光强度的"拍频"变化并转换为太赫兹速率的电信号，然后驱动天线，产生太赫兹频段的电磁辐射。UTC-PD 可以在很大带宽的情形下工作，如太赫兹带宽。图 7-10 是单行载流体光电二极管（Uni-Travelling-Carrier Photo Diode，UTC-PD）的结构示意图。

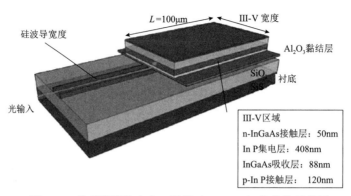

图 7-10　单行载流体光电二极管（UTC-PD）的结构示意图

生成的太赫兹波各自通过一对透镜，以最大化接收侧的太赫兹信号强度，其中的透镜 1 和透镜 2 是与 X 极化方向对齐的，透镜 3 和透镜 4 是与 Y 极化方向对齐的。接收侧使用的是喇叭天线。收到的两路信号分别与本振频率为 30 GHz、38.1667 GHz 的 12 倍频之后的频率差分，得到 384-30×12 = 24（GHz）和 38.1667×12-434 ≈ 24（GHz）的信号。

大规模天线对于太赫兹通信的覆盖具有重要作用。与毫米波通信类似，太赫兹波段的波束赋形主要通过模拟调相的方式实现。即使是模拟波束赋形，太赫兹器件本身的低效率和高成本，使得太赫兹相控阵在民用通信产业的成熟度大大低于毫米波段。因此，目前的太赫兹通信样机系统多数是采用纯模拟的反射式（如喇叭口天线），或者是透镜式的大口径天线形成很窄的固定波束，其波束指向和形状无法动态调整。

⋯→ 7.1.2　信道模型

无线电波在大气中传播时，某些波长的能量被大气中各种气体成分吸收而产生不同的吸收谱线，吸收作用比较显著的是水蒸气、氧气（O_2/O_3）和二氧化碳，它们将所吸收的电磁波能量转换为热能或电离能。气体分子的吸收总是和分子内部从低能态到高能态的跃迁相联系的。分子的能态决定于分子内部的 3 类运动：①电子的运动；②原子核在平衡位置附近的振动；③整个分子绕一定对称轴的旋转。它们所对应的能量都是量子化的。

在这 3 类运动中，相邻的电子能级间的差值最大，按照普朗克公式，这种跃迁所吸收的入射波的频率很高。就大气中主要的吸收成分而言，这种跃迁吸收的辐射，其波长都在紫外线和可见光波段；相邻的转动能级间的差值最小，被吸收的波长大多出现在远红外线直至微波波段；相邻的振动能级间的差值介于上述两者之间，被吸收的波长大多出现于 2 微米～30 微米的红外线波段。由于这 3 种运动可以同时发生，对应于同一电子能态的跃迁，可以有各种不同的振动能态跃迁和转动能态跃迁；同样，对应于一种振动能态跃迁，也可以有各种不同的转动能态跃迁。因此，电子跃迁光谱中有不同的振动分支，而这些振动光谱又包含着一系列表征转动能态跃迁的谱线（常称这种分支为振动 - 转动光谱），因此，分子光谱的图像是错综复杂的。

分子谱线的自然宽度很小，但由于分子间的碰撞和分子热运动的多普勒效应会使谱线大大增宽，比自然线宽要大好几个量级。由分子碰撞造成的增宽称为碰撞增宽，由分子热运动的多普勒效应造成的增宽称为多普勒增宽。谱线宽度与环境的温度和压力有密切关系。电磁波在整层大气传播的过程中，碰撞增宽在 20 km 高度以下占主导地位，而多普勒增宽则在大气高层占主导地位，在 20 km 以上的中间高度，两种增宽机制均有影响，一般需考虑它们共同作用引起的混合增宽。

要计算实际大气的吸收谱，必须知道吸收线的位置、强度、形状，以及它们同温度、压力的关系，还要知道吸收物质的含量等。实际大气的温度、压力和吸收物质的含量随高度而变化，这都会给实际大气吸收谱的计算带来困难。为此，人们提出了若干理论谱带模式，主要包括：①单线模式。将较复杂的钟形吸收谱线的线型当作矩形处理，从而计算其平均吸收率。若某频带含有若干条谱线，且线间距大于谱线宽度而不发生重叠，则可应用单线模式计算所有谱线的平均吸收率。②带模式。计算整个谱带吸收率的方法主要有周期模式和随机模式（统计模式）两种方法。周期模式假定吸收带由等强度等间距的一系列谱线排列构成，于是可计算整个带的平均吸收率，适用于二氧化碳这样的分子。然而对于水气的振转带和转动带，谱线间距和强度分布无简单的规律可循，这时上述假定不适用。于是有谱线位置和强度都是随机分布的所谓随机模式，由此可以很好地计算水气的吸收率。但实际分子光谱既不符合周期模式，也不符合随机模式，因此也有根据实验测量的结果，选定一些吸收率表达式中的参数或选取其他的函数形式进行计算，这样的经验模式具有一定的精度和适用范围。

基于大气分子吸收谱线计算的结果如下。

（1）气体对太赫兹波吸收作用随气体浓度增加、温度下降、气压增高而增强。

（2）水气对 0.1 THz 以上的电磁波有明显吸收。在低频太赫兹波段，吸收峰位于 180 GHz、325 GHz、380 GHz、450 GHz、560 GHz、620 GHz、750 GHz、920 GHz 附近；对于 1 THz 以上太赫兹波，水气吸收强烈。

（3）在温度 300 K，压强 1013 hPa，浓度 300 g/m^3 条件下，频率 0 ～ 1 THz 范围内，氧气（O_2）主要存在 8 个吸收峰，分别位于 54 ～ 65 GHz、119 GHz、369 GHz、425 GHz、487 GHz、715 GHz、774 GHz、834 GHz。

图 7-11 所示是晴空条件下太赫兹波段的大气吸收，包括干燥空气、水气和总体 3 条曲线。可以看出，如果仅仅从大气吸收的角度，100 ～ 150 GHz 的太赫兹波段适合较长距离的传输，如 1 ～ 10 km。150 ～ 350 GHz 的太赫兹波比较适合中距离场景，如 100 m ～ 1 km。更高频的太赫兹波如超过 350 GHz，一般只适合室内（10 ～ 100 m）。对于较长距离的太赫兹通信（射频波段），还需要考虑雨衰，如图 7-12 所示。

考虑到水气和氧气的吸收，以及强烈的雨衰，太赫兹远距离通信一般适用于大气层以外空气十分稀薄的情形。地面的太赫兹通信比较适用于近距离室内场景。图 7-13 是对 220 ～ 330 GHz 太赫兹波段室内近距离（2 m 以内）路损的测量拟合结果。相比 ITU InH（室内热点）的路损模型和自由空间路损模型（Free-Space Path Loss, FSPL），测量拟合的路损要多 4 dB 左右。

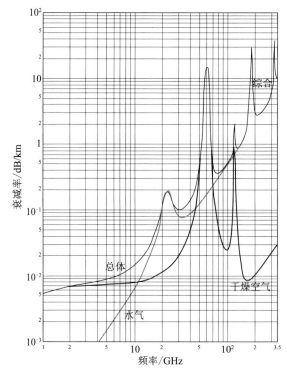

图 7-11　晴空条件下太赫兹波段的大气吸收（1 ～ 350 GHz）

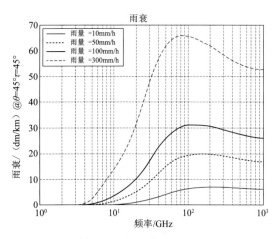

图 7-12　射频波段的雨衰（0.001 ～ 1 THz）

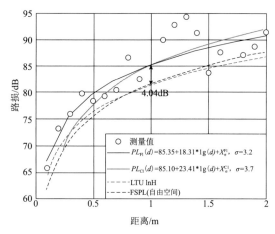

图 7-13　太赫兹波段室内近距路损的测量
拟合结果（220 ～ 330 GHz）

太赫兹通信一般尽量保证视距传输，且采用较窄的波束，这在很大程度上强化了太赫兹信道在时域、频域和空域上的稀疏性，但在传播过程中还是不免存在周围物体的反射。由于波长短，对于低频，一般加工的表面可以看成光滑的反射面，在太赫兹波段很可能就表现得十分粗糙。严格意义上，这需要采用经典电磁散射理论的方法进行建模。其中一种基于电磁理论导出的 Stratton-chu 积分方程如下：

$$E^s = -\mathrm{i}kZ_0 \frac{1}{4\pi} \int_s \hat{r} \times \left[\hat{r} \times (\hat{n} \times H_r) - \frac{1}{Z_0} \hat{n} \times E_r \right] \cdot \frac{\mathrm{e}^{-\mathrm{i}kL_1}}{L_1} \mathrm{d}s$$

$$H^s = \mathrm{i}k \frac{1}{4\pi} \int_s \hat{r} \times \left[\frac{1}{Z_0} \hat{r} \times (\hat{n} \times E_r) + \hat{n} \times H_r \right] \cdot \frac{\mathrm{e}^{-\mathrm{i}kL_1}}{L_1} \mathrm{d}s$$

(7-1)

式中，L_1 是散射板的边长；Z_0 是散射体的阻抗系数；E_r、H_r 分别是入射波的电场强度和磁场强度；s 是散射板的面积；$\hat{n}$ 是散射板的法线方线；$\hat{r}$ 是入射导向向量；k 是波数。

针对同一个 7m×7m 的粗糙表面，入射角为 45°，在不同射频频段的反射 / 散射仿真结果如图 7-14 所示，从电磁波强度的空间分布可以看出，频率愈高，散射效果愈明显，而反射效果愈弱。

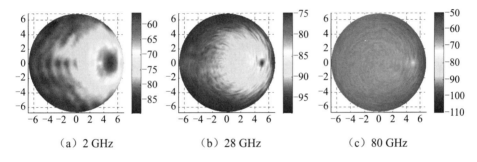

（a）2 GHz　　　　　　（b）28 GHz　　　　　　（c）80 GHz

图 7-14　同一粗糙表面在不同射频频段下的反射 / 散射图样

以上的经典电磁散射理论建模需要精确知道反射表面的微观几何形状、反射材料的介电常数，以及严格的边界条件，计算比较复杂，而且是确定的，缺乏一般统计意义。另外，对于 100 GHz 以上波段，业界对其反射系数的研究还不多。文献 [3] 提出了一种方法来对常用材料在太赫兹频段的反射系数进行统计建模。在不考虑具体的粗糙度模型，假想反射体为一理想平面，参考菲涅尔反射系数理论模型，得出电磁波在不连续介质传播时的反射系数与入射角 θ_e、折射角 θ_t 和波长的模型。

$$\rho_s = \mathrm{e}^{-8 \left(\frac{\pi \sigma_h \cos \theta_e}{\lambda} \right)^2} \left(\frac{\cos \theta_e - \sqrt{\varepsilon} \cos \theta_t}{\cos \theta_e + \sqrt{\varepsilon} \cos \theta_t} \right)$$

(7-2)

式中，ε 是反射体的相对介电常数；σ_h 与反射面的粗糙度有关；λ 是波长。

根据 Snell 公式得到入射角 θ_e、折射角 θ_t 和介电常数的关系：

$$\left(\frac{\sin \theta_t}{\sin \theta_e} \right) = \frac{\sqrt{\varepsilon_{\mathrm{air}}}}{\sqrt{\varepsilon_{\mathrm{material}}}} = \frac{1}{\sqrt{\varepsilon_{\mathrm{material}}}}$$

(7-3)

式中，ε_{air}、$\varepsilon_{\text{material}}$ 分别是空气和反射材料的绝对介电常数。

结合式（7-2）和式（7-3），消去没有直接测量的折射角，得到如下的空 - 频二维的统计反射率模型：

$$\rho(f,\theta) = e^{\frac{af^2\sin\theta\sin\theta}{100000}}\left(\frac{\cos\theta - \sqrt{b - \dfrac{c\times 10\times i}{f} - \sin\theta\sin\theta}}{\cos\theta - \sqrt{b - \dfrac{c\times 10\times i}{f} - \sin\theta\sin\theta}}\right) \tag{7-4}$$

θ 是入射角；系数 a、b 和 c 是针对不同材料进行测量拟合的结果；f 是载波频率；i 是材料索引，如 $i=1$ 表示玻璃。

表 7-2 列举了一些常用建筑 / 家具材料的拟合系数和表面反射率范围。可以观察到的总体趋势是，当入射角变大时，反射率变大。在垂直入射时，常用建筑 / 家具材料对于 270 GHz 太赫兹波的反射率为 0.14 ～ 0.35；在掠入射时，反射率为 0.45 ～ 0.67。

表 7-2 常用建筑 / 家具材料在太赫兹波段（270 GHz）的空 - 频二维反射系数模型拟合系数和反射系数范围

参　　数	玻　　璃	瓷　　砖	木　　板	石膏板
拟合系数 a	−0.401	−0.477	−0.501	−0.783
拟合系数 b	0.518	0.1896	0.7445	0.7213
拟合系数 c	34.29	15.07	25	10.42
反射率 ρ 对应入射角 0 ～ 90°	0.31 ～ 0.62	0.35 ～ 0.67	0.23 ～ 0.56	0.14 ～ 0.45

小尺度信道模型也是太赫兹信道模型的重要部分，文献 [4] 进行了 100 GHz 办公室场景全角度信道 LOS、NLOS 测量。图 7-15 是办公室场景测量的布局图，三角形代表发射天线，基本的朝向为东（图中向右），紧贴西侧墙面放置，15 个测试点用叉形表示，均匀分布在长方形办公室各处，靠北墙有 5 排办公桌，不会对测试信道有阻挡效果（但会产生一定的散射 / 反射），办公室的东南角有一根立柱（图中右下方的小方块）。在测试中，发射天线可以水平转动，分别对准不同的测试点。

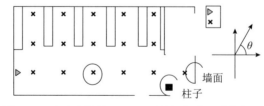

图 7-15　办公室场景 100 GHz 频段信道测量的布局图

利用角度 - 时延域极值法可以合成全向的功率时延谱（Power Delay Profile，PDP），如图 7-16 所示。总体来看，由于非直射径（NLOS）上的物体对太赫兹波主要形成散射，反射或者衍射效应不明显，电波能量大多分散到各个角度，即使是面积较大的远处墙面和立柱，它们反射的、能够被接收天线探测到的能量与直射径相比有 20 dB 左右的差距，传播信道具有比较明显的稀疏性。

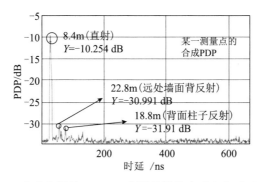

图 7-16　办公室场景 100 GHz 频段信道的合成全向时延功率谱

在另一个会议室的小尺度信道的测试中，被测房间的长、宽、高分别为 10 m、8 m 和 4 m，墙体有三面是石膏板，一面是玻璃墙。会议室内的家具布置是典型的：位于房间中央的是椭圆形会议桌，一面墙上挂着显式屏，四周放置一些室内植物。发射机固定在靠近角落的位置，朝向中间的会议桌天线高度为 2 m，发射波束宽度为 60°。接收机的天线高度为 1.4m，分布在房间内 10 处相对空旷的位置，接收波束宽度为 10°，水平方向上以 10° 为间距，进行 360° 扫描。在垂直方向上以 5° 为间距，在 -10° 和 10° 之间扫描测量。对 140 GHz 的实测数据进行分析，信道散射簇的分布结果如图 7-17 所示。发现单个散射簇的比例高达 45%，两个散射簇的比例为 22%，三个散射簇的比例为 33%，没有更多散射簇（比第一个簇弱 25 dB 以上，可忽略）的情形。相比之下，在同样场景下对 28 GHz 毫米波进行测量，发现单个散射簇的比例只有 4%，两个散射簇的比例为 48%，三个散射簇的比例为 44%，四个散射簇的比例为 4%。140 GHz 的第二个散射簇较第一个散射簇的时延只有 8 ns，第三个散射簇较第一个散射簇的时延大约为 35 ns。多径（第二个散射簇和第三个散射簇）来源于墙面反射，尽管石膏板墙面较为光滑，但对于 140 GHz 的亚太赫兹频段还是存在相当程度的散射和吸收，损耗大约有 12 dB。以上的测量进一步证明太赫兹传播信道相比毫米波频段具有更显著的时域和空域的稀疏性。

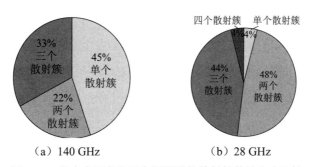

图 7-17　室内会议室场景实测信道的散射簇数量分布比较

表 7-3 列举了根据室内办公室 140 GHz 信道实测数据进行特征参数拟合值，并与目前业界最为广泛应用的 3GPP TR 38.901 信道模型参数对比结果。3GPP TR 38.901 的适用范围最高为 100 GHz，直接将载频外推至 140 GHz 所得的参数值与实测数据拟合出的时延扩展的期望值（m_{DS}）和到达角扩展的标准方差（σ_{ASA}）有明显差异。这说明 3GPP TR 38.901 中的基于毫米波测量的模型不一定能够简单外推就适用于亚太赫兹或太赫兹波段的传播信道。因此，需要根据更大量的实际测试和传播机理研究来修正 3GPP TR 38.901 模型或者提出全新的模型。

表 7-3　室内办公室 140 GHz 信道实测数据特征参数与 3GPP TR 38.901 信道模型参数的对比

场　　景		室内办公室	
		3GPP TR 38.901 模型外推至 f_c = 140 GHz	实测数据拟合
时延扩展 /ns	μ_{DS}	**19.34**	**3.32**
	σ_{DS}	1.51	1.99
到达角扩展 /（°）	μ_{ASA}	23.58	26.18
	σ_{ASA}	**2.40**	**1.32**

注：f_c 是载波的中心频率。加黑数据表示实测拟合的数值与 TR 38.901 外推的数据有较大差别。

···→ 7.1.3　空口物理层技术

太赫兹的路径损耗在相同覆盖的情况下比毫米波大 20 ～ 40 dB，而由于带宽的显著增大，太赫兹器件的发射功率不高，功率资源也面临短缺，需要通过波束的增益进行补偿。这意味着波束需要变得更窄，波束数目变得更多，而且可能从接入阶段就需要使用窄波束才能够建立通信。最简单、直接的方式是采用各种形状经过优化了的喇叭天线，或者是透镜天线、曲面反射面，能够得到 10 ～ 50 dBi 左右的天线增益。但是这类方式无法对波束方向和波束形状进行动态的电调，更加适合点对点的固定信道场景。对于移动场景，需要能对太赫兹进行动态的波束赋形，这离不开大规模天线单元阵列。由于太赫兹的波长在亚毫米级，阵列的每个单元的尺寸微小，相配套的芯片、引线、封装的难度大大增加，而且在设计中还需避免相邻单元之间的耦合效应和寄生损耗。除了传统的有源天线，太赫兹 MIMO 还可以考虑智能超表面（RIS），有望降低天线总体功耗，减小有源线路的设计难度。

不同空间角度的波束对天线阵列的不同单元产生不同的信号时延梯度，在频域上则体现为载波频率的各种偏移，即天线阵列的波束方向随频率变化而变化，如

$$f_c \sin\theta_0 = f \sin\theta \tag{7-5}$$

式中，f_c 是载波的中心频率，θ_0 是中心频率的波束方向。这种现象被称为波束斜视。太赫兹通信的一大应用场景是超大带宽，这会导致波束斜视现象加剧，甚至导致波束分裂，如图 7-18 所示。中心频点为 100 GHz，天线数为 256。当带宽为 100 MHz 时，波束偏移不明显；但当带宽增加至 5 GHz 时，波束分裂严重。波束方向仅能在中心频率附近对准用户，而在其他频段则偏移或偏离用户。

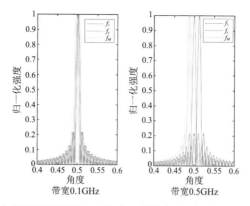

图 7-18 太赫兹大规模天线系统在大带宽下的波束分裂现象（中心频点 100 GHz）

对现有的混合波束赋形阵列结构进行优化，如添加带有频率选择性移相模块，通过延迟器来补偿波束斜视现象，如图 7-19 所示，当然这会需要多组移相器，每一组不是工作在整个系统带宽，而是工作在部分频域资源，射频单元的总体复杂度有一定增加。另外，还可以通过设计码本来减弱波束斜视的影响。

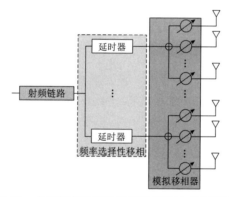

图 7-19 多组频率选择性移相器以抗波束分裂问题

设计太赫兹空口物理层还需要考虑：

（1）极窄的波束，要求系统有更高的对准精度，波束扫描的数量比毫米波段更多，波束搜索过程会更加耗时，对移动性有影响。

（2）高度定向的窄波束只能照亮少数散射体，信道时延扩展减小，这会影响子帧结构和参考信号的设计。

（3）较短的波长使得太赫兹波段的信道具有十分明显的多普勒效应，即使是室内慢速移动的场景，这需要有效解决。

（4）OFDM 波形的峰均比（PAPR）较高，可能不适合太赫兹通信，可以考虑单载波，如DFT-s-OFDM，或更为简单的 OOK。

（5）未支持超宽带和超高速传输，需要较低的信道编译码复杂度，即便是要牺牲一定的性能；信号的量化精度可以适当降低，以降低 A/D 和 D/A 的功耗。

（6）覆盖范围有限，尤其在地面通信（主要是室内场景），难以独立组网，需要采用载波聚合等方式实现连续覆盖。

在 IEEE 802 系列的标准中，802.15.3d 是针对太赫兹波段的通信标准协议[5]，于 2017 年制定完成。其工作频段为 253 ～ 322 GHz，最大系统带宽可达 69 GHz，比毫米波段的典型带宽要高 1 或 2 个数量级。尽管 IEEE 802.15.3d 不属于 5G 或者 6G 移动通信标准，但它的一些物理层设计对 6G 的相关场景应用有一定的参考意义。

IEEE 802.15.3d 的物理层协议充分考虑了目前太赫兹电子器件的发展水平和工程可实现性，主要用于点对点的通信场景，即收发两端在数据交互时均处于静止，或者准静止状态，这一点与其他系列的 802 协议（如 802.11ad、802.11ay 等）的场景有很明显的区别。点对点场景大大降低了 802.15.3d 的复杂性，不用特别考虑多址接入和干扰抑制等问题，初始接入和设备发现过程变得比较简单。控制信令开销也大大减少，增加数据传输速率。IEEE 802.15.3d 物理层也没有采用频谱效率较高的多载波，而是利用信号峰均比较低的波形，以降低太赫兹射频器件的实现难度和功耗。

IEEE 802.15.3d 主要支持 4 种场景应用[6]。

（1）无线前传 / 回传，类似于 3GPP 中的回传接入一体化（Integrated Access and Backhaul，IAB），但能够承载的传输速率可达 100 Gbit/s，能与光纤的速率媲美，比现在最高的毫米波通信要高一个数量级。典型的发射功率为 25 dBm，采用较高的发射和接收天线孔径，增益都在 30 dB 左右，接收端的噪声系数约为 8 dB，波形质量较高，EVM 在 -20 dB 左右。当带宽超过 25.92 GHz（一直到 69.12GHz），都能支持 100 Gbit/s 以上的速率，传输距离从 100 m 降至 50 m[7]，如图 7-20 所示。

（2）数据中心服务器间无线连接。典型的发射功率为 10 dBm，收发天线增益在 30 dB 左右，接收端的噪声系数约为 8 dB，EVM 在 -15 dB 左右。当带宽在 25.92 GHz 和 69.12 GHz 之间时，可支持 100 Gbit/s 以上的速率，传输距离为 10 ～ 18 m，如图 7-20 所示。

（3）终端直连或数据亭下载，如 2 小时电影（约 900 MB）的下载时间可以在 1 s 以内。典型的发射功率为 0 dBm，发射天线增益约为 24 dB，接收天线增益约为 12 dB，噪声系数约为 8 dB，EVM 在 -7 dB 左右，带宽需要 51.84 GHz 以上，传输距离约为 0.5 m，如图 7-20 所示。

（4）器件内部无线通信，如 CPU 与 RAM 之间。典型的发射功率为 0 dBm，收发天线增益约为 6 dB，噪声系数约为 8 dB，EVM 在 -3 dB 左右，带宽需要 51.84 GHz 以上，传输距离为 2 ～ 3 cm，如图 7-20 所示。

IEEE 802.15.3d 将 252.72 ～ 321.84 GHz 频段划分为 69 个资源上有重叠的物理信道，支持 8 种带宽，从 2.16 GHz 到 69.12 GHz；根据应用场景和硬件能力，可以占用整个 69.12 GHz，或者是 2.16 GHz 的整数倍带宽。系统默认的物理信道编号为 CHNL = 41，带宽为 4.32 GHz。根据 WRC-2019 的决议，这个频段是全球使用的[8]，尽管有可能在一些国家 / 地区对射电天文系统或地球探测卫星业务的频谱产生干扰，但 WRC-2019 并没有对 IEEE 802.15.3d 的发射功率做特别的限制。IEEE 802.15.3d 物理信道的频率分配如图 7-21 所示。

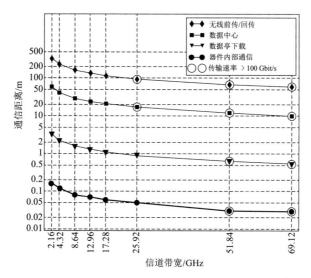

图 7-20　IEEE 802.15.3d 典型场景的传输距离和速率 [7]

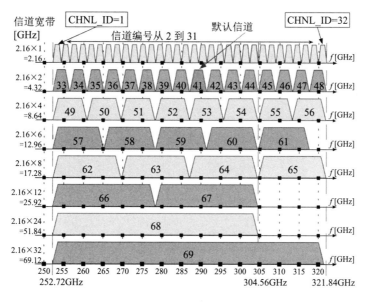

图 7-21　IEEE 802.15.3d 物理信道的频率分配

IEEE 802.15.3d 的物理层定义了两种传输模式：单载波模式（THz-SC PHY）和通断键控模式（THz-OOK PHY）。单载波模式主要服务大带宽 / 高速率的无线回传或者数据中心服务器无线连接，而通断键控模式主要服务低成本太赫兹设备，采用幅度调制，配合如谐振隧穿二极管的硬件。具体如下。

（1）单载波模式：每个物理帧扣除物理前导等头部信令/信号，可以承载 2048～2099200 B，支持 6 种调制方式：BPSK、QPSK、8-PSK、8-APSK、16-QAM 和 64-QAM。其中，BPSK 和 QPSK 是必选，其他是可选。信道编码为低密度校验码（LDPC），支持两种码率，一个校验矩阵大小是（1440，1344），码率为 14/15，另一个校验矩阵大小是（1440，1056），码率为 11/15。图 7-22 是 IEEE 802.15.3d 的物理帧结构。物理前导（PHY preamble）用来帮助帧检测、时间同步和信道估计。其后的物理层包头（PHY header）及 MAC 层包头（MAC header），均由头部校验序列保护，并配 16 bit 的 CRC。为了进一步增加健壮性，其后又级联一个扩展的汉明码。由于调制方式较多，调制编码方式（MCS）的组合较多，需要 4 bit 通知，如图 7-22 所示。

（2）通断键控模式。信道编码的必选是（240，224）RS（Reed-Solomon）码，编译码复杂度，不需要软比特信息。LDPC 是可选的。由于只支持一种调制方式，调制编码方式（MCS）的组合较少，只需要 2 bit 通知，如图 7-22 所示。

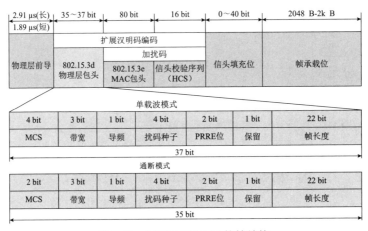

图 7-22　IEEE 802.15.3d 的帧结构

7.2　可见光通信

可见光通信提供了一种低功耗、不易受电磁干扰的无线通信方式。它的发展在很大程度上受制于照明产业的技术迭代。特别是对于传输速率要求很高的可见光通信，需要在器件领域有重大的突破，有效提高光源和探测器的调制带宽。可见光本身是免授权的频段，ITU-R 也没有把可见光列入 IMT 频段，这就使得可见光通信可以比较独立地发展，无须与移动通信网络紧密绑定。也是这个原因，IEEE 802 和 ITU-T 已经对可见光通信制定了一些标准协议，以服务室内的短距通信。

⋯→ 7.2.1　可见光通信的器件发展

与太赫兹通信类似，可见光通信面临的一大挑战是覆盖范围较小，为增加传输距离，需要发射侧的光功率足够高。从提高能量效率的角度，除了比较特殊的应用场景，固体半导体光源已全面代替白炽灯或者气体放电灯而成为照明用的主流光源。半导体化合物的种类很多，随着半导体材料的研究和工艺的不断进步，固体半导体光源材料已从二元化合物向三元或者更多元的化合物迈进，性能更加稳定和优异。化合物的每一种组合有比较适合的波段。图 7-23 是不同可见光波段的硅基发光二极管（LED）的发光效率。可以看出，氮化铟镓（InGaN）的半导体材料适合波长较短且频率较高的绿光、蓝光和紫光，而磷化铝镓铟（AlGaInP）适合波长较长且频率较低的黄光、橙光和红光。

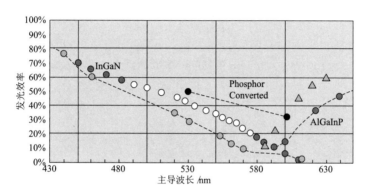

图 7-23　不同可见光波段的硅基发光二极管（LED）的发光效率

可见光通信可以借助日常的照明系统，不用另外部署光源。照明系统对光的色度有严格要求，通常以白光为主。每种类型的半导体化合物只适合某一段可见光光谱，如图 7-24（a）所示，蓝光 LED 的发射光谱峰值在 450 nm 波长左右，虽然在黄光和绿光波段也有比较强的辐射，但对人眼的感受而言还是基本上是蓝色，无法直接用来照明。为了生成近似的白光，一种方法是利用类似日光灯的荧光原理，用蓝光去激发磷化合物的荧光粉，产生白色灯光，如图 7-24（b）所示。这种方法虽然硬件实现简单，成本较低，但存在一些问题：①演色性指数较低，呈现被照物体真实颜色的能力较差，色调偏冷；②荧光粉的二次激发涉及能量转化的过程，会影响整体的发光效率；③荧光粉的蒸镀可能会出现表面缺陷，从而泄露蓝光，造成对人眼的伤害；④荧光粉由磷化合物构成，存在一定污染，需要妥善回收；⑤受限于荧光粉的材料组成，荧光式光源的光谱固定，无法调整；⑥荧光粉严重影响 LED 的响应速度，大幅降低 LED 的调制带宽。

为了解决以上问题，可以采取另一种白光生成方式：多基色白光。如图 7-25（a）所示，分别由红光 LED、黄光 LED、绿光 LED、青光 LED 和蓝光 LED 按照人眼对各段光谱的视觉响应，调整功率比例，使得合成后的光谱近似日光的光谱，如图 7-25（b）所示。虽然这种方法的硬件更加复杂，成本较高，但在照明功能上，它具有以下优势：①与日光的色度更接近，演色性指数较高，能够真实地呈现被照物体的本身颜色；②进一步优化之后，发光效率有望比荧光方法的发光效率更高；③降低蓝光伤害的可能性；④没有荧光部分，结构更为健壮；⑤可以灵活配置，调整合成后的光谱组成，适应不同的照明需求。对于可见光通信，多基色白光的优点在于可以有效支持基于光谱颜色的多个通道传输，提高传输速率。

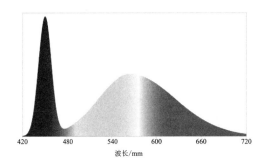
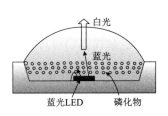

（a）蓝光 LED 的发射光谱   （b）蓝色 LED + 荧光粉结构

图 7-24 蓝光 LED 的发射光谱和荧光产生白光的方法

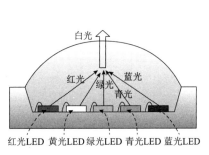
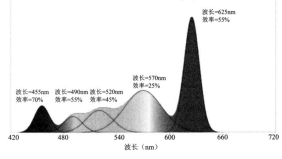

（a）多基色 LED 灯   （b）合成后的光谱

图 7-25 多基色白光的生成方法和合成光谱

在发光光谱确定的条件下，输出光功率或者发光效率与调制带宽是可见光通信的主要矛盾，尤其是当采用照明用的 LED 光源时。LED 器件的发光过程如图 7-26 所示。外接电源对 PN 结正向施加电压，二极管导通，电场带将 N 区的自由电子（载流子）赶向 P 区，电子导带提升。同样地，电场将 P 区的空穴赶向 N 区，自由电子与空穴在结区结合，自由电子进入价带，释放一部分能量，形成自发辐射，将电能转化为光能。LED 的响应速度取决于少数载流子的寿命和结电容，LED 调制带宽与结电容成反比。

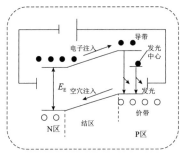
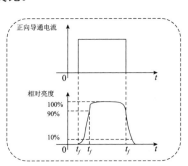

图 7-26 LED 器件的发光过程

载流子的寿命与结区的电流密度有关，电流密度愈大，载流子的寿命愈短，响应时间愈快。表 7-4 列举了 LED 结区电流密度与芯片尺寸、电流的关系。从提高调制带宽的角度，LED 有源部分的电流密度应该尽量大，如提高电流。但是从散热和材料自身等考虑，电流密度的提升是有上限的，电流的提高也是有限制的，因为这会耗费更多的电能，产生更强的光。这个限制既是从人眼健康考虑的，也是从照明节能的角度考虑的。

表 7-4　LED 结区电流密度（kA/cm^2）与芯片尺寸、电流的关系

电流 /mA	芯片尺寸 / um^2			
	50×50	75×75	100×100	150×150
50	2.55	1.13	0.64	0.28
100	5.09	2.26	1.27	0.57
150	7.64	3.40	1.91	0.85
200	12.0	4.53	2.55	1.13
300	15.3	6.79	3.82	1.70

可见光通信的固体半导体光源主要分为三大类。

1. 发光二极管（LED）

LED 的特点是自发辐射，存在效率跌落，3 dB 带宽一般小于 100 MHz。尽管调制带宽不高，但 LED 已被广泛应用在照明领域。LED 作为可见光通信的光源比较容易融入照明行业，借助照明用电，降低部署成本和系统功耗。

LED 的衬底材料有几种选择，如硅衬底、碳化硅衬底和蓝宝石衬底。其中，硅衬底材料容易与目前各类半导体器件实现芯片一体化，降低制造成本，提高性能的一致性。为了增加硅衬底 LED 器件的调制带宽，复旦大学提出了垂直结构的 LED（图 7-27），以降低载流子的寿命。器件只从一边（单面）产生辐射，发光的一致性较好；在设计中采用了互补电极来减少电极对光的吸收，并使得电流的分布更均匀。为了减少硅衬底对光的吸收，在硅底层上加了一层银，以增加反射。PN 结区的量子阱也做了特殊优化，提高了载流子的抽取效率。

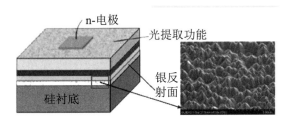

图 7-27　硅衬底 LED 增加调制带宽的设计举例

同样地，蓝宝石衬底 LED 也可以通过优化限流尺寸（结面积及 p-GaN 与结接触面积）及部分量子阱 n 型掺杂 76 μm 孔径获得约 150 MHz 的 3 dB 带宽[9]，如图 7-28 所示。图 7-28（a）是器件的结构图和基本尺寸，图 7-28（b）分别对应于 228×228 μm^2 和 114×228 μm^2 两

种尺寸的器件频率响应特性。可以看出，经过限流尺寸的优化，器件的调制带宽能够达到 150 MHz 以上，其中尺寸较小的器件在电流为 200 mA 时，调制带宽可以超过 200 MHz。

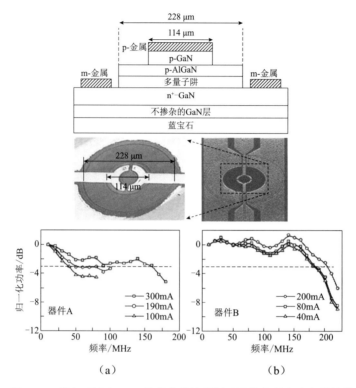

图 7-28　蓝宝石衬底 LED 的优化设计举例及器件的频率响应特性[9]

2. 超发射二极管

　　如果不借用照明的功能，可以考虑用超发射二极管作为可见光通信的光源。所谓的"超"强调该类二极管的功率很高，工作电流很大，能够结合普通发光二极管（LED）和激光二极管（Laser Diode，LD）各自的优点，可以实现 800 MHz 的调制带宽。图 7-29 是一个基于 InGaN 的高功率蓝光超发射二极管的结构示意图。

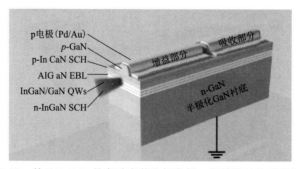

图 7-29　基于 InGaN 的高功率蓝光超发射二极管的结构示意图[10]

3. 激光二极管

激光二极管是受激辐射，3dB 带宽可以超过 1 GHz。由于光纤的广泛使用，红外激光器的设计和生产工艺已经十分成熟，但是可见光波段高速激光器的发展还相对落后。图 7-30（a）是氮化镓（GaN）蓝光（450 nm）的激光器结构和基本形状尺寸。它实际上是从 Casio XJM140 型号的投影仪上取出的，阈值电流密度为 1.48 kA/cm^2，电压阈值为 4V。从图 7-30（b）的频率响应曲线可以看出，测出的最大的 −3 dB 带宽可达 2.6 GHz，这时总电流为 500 mA。图 7-30（b）中的点为测量的频率响应，而曲线是对测量点进行 6 阶多项式拟合而成的。总的趋势是，与 LED 光源类似，随着电流的增大，电流密度增大，载流子的寿命变短，激光二极管的响应时间变短，调制带宽变大。

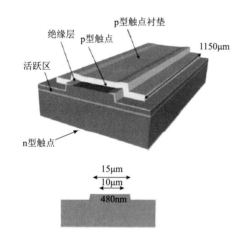

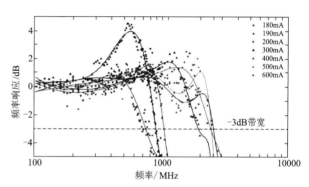

（a）器件结构和基本形状尺寸　　　　　　　（b）测量和拟合的频率响应曲线

图 7-30　氮化镓（GaN）蓝光激光器举例 [11]

与 LED 加荧光粉的方法类似，激光二极管发出的蓝色激光通过荧光粉转化为白色光（此时不是严格意义上的激光）。图 7-31 是蓝色氮化镓（GaN）激光器、激光器 + 荧光粉、LED、LED+ 荧光粉的频率响应对比 [12]，这里 GaN 激光器所用的荧光粉材料为 YAG-Ce 类的磷化合物，LED 为一般照明用器件，未经过针对响应速度的设计优化。可以看出，荧光粉对激光器频响有略微影响，但对 LED 的影响十分明显。总体来讲，LD 与未优化的 LED 的调制带宽有两个数量级的差别。

可见光通信的接收器可以是 PIN 光电二极管、APD 雪崩光电二极管、图像传感器 CCD 等，还可以通过滤镜或者棱镜增加接收速率。与光源器件的物理机制不同，PIN 光电二极管和 APD 雪崩光电二极管工作在反向电压下，在光照时，携带能量的光子进入 PN 结，将能量传给共价键上的电子，使得这些电子挣脱共价键，产生电子 - 空穴对。光电二极管在制作时通常在 PN 结中间掺入一层浓度较低的 N 型半导体，这样可以增大耗尽层的宽度，减小电子 - 空穴扩散运动的影响，以提高响应速度。这一掺入层的掺杂浓度很低，接近本征（Intrinsic）

半导体，所以也被称为 I 层，整个结构被称为 PIN 光电二极管。PIN 管在频率响应方面不是很有挑战，比较容易达到 1 GHz 以上的调制带宽。PIN 光电二极管的一个主要特点是其噪声与信号接收功率有关，即所谓的"乘性"噪声，这对信号设计有一定影响。

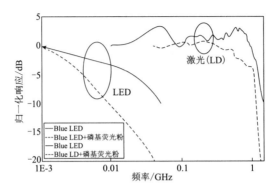

图 7-31　蓝色氮化镓（GaN）激光器、激光器 + 荧光粉、LED、LED+ 荧光粉的频率响应对比[12]

···→ 7.2.2　空口相关技术

1. 信道模型

光通信的传输距离较短，再加上波长短，衍射和散射效应不明显，总体上讲，信道呈现较强的稀疏性，图 7-32 所示是一个信道测试对比。在相同场景下，毫米波的均方根时延扩展从总体上讲要高于可见光。随着距离增大，毫米波的均方根时延扩展增大，而可见光的均方根时延扩展变化不大，都在 10 ns 以内，信道比较平坦。

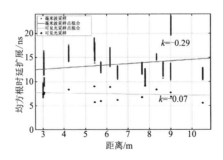

图 7-32　毫米波与可见光均方根时延扩展对比

可见光的频带宽广，造成不同光谱的路损存在一定差异，这也可以通过实测来验证，如图 7-33 所示。这里考虑的是直射径和一次反射径的能量。可以看出，当传输距离为 10 m 时，红光与紫光的路损差别大概有 5 dB，基于多色多址的可见光通信需要考虑这方面的因素。

可见光通信对光波进行光强调制，承载的信号必须是非负的实数信号，这与射频波通信有着本质的不同。在这样的限制条件下，最简单的信号调制方式是开关键控（OOK），它是一种单载波调制方式，只有两种电平状态，0 代表发光二极管 / 激光器截止，无光信号发出，1

代表发光二极管 / 激光器导通，有光信号发出。OOK 调制的 PAPR 较低，发光二极管 / 激光器的工作效率较高，但是频谱利用率较低，因此可以考虑多载波方式。由于非负实数信号的限制，传统的 OFDM 调制需要做适当的修改。

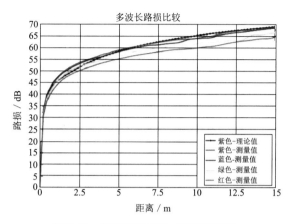

图 7-33　不同波段可见光的路损对比

2. 波形调制

先分析一下可见光信号满足什么样的分布可以最大化信道容量。因为是光强调制，光信号一阶矩的含义与射频信号的幅度 / 相位调制有所不同。在可见光通信中，信号的均值反映的是平均光功率，而不是光波的平均幅度。如果光源同时用于照明，则平均光功率决定了光照度。信号最大值反映的是最大光功率，而不是光波的最大幅度，这个峰值功率不能过高，否则会对器件造成损伤。信道容量 $h(X)$ 的最大化是寻找一个分布 $Q(x)$，并满足以下的约束条件：

$$\max_{Q(x)} h(X)$$

$$\text{s.t.} \begin{cases} \int_0^A Q(x)\mathrm{d}x = 1 \\ \int_0^A xQ(x)\mathrm{d}x = E \end{cases} \tag{7-6}$$

式中，A 为信号的最大值（即最大光功率），E 是信号的均值（即平均光功率），定义 $a = E/A$ 为信号均值与峰值的比值。从对可见光信道的测量建模可以观察到：可见光信道的均方根时延较小，频域响应比较平坦。另外，可见光通信多数场景为室内近距离场景，终端处于静止或低速移动状态，衰落现象不明显；如果有遮挡，则基本完全收不到信号，很少有像射频传输中的散射和衍射，即使有障碍物阻挡，也会收到部分信号。因此，我们假设信道为加性高斯白噪声（AWGN）。经过推导，最优的信号强度分布服从指数分布：

$$Q^*(x) = \frac{\lambda_1}{e^{\lambda_1 A - 1}} e^{\lambda_1 x}, x \in [0, A] \tag{7-7}$$

其中的参数 λ_1 是下面超越方程的解:

$$\frac{\mathrm{e}^{\lambda_1 A}}{\mathrm{e}^{\lambda_1 A}-1}-\frac{1}{\lambda_1 A}=\alpha \tag{7-8}$$

图 7-34 是 AWGN 信道下,当光信号强度的峰值 A 为 1、均值 E 为 0.2 时的信道容量最优的概率密度分布。可以看出,要想充分利用频谱,光信号强度应该主要分布在比较低的区间,尤其在靠近 0 功率附近,而在强度比较高的区间应该尽量少出现。式(7-7)从理论上指出了可见光通信波形设计应该努力的方向。显然,简单的单载波 OOK 调制信号的强度是离散分布的,50% 为 0,50% 为峰值强度,这与指数分布相差很大,所以与理论上能达到的频谱效率相差很远。

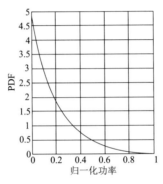

图 7-34 满足均值和峰值约束条件下的信道容量最优分布(峰值 $A=1$,均值 $E=0.2$, $\lambda_1=-4.8$)

多载波在频谱效率上有一定优势,其中最简单的一种是直流偏置 OFDM(Direct Current biased Optical OFDM, DCO-OFDM)调制。首先将复数调制信号序列重复一倍,复制的那部分取共轭,放到各个频域子载波上,然后经过 IFFT,生成实数的时域信号,再加上直流部分。如果最大值或最小值超过 LED 的输入信号范围,则需进行上削波或者下削波。DCO-OFDM 的主要缺点是光功率的利用率很低,尤其是为了尽量减少削波的比例,直流偏置有可能高于光信号本身的均值,大部分能量用于照明,而不是传输信号。这一点也可以从信号(下削波之后)的概率密度分布看出。基于中心极限定理(当子载波数量很大时),有

$$f_{\mathrm{ZDCO}}(W)=\frac{1}{\sqrt{2\pi}\sigma_{\mathrm{D}}}\exp\left(\frac{-(W-B_{\mathrm{DC}})^2}{2\sigma_{\mathrm{D}}{}^2}\right)u(W)+Q\left(\frac{B_{\mathrm{DC}}}{\sigma_{\mathrm{D}}}\right)\delta(W) \tag{7-9}$$

式中,B_{DC} 是直流偏置,$\sigma_{\mathrm{D}}{}^2$ 的是未削波信号的均方根(RMS),$Q(x)$ 是高斯函数的累计函数,$u(x)$ 是单位阶跃函数,$\delta(x)$ 是单位冲激函数。其分布基本上是截取一个均值为 B_{DC}、方差为 $\sigma_{\mathrm{D}}{}^2$ 的高斯函数的正半部分,下削波阈值对应一个单位冲激函数,在这点的概率通过对高斯函数截掉的尾部进行积分得到。显然,这个分布与最优的指数分布还是有差距的。当然,如果可见光通信只是借用照明用的 LED,则光能利用率不高也不是一个很严重的问题。

DCO-OFDM 能量效率低的原因主要在于直流偏置。为解决这个问题，可以采用非对称削波 OFDM（Asymmetrically Clipped Optical OFDM, ACO-OFDM）。它是在 DCO-OFDM 的基础上，只保留奇数子载波上的信号，而不发偶数子载波上的信号，即频谱效率折半。经过 IFFT 后，时域信号不仅是实数，而且前后两部分信号具有对称性，过零削波不会丢失任何信息。换句话说，ACO-OFDM 可以完全利用光功率进行数据传输，尽管频谱利用率降低一半。ACO-OFDM 信号（没有上削波）的概率密度分布可以表示为

$$f_{XACO}(W) = \frac{1}{\sqrt{2\pi}\sigma_A} \exp\left(\frac{-W^2}{2\sigma_A{}^2}\right) u(W) + \frac{1}{2}\delta(W) \qquad （7\text{-}10）$$

这个分布基本上是截取一个均值为 0、方差为 $\sigma_A{}^2$ 的高斯函数的上半部分。相比 DCO-OFDM，ACO-OFDM 信号中有更多的能量靠近 0，与最优的指数分布更接近一些。

为了进一步利用 ACO-OFDM 中没有用到的子载波，可以对这些子载波分层，每一层的子载波是上一层的一半，分别做 IFFT，削波之后逐层叠加，构成 Layered ACO-OFDM [13]，如图 7-35 所示。由于每次的过零削波，引入层间干扰（下一层对上一层），需要在接收侧消除串行干扰。每一层信号（没有上削波）的概率密度分布可以同样用式（7-9）表示，只不过各层信号的均方根（RMS）值 $\sigma_A{}^2$ 不一样。各层信号彼此独立，这些随机变量之和的概率密度分布是所有层的信号概率密度函数的卷积，可以想象均值为 0 的多个高斯函数相互之间卷积之后，将更向 0 靠拢，与最优的指数分布更加接近。

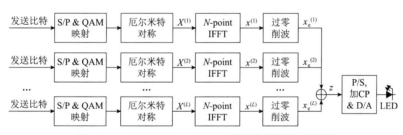

图 7-35　Layered ACO-OFDM 的基带发射部分框图

3. 其他空口技术

由于 LED 光源的调制带宽限制，为提高传输速率，可以进行信道均衡。LED 的频响特性是器件的固有特性，一般出厂之后不再变化，所以可以事先测试每一个（或每一批）LED 的频率特性，在硬件中进行预补偿，从而改善 3dB 调制带宽。这种工作属于产品实现，没有空口标准化影响。另一种方式是通过参考信号对 LED 的频率响应进行估计，然后在接收端做信道均衡。

从目前看来，基于 LED 的可见光通信可以结合照明，更易部署。通常的 LED 调制带宽为 20 ～ 30 MHz，优化定制 LED 光源从成本、照明效率、批量生产的可行性等方面都存在不确定性因素，因此传输速率在 5G NR 的范围之内，5G 的 LDPC 在码块大小、码率范围等方面应该能够良好支持可见光通信的速率要求。

由于是光强调制，可见光的 MIMO 与射频波的 MIMO 有很大区别，比较难以采用预编码的方式改变光波的指向。多个灯（"光天线"）之间通常通过相距足够距离来实现空间复用，整体效率不高，性价比没有明显优势。

可见光通信一般仅用于下行传输，需要与射频波段的链接联合，形成完整的通信网络，图 7-36 是一个可见光/射频异构组网示意图，这里假定主要的业务是下行的。在图 7-36 中，全局控制器（RF AP）相当于一片网络的中枢，它一方面与多个协调器（VLC AP）通过回传链路连接，另一方面与 LiPAN 设备（终端）通过射频链路连接。为了降低单个协调器的成本，协调器的空口部分只有可见光的下行，不再配备上行接收模块。因为以下行业务为主，这样的简化对系统整体性能的影响不大。终端无法与协调器直接通信，但是可以与全局控制器以射频的方式向全局控制器通信，反馈所测量的信道状态信息（CSI）、HARQ 等。在某些情形下，全局控制器可以通过射频通路与终端直接联系或通知指令。RF AP 根据终端的信息上报，做出决策，如由哪一个 VLC AP 来服务这个终端。

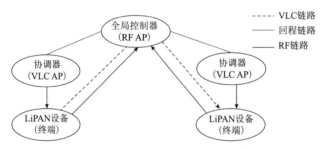

图 7-36　可见光/射频异构组网示意图

4. 可见光通信的现有标准

可见光通信目前在 IEEE 和 ITU 都有标准，应用场景是室内近距离的点对点通信，IEEE 标准的业务要求偏低，物理层技术相对简单，设备实现的复杂度和成本较低，传输速率一般不超过 100 Mbit/s。ITU 可见光通信标准的业务速率较高，可以接近 Gbit/s，物理层技术实现难度较高，系统的成本相对偏高。尽管这些标准不属于 5G 或 6G 移动通信，但其中的一些设计有借鉴作用。

IEEE 802.15.7 标准 [14] 支持的频段波长从近紫外（190 nm）到红外（10000 nm），用于近距离传输。该标准根据应用场景和光无线通信硬件的条件，一共定义了 7 种物理层配置类型。表 7-5 和表 7-6 分别列举了两种比较典型的配置，即第 II 类物理层配置和第III类物理层配置。总体来讲，IEEE 802.15.7 物理层的设计尽量降低对光器件的依赖，如采用通断类型的调制，最大化光发射器的功放效率。信道编码采用无须软比特迭代译码的分组码，有利于在硬件处理速度受限的条件下，最大化传输速率。

第 II 类物理层配置有两种调制方式，一种是可变脉冲位置调制（Variable Pulse Positioning Modulation, VPPM），光时钟频率较低，为 3.75 MHz 和 7.5 MHz，适合频带宽度较窄的光源；

另一种是简单的通断键控（OOK），光时钟频率较宽，最大可达 120 MHz，适合调制宽度较宽的光源，支持 96 Mbit/s 的传输速率。图 7-37 是一个 VPPM 调制的例子，在脉冲时钟周期起始点确定的前提之下，用"0"代表脉冲从周期起点处于"On"（导通）状态，持续一段时间（在下一个周期起点之前）关断。持续时间取决于灯光明暗调控。用"1"代表脉冲从周期起点处于"Off"（关断）状态，等待一段时间后转入"On"状态，关断持续时间同样取决于灯光明暗调控。RLL（Run Length Limited）码是游程长度受限的码，表 7-7 是 RLL 4B6B 编码映射表。这个 RLL 码有几个功能：①保证每一个码字的占空比总是 50%；②直流分量稳定；③具有一定的错误检测能力；④游程限制到 4；⑤具有一定的时钟恢复能力。所用的信道编码为 Reed-Solomon 码，定义在 GF（256）域上，原始多项式为 $x^8 + x^4 + x^3 + x^2 + 1$。

表 7-5　IEEE 802.15.7 第 II 类物理层配置

调制方式	RLL 码	光时钟频率 /MHz	信道编码	传输速率 /（Mbit/s）
VPPM	4B6B	3.75	RS(64, 32)	1.25
			RS(160, 128)	2
		7.5	RS(64, 32)	2.5
			RS(160, 128)	4
			无	5
OOK	8B10B	15	RS(64, 32)	6
			RS(160, 128)	9.6
		30	RS(64, 32)	12
			RS(160, 128)	19.2
		60	RS(64, 32)	24
			RS(160, 128)	38.4
		120	RS(64, 32)	48
			RS(160, 128)	76.8
			无	96

表 7-6　IEEE 802.15.7 第 III 类物理层配置

调制方式	光时钟速率 /MHz	信道编码	传输速率 /（Mbit/s）
4-CSK	12	RS(64, 32)	12
8-CSK		RS(64, 32)	18
4-CSK	24	RS(64, 32)	24
8-CSK		RS(64, 32)	36
16-CSK		RS(64, 32)	48
8-CSK		无	72
16-CSK		无	96

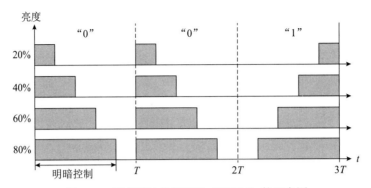

图 7-37　可变脉冲位置调制（VPPM）的示意图

表 7-7　RLL 4B6B 编码映射表

4B（输入）	6B（输出）	十六进制
0000	001110	0
0001	001101	1
0010	010011	2
0011	010110	3
0100	010101	4
0101	100011	5
0110	100110	6
0111	100101	7
1000	011001	8
1001	011010	9
1010	011100	A
1011	110001	B
1100	110010	C
1101	101001	D
1110	101010	E
1111	101100	F

　　第Ⅲ类物理层配置利用了可见光的光谱特征，采用多色键控调制（Color Shift Keying，CSK），在光时钟频率较低（即光源调制带宽较窄）的情况下，尽量增加传输速率，适用于非白光照明的场景。图 7-38 是 CSK 发端系统的框图。数据经过扰码器和信道编码之后，进行多色编码。

　　颜色编码的原理是对典型颜色进行编码索引。表 7-8 罗列了可见光 7 段颜色谱的波长范围、中心波长和 xy 颜色坐标系中的位置。注意，这 7 段光谱并不完全对应于我们通常说的红、橙、黄、绿、青、蓝、紫的谱段，存在红光谱段的 xy 颜色坐标不易分辨的现象。

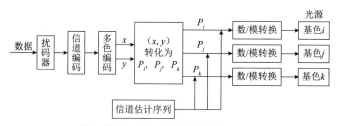

图 7-38　IEEE 802.15.7 第Ⅲ类物理层配置的多色键控调制（CSK）发端系统的框图

表 7-8　可见光 7 段颜色谱的波长范围、中心波长和 *xy* 颜色坐标系中的位置

颜色谱的波长范围 /nm	中心波长 /nm	(*x*, *y*)
380 ～ 478	429	(0.169, 0.007)
478 ～ 540	509	(0.011, 0.733)
540 ～ 588	564	(0.402, 0.597)
588 ～ 633	611	(0.669, 0331)
633 ～ 679	656	(0.729, 0.271)
679 ～ 726	703	(0.734, 0.265)
726 ～ 780	753	(0.734, 0.265)

图 7-39 是可见光 7 段颜色谱的中心波长在 *xy* 颜色坐标系中的位置和编码索引。

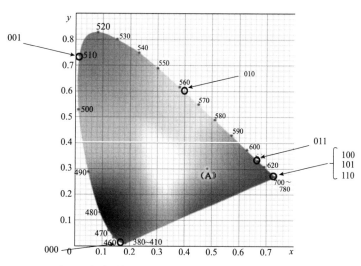

图 7-39　可见光 7 段颜色谱的中心波长在 *xy* 颜色坐标系中的位置和编码索引

根据光源器件和接收器件对颜色分辨能力，第Ⅲ类物理层配置对编码索引进行了优化，定义了 3 种粒度（或者是阶数）的 CSK 调制方式，每种典型颜色的 *xy* 坐标和编码映射如表 7-9 所示，在 *xy* 颜色坐标系中对应不同大小的星座。第一列是红、黄、蓝三基色的 *xy* 颜色坐标。

表 7-9　IEEE 802.15.7 中的多色编码（CSK）

三基色坐标（x,y）	码字对应颜色的 xy 坐标		
	4-CSK [数据码字]—(x_p, y_p)	8-CSK [数据码字]—(x_p, y_p)	16-CSK [数据码字]—(x_p, y_p)
			$[0\ 0\ 0\ 0]-(0.402, 0.597)$
			$[0\ 0\ 0\ 1]-(0.413, 0.495)$
			$[0\ 0\ 1\ 0]-(0.335, 0.298)$
			$[0\ 0\ 1\ 1]-(0.324, 0.400)$
		$[0\ 0\ 0]-(0.324, 0.400)$	$[0\ 1\ 0\ 0]-(0.623, 0.376)$
		$[0\ 0\ 1]-(0.297, 0.200)$	$[0\ 1\ 0\ 1]-(0.513, 0.486)$
$(x_i, y_i) = (0.734, 0.265)$	$[0\ 0]-(0.402, 0.597)$	$[0\ 1\ 0]-(0.579, 0.329)$	$[0\ 1\ 1\ 0]-(0.435, 0.290)$
$(x_j, y_j) = (0.402, 0.597)$	$[0\ 1]-(0.435, 0.290)$	$[0\ 1\ 1]-(0.452, 0.136)$	$[0\ 1\ 1\ 1]-(0.524, 0.384)$
$(x_k, y_k) = (0.169, 0.070)$	$[1\ 0]-(0.169, 0.007)$	$[1\ 0\ 0]-(0.402, 0.597)$	$[1\ 0\ 0\ 0]-(0.734, 0.265)$
	$[1\ 1]-(0.734, 0.265)$	$[1\ 0\ 1]-(0.169, 0.007)$	$[1\ 0\ 0\ 1]-(0.169, 0.007)$
		$[1\ 1\ 0]-(0.513, 0.486)$	$[1\ 0\ 1\ 0]-(0.247, 0.204)$
		$[1\ 1\ 1]-(0.734, 0.265)$	$[1\ 0\ 1\ 1]-(0.258, 0.101)$
			$[1\ 1\ 0\ 0]-(0.546, 0.179)$
			$[1\ 1\ 0\ 1]-(0.634, 0.273)$
			$[1\ 1\ 1\ 0]-(0.546, 0.179)$
			$[1\ 1\ 1\ 1]-(0.357, 0.093)$

通过表 7-9 的多色编码之后，每 2 个、3 个或者 4 个比特串变成 xy 颜色坐标中的某一个星座点，然后利用以下公式换算出该星座点的颜色应该用怎样的三基色强度配比 P_i、P_j 和 P_k 调和而成。之后，经过数 / 模转换，分别施加到相应的三基色光源上。

$$\begin{cases} x_p = P_i \cdot x_i + P_j \cdot x_j + P_k \cdot x_k \\ y_p = P_i \cdot y_i + P_j \cdot y_j + P_k \cdot y_k \\ P_i + P_j + P_k = 1 \end{cases} \tag{7-11}$$

信道估计序列主要用于可见光通信信道的估计，这里的信道不仅包含传播过程中周围背景光（改变接收到的光谱颜色等）和不同波长路损差异的影响，还包括光源和接收器件的非理想特性（三基色的纯度不够等）。通过信道估计，可以在接收侧做校准（图 7-40），以提高可见光信道的质量，提高传输速率。为保证信道估计的准确性，降低不同颜色之间的干扰，信道估计的序列是彼此正交的。具体地讲，由信道估计得到 3 行 3 列的信道矩阵，然后根据式（7-11）对各基色接收功率 P'_i、P'_j 和 P'_k 进行补偿，得到校准后的光强比例 P_i、P_j 和 P_k，再根据式（7-12）转化为 xy 颜色坐标，输入多色译码器，还原出编码比特。

$$\begin{bmatrix} P_i \\ P_j \\ P_k \end{bmatrix} = \begin{bmatrix} h_{ii} & h_{ij} & h_{ik} \\ h_{ji} & h_{jj} & h_{jk} \\ h_{ki} & h_{kj} & h_{kk} \end{bmatrix}^{-1} \begin{bmatrix} P'_i \\ P'_j \\ P'_k \end{bmatrix} \tag{7-12}$$

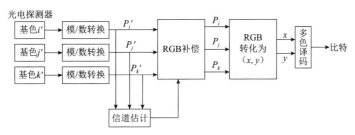

图 7-40　IEEE 802.15.7 第 III 类物理层配置的多色键控调制（CSK）收端系统框图

ITU-T G.9991[15] 是另一套支持室内可见光通信的标准，属于 ITU-T G 标准系列，主要用于住宅内的局域接入网。与 IEEE 802.15.7 标准不同，ITU-T G 标准的部署场景对传输速率要求更高，需要能够支持家庭宽度业务，传输速率与室内光纤相媲美，将近每秒百兆字节，成本压力较小，可以采用更高级、更复杂的物理层技术来提高信道的频谱效率。光源的调制带宽一般在 100 MHz 以上，如激光光源。ITU-T G.9991 对标的场景与 ITU-T G.9960[16] 十分类似，物理层协议有很多共同之处，例如：

（1）采用 OFDM 为基本波形，支持 512 点或 1024 点长的 FFT，子载波间隔约为 195 kHz，系统带宽为 100 MHz 或 200 MHz。

（2）偶数子载波采用 QPSK、16-QAM、64-QAM 等调制，奇数子载波采用 BPSK 或由 QAM 变种的星座映射，如图 7-41 所示，分别承载 3 bit 和 7 bit。其中，图 7-41（b）显示了如何将长方形星座图转化成交叉形星座图。

（3）采用准循环 LDPC（QC-LDPC）作为数据信道和包头的编码，支持的码率有 1/2、2/3、5/6、16/18、20/21。包头的信息比特块长度为 168 bit，数据信息比特块长度为 960 bit 和 4320 bit。最长的编码码块长度为 8640 bit。

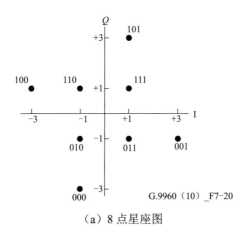

（a）8 点星座图

图 7-41　ITU-T G 系列中的奇数载波符号的星座图映射

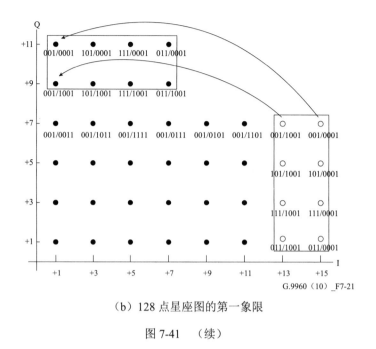

（b）128 点星座图的第一象限

图 7-41　（续）

相比用于有线传输的 ITU-T G.9960，ITU-T G.9991 考虑了光强信号非负实数特点，采用 DC-OFDM 或者 Layered-ACO-OFDM，最大支持叠加层数为 3。因此，在实际部署中，ITU-TG9961 的传输速率比 ITU-T G.9960 的传输速率有一定程度的降低。

7.3 感知通信一体化

···→ 7.3.1　感知通信一体化的基本特点

感知通信一体化（Joint Sensing and Communication，JSC）最初应用在军事领域。为了满足现代战争作战指挥的需求，同一作战平台需要安装各种侦察、干扰、探测、通信等设备，造成系统体积、能耗和质量增大，操作复杂，冗余加大，设备间的电磁干扰加重，系统性能下降等诸多问题。因此，实现感知通信一体化对作战装备的发展具有重要的军事意义。

感知通信一体化是解决上述问题的重要途径。感知通信一体化技术直接通过共享硬件平台实现频谱共享，不需要额外的信息交换。雷达和通信系统在硬件设备和基带处理上都包含了收发信机、信号处理模块和天线，使得设备的共用成为可能；雷达和通信均可进行数字信号处理，促进雷达和通信数字信号处理器的共用。此外，雷达和通信的工作频段趋于一致，这为实现雷达和通信天线共用奠定了基础。感知通信一体化是指在单个平台上能够同时实现雷达探测和数据传输，可以减小能耗，降低硬件成本，节约频谱资源。感知通信一体化这个概念是在有源相控阵雷达（APAR）的基础上发展起来的，APAR 的各种优点使这一概念成为可能[17]。

感知包含两层含义，第一层是"感"，即最基本的探测，主要对象是目标物体的距离、运动速度、空间位置角度、几何形状、表面材质等，这些好比通信物理层的信号检测，得出的是原始数据；第二层意义是"知"，即识别，是对探测到的原始物理量（距离、速度、角度、几何形状、表面材质等）进行预处理、计算、推理、识别、跟踪、综合判断，得出对目标的认知信息，其所需要的技术手段千差万别，很多大大超出通信领域的范畴，故不在本书中介绍。"感"这一层的物理感知量不一定是完全独立的，例如，一段时间内的平均运动速度可以通过头尾时间内所测得的距离差计算；根据两条以上的基站 - 用户链路的 LOS 射线的交点确定用户位置，以及用户与两个基站的距离，如图 7-42 所示。

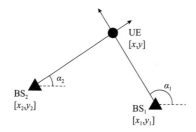

图 7-42　基于测量角度的定位和距离测量

1. 部署频段

从通信领域来看感知通信一体化，感知的引入会带来一定的频谱资源开销，以及相应硬件资源来完成感知功能。频谱资源，尤其是中低频段的授权频谱属于稀缺资源。然而，高精度的距离、速度等的感知需要较宽的频谱。以测距为例，其原理是测量发射波与回波之间的时延。以 OFDM 系统为例，距离测量的分辨率可以表示成

$$\Delta R = \frac{c}{2N\Delta f} \tag{7-13}$$

式中，N 是雷达信号所横跨的子载波数，Δf 是子载波间隔，c 是光速，$N\Delta f$ 代表雷达信号横跨的总带宽。再以测速为例，测速的原理是测量回波信号的多普勒频率，以计算目标的移动速度。测速的分辨率可以表示成

$$\Delta v = \frac{c}{2MT_s f_c} \tag{7-14}$$

式中，f_c 是载波频率，T_s 是脉冲重复周期，M 是脉冲数。MT_s 代表信号所需横跨的时间，时间越长对提高测速精度越有利，但会影响测速的实时性。对于运动速度变化很快的场景，MT_s 不宜很长。更有效的提高测速精度的方式是采用较高的载波频率。综上所述，感知在高频段更具有优势。还有一个原因是高频段通信需要用较大孔径的天线（或大规模的天线阵列）形成很细的波束来弥补严重的路径损耗，一方面窄波束有利于高分辨率的角度测量，如

$$\theta_{3dB} \approx 0.886 \frac{\lambda}{D} \tag{7-15}$$

式中，λ 为波长，D 为天线孔径。另一方面，高频信道的载波波长较短，散射和衍射效应较弱，传播信道具有较强的时域和空域的稀疏性，干扰较少。也是因为这个考虑，我们把感知通信一体化放在第 7 章介绍，其部署场景以高频段为主。

2. 资源开销

尽管高频段的频谱资源相对充裕，但为了良好的性能，感知所占的资源仍然比较多。以 OFDM 系统为例，测距的最大无模糊距离公式为

$$R_{max} = \frac{N_J c}{2N\Delta f} \tag{7-16}$$

式中，N_J 是下行定位参考信号（Positioning Reference Signal，PRS）所占用的子载波数目。PRS 在时域和频域中的图样如图 7-43 所示。可以看出，减少 PRS 在频域中所占的子载波数目虽然有利于降低 PRS 在频域中的开销，但带来的问题是测距范围减小。

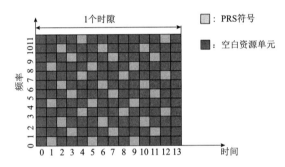

图 7-43　下行定位参考信号（PRS）在时域和频域中的一种图样

在时域资源方面，从式（7.14）看出高分辨率的测速需要信号横跨较长的时间。另外，测速也存在最大无模糊速度的限制，如下面公式所示。

$$v_{max} = \frac{M_J c}{2MT_s f_c} \tag{7-17}$$

式中，M_J 是在时域中间隔插入的 PRS 信号所在的点数。可以看出，降低 PRS 在一个脉冲周期内的时域资源数（OFDM 符号数），会减小测速的范围。因此，无论从测距范围和测速范围，以及测距精度和测速精度来看，感知信号的开销需要大量的优化设计。

式（7-13）和式（7-14）反映的是在 LOS 环境且没有干扰、没有噪声的传播条件下，测距和测速所能达到的最高精度。通常情形下，回波信号很弱，接收信噪比（SNR）很低，这会导致测量误差。以 OFDM PRS 举例，在 PRS 信号每个时域脉冲里占用的点数 M_J、频域占用的子载波数目 N_J、时域脉冲数 M、横跨子载波数 N 和脉冲重复周期 T 给定时，距离估计和速度估计

的克拉美罗界（Cramer-Rao Lower Bound，CRLB）可以分别用式（7-18）和式（7-19）表示。

$$\text{CRLB}(R_r) = \frac{c^2 T^2}{\xi \cdot \text{SNR} \cdot (2\pi)^2} \cdot \frac{12}{MN(N_J-1)(7N_J+1)} \tag{7-18}$$

$$\text{CRLB}(v) = \frac{c^2}{\xi \cdot \text{SNR} \cdot (2\pi)^2 \cdot f_c^2 T^2} \cdot \frac{12}{MN(M_J-1)(7M_J+1)} \tag{7-19}$$

可以看出，测距精度和测速精度相互制约，但随着 SNR 的增大，测距和测速的误差下界在逐步减小。图 7-44 显示了距离估计和速度估计在不同信噪比条件下的克拉美罗界。

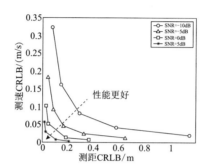

图 7-44　距离估计和速度估计在不同信噪比条件下的克拉美罗界

3. 设计考虑

其实，感知中的一些对象，如距离、空间位置角度等是可以通过传统移动通信系统测量的。在 3GPP，4G 开始就标准化了下行定位参考信号（PRS），通过测量相邻基站信号到达终端的时间差（Observed Time Difference of Arrival，OTDOA），可以计算出终端的位置（包括与基站的距离和相对空间角度）。到了 5G，OTDOA 方式的终端定位又进一步增强，基于毫米波的窄波束，明显提高了定位精度。另外，传统移动通信系统还可以采用不改变空口协议就能够实现的方式，对终端发射的探测参考信号（Sounding Reference Signal，SRS）到达基站的时间进行测量，得到多个基站到达时间差，然后计算出终端的位置。5G-Advanced 又引入终端与终端之间的通过互发参考信号的方式，进行近距离的定位，十分适用于车联网。因此，在感知通信一体化的研究当中，必须考虑：

（1）基于传统的主动感知（被感知物需要主动反馈测量结果）和基于雷达回波的被动感知的应用场景（如在感知环境、测距范围、测速范围、物体形状、表面质地／粗糙度等方面）是否有区别，是否处于互补的关系，特别是，传统的雷达回波场景是周围散射体较少，且运动速度较快的目标，如天空中的飞行物，采用的是大功率大孔径天线以形成极窄波束，而且信号带宽很大，持续时间极短。传统移动通信系统以地面覆盖为主，传播环境复杂，周围物体会造成大量的散射／衍射。另外，回波信号较弱，需要采用高增益天线或者长时间的信号强度积累才能达到探测门限。

（2）如果应用场景基本类似，基于需要证明雷达回波感知的优势，包括测距、测速、测角等性能方面，以及隐蔽性（被测物不知道）。付出的代价也要考虑，如 OTDOA 的发射 / 接收算法 / 流程可以大部分沿用蜂窝网已有的，但雷达回波感知的收发机算法与蜂窝网有明显区别，深度融合是有一些挑战的。此外，还应当考虑感知信号所需时频资源与 OTDOA 所需资源的对比等。

（3）雷达回波感知是一种无源的感知，被测物体本身不发射信号，对收到的电磁波只有散射 / 反射的效果，没有放大信号的功能，所以被测物体周围的物体会或多或少地把收到的波反射和散射回去，它们会干扰被测物体反射 / 散射回去的信号。当周围物体与被测物体都移动时，或者有多个被测运动物体时，就将面临目标识别的问题。感知本质上也是检测，当噪声和干扰较强时，会存在较高的漏检概率，而当检测阈值设得过低时，则会出现虚警情形。这两个方面要良好的折中。

⋯➔ 7.3.2　潜在波形

1. 4G/5G 参考信号的适配

4G 和 5G 系统下行定位参考信号（PRS）具备理想的自相关特性和图钉型模糊函数，如图 7-45 所示，可以复用为雷达探测信号，从而实现雷达感知、通信和定位一体化功能。

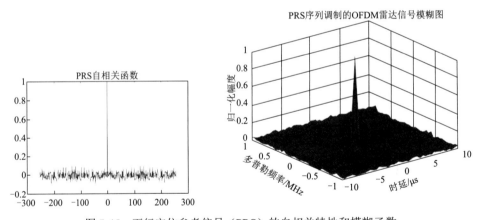

图 7-45　下行定位参考信号（PRS）的自相关特性和模糊函数

PRS 时域连续信号表达式为

$$x(t) = \sum_{m=0}^{M-1} \sum_{k=0}^{N_J-1} s(k,m) \times e^{j2\pi f_k t} \mathrm{rect}\left(\frac{t - mT_s}{T_s}\right) \tag{7-20}$$

PRS 频域上支持 comb2、comb4、comb6、comb12 四种 comb 形式，PRS 序列（调制域已知）在频率上等间隔，承载 PRS 符号的子载波频率 f_k 满足：

$$f_k = (K_{\mathrm{comb}}^{\mathrm{PRS}} \times k + k_0)\Delta f , \ k = 0, \cdots N_J - 1 , \ N_J = N / K_{\mathrm{comb}}^{\mathrm{PRS}} \tag{7-21}$$

采用二维 FFT 算法实现测速测距功能。理论上讲，不同 comb 形式可改变探测的最大无模糊距离，但保护间隔 CP 的限制会更加严格。PRS 时域上支持 2、4、6、12 四种符号数量配置。

comb2 和 comb4 理论上可以达到相同的测距精度，但是受信噪比的影响不同，如图 7-46 所示。在频率选择性较高的场景中，comb2 在中低信噪比的链路中性能较好，但是其性能优势随着信噪比的提高而逐渐减小。在时延扩展较小的场景中，尤其在高信噪比区域，comb4 则具有开销小的优势。

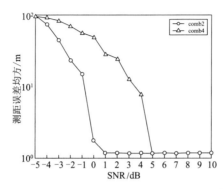

图 7-46　定位参考信号（PRS）在不同配置下的测距精度仿真结果

注意，定位参考信号（PRS）即使在 4G 和 5G 系统也是用于定位的，终端一般也不会将 PRS 作为通信信道的参考信号来进行处理，这对于系统的通信功能来说是一种额外的开销。为了更深层次地通信感知融合，4G 和 5G 系统中的解调参考信号（DeModulation Reference Signal，DMRS）或者信道状态信息参考信号（Channel State Information Reference Signal，CSIRS）也可以考虑用于回波式的测距和测速，使得 DMRS 或 CSIRS 在支持通信信道的同时，也被用于雷达感知。当然这需要大量的系统参数优化，以达到通信与感知的联合性能最大化。

2. 基于 OFDM 波形的优化增强

基于相位调制的 OFDM 系统，其子载波由特定的相位序列调制，在继承 OFDM 系统大带宽和高频谱利用率的同时，优化了模糊函数的主旁瓣比和信号包络性能，同时由于其灵活的波形设计，常常被用来降低 OFDM 信号的峰均比。基于相位调制的 OFDM 信号首先对比特流进行相位编码，将比特流转化成为一串相位编码序列，这个序列一般具有良好的相关性，对相位编码序列进行星座映射得到调制符号，最后将调制符号映射到多个 OFDM 符号的多个子载波上，可以表示为

$$x(t) = \sum_{n=0}^{N-1} \sum_{m=0}^{M-1} a_{nm} \text{rect}(t - mt_b) \exp(j2\pi n \Delta f t) \exp(j2\pi f_c t) \tag{7-22}$$

式中，f_c 是射频的载波频率，N 和 M 分别是子载波和码的数目，t_b 是码片时间，Δf 是子载波间隔，rect(.) 是矩形函数，a_{mn} 是相位编码序列。基于相位编码序列的选择在很大程度上影响着雷达的性能，选择自相关函数优良的相位编码序列可以降低模糊图的总体旁瓣水平。常用的相位

编码序列种类有二相码、多相码、调幅调相码（Huffman 码）、互补码。它们的特性如表 7-10 所示。在二相码中，Golay 序列和 m 序列比较普遍。

表 7-10   常用相位编码序列的对比

相位编码序列种类	编码过程	自相关函数旁瓣	信号包络性能
二相码	简单	较大	低
多相码	略复杂	稍大	低
调幅调相码	复杂	几乎没有	较大
互补码	复杂	码元连接处可降为 0	低

复杂电磁环境会导致部分频段无法使用，需要部分子载波空置，从而避开具有强干扰的频段信号，这会破坏基于相位调制的一体化信号的相关特性，需要合适的相位编码设计弥补。

3. 调频连续波

调频连续波（Frequency Modulated Continuous Wave, FMCW）是一种连续的线性调频信号，在雷达系统上应用比较广泛，其利用回波信号与发射信号作对比，获得差频信号，从而求目标的距离与速度信息。通常差频信号的频率较低，硬件处理简单，适合数字信号处理，而且 FMCW 雷达能做到收 / 发同时，理论上没有脉冲雷达的测距盲区问题。但是，FMCW 雷达为了满足同时收 / 发信号，要求收 / 发天线分离。由于收 / 发天线存在信号泄露，FMCW 雷达很难做到收 / 发天线隔离，导致 FMCW 雷达在早期发展缓慢。直至 20 世纪 80 年代，学术界对 LFMCW 雷达理论进行了分析并对其杂波抑制、距离速度耦合及动目标显示等问题进行深入研究之后，FMCW 雷达进入了较快的发展。到了 20 世纪 90 年代，随着微波毫米波固态器件和数字信号处理器的高速发展，FMCW 雷达实现了重大突破，使得 FMCW 雷达的制造成本更低、体积更小，从而具备了工程应用的价值。FMCW 雷达具有范围分辨率高、测量时间短和计算复杂性低的特点，已经被广泛应用于汽车领域，如自适应巡航控制系统、停车辅助系统。目前国内外学者对 FMCW 雷达的单目标测距算法的研究颇有成效，可以使单目标测距精度达到毫米级别，然而对 FMCW 雷达多目标测距的研究有待深入，多目标的测距精度有待提高。

如图 7-47 所示，FMCW 的信号时频图包括一个周期内发射信号及回波信号。f_t 表示发送信号频率，f_r 表示回波信号频率，t_s 为半个周期的扫频时长，B 为信号带宽，R 为目标距离，$t_d = 2R/c$ 表示回波信号时延。用 f_b 表示被探测目标静止时的发送信号与回波信号的差频，f_d 为目标运动时多普勒频移，$f_{bu} = f_b - f_d$，$f_{bd} = f_b + f_d$。

三角波 FMCW 信号的时域图如图 7-48 所示。一个周期信号由 Down-Chirp 与 Up-Chirp 组成。

通过时分的方式可实现 FMCW 波形与通信波形的共存，但是两者硬件一体化程度较低，不论对通信还是雷达感知来说，它们都不能连续工作，这使得雷达检测存在盲点，通信传输速率低下。

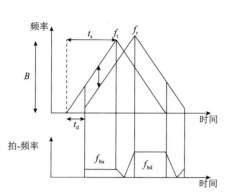

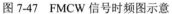

图 7-47　FMCW 信号时频图示意

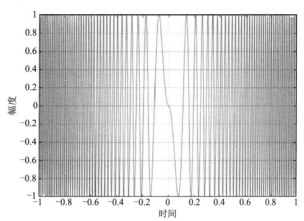

图 7-48　三角波 FMCW 信号的时域图

为了提升一体化信号的通信能力，文献 [18] 提出一种多载波 FMCW 雷达通信一体化波形，即正交频分复用 - 线性调频信号（OFDM-Linear Frequency Modulation，OFDM-LFM）。该波形将 OFDM 波形和调频连续波波形结合在一起，利用 OFDM 基带信号承载通信信息，使用调频连续波信号对 OFDM 基带信号进行上变频。接收端对一体化接收信号进行下变频获得基带信号，对基带信号采取基于 2D-FFT 的接收方案获得速度和距离信息，对基带信号解调获得通信信息。该方法联合利用 LFM 和 OFDM 信号，通过多载波调制提高频谱效率，同时有更好的距离多普勒分辨力。每个子载波信号均为 LFM 信号，用 $s_k(t)$ 表示第 k 个子载波的共享信号，其表达式如下。

$$s_k\left(t\right) = \text{rect}\left(\frac{t}{T_B}\right)\exp\left\{\text{j}2\pi\left(f_0 + f_k\right)t + \text{j}\pi r t^2\right\} \tag{7-23}$$

式中，f_k 表示第 k 个子载波频率，f_0 表示线性调频信号的中心频率，$r = B/T_B$ 表示调频率（调频深度），B 表示线性调频信号的带宽，T_B 表示线性调频信号的脉冲宽度，$\text{rect}(t/T_B)$ 表示单位矩形脉冲函数。将各个子载波信号求和，得到 OFDM-LFM 共享信号表达式为

$$s_{\text{OFDM-LFM}}\left(t\right) = \sum_{m=0}^{M-1}\sum_{k=1}^{K-1}d_{k,m}\text{rect}\left(\frac{t-\left(m-1\right)T_B}{T_B}\right)\exp\left\{\text{j}2\pi\left(f_0 + f_k\right)t + \text{j}\pi r t^2\right\} \tag{7-24}$$

式中，M 表示调制到每个子载波的码元数，d_{km} 表示调制在第 k 个子载波上的第 m 个码元。

基于 OFDM-LFM 的一体化信号具有良好的雷达探测性能和通信性能。但是在这个方法中，由于子载波信号的相位趋于一致，导致信号峰值变大，存在 PAPR 过高的问题，可以采用恒包络 OFDM（Constant Envelope OFDM，CE-OFDM）等技术解决。

⋯→ 7.3.3　回波接收机

在感知通信一体化的场景中，由于被感知物体的距离一般不是很远，如 1 km 以内。射频

硬件从发射状态转成接收状态需要切换时间，很难产生极短的感知信号脉冲，在独立感知的情形下（收发同源），发射波与回波难免发生自干扰，影响感知精度。考虑一个毫米波场景，载波频率为 28 GHz，ADC 的动态范围为 60 dB（10 bit 量化精度），接收机的噪声系数（Noise Factor，NF）为 10 dB，被测物体的截面积为 0.01 m²，视距传播环境（LOS）为主。图 7-49 是典型商用配置下的自干扰删除的最低要求与感知距离的关系。可以看出，当带宽为 400 MHz 时，探测距离 500 m 需要接收机具有 80 dB 左右的自干扰抑制能力。自干扰删除需要在射频域和空域完成，在高频场景，可以通过天线拉远＋隔离板的方式；在中低频场景，更适合射频域对消。此外，还可以考虑收发波束零陷设计。

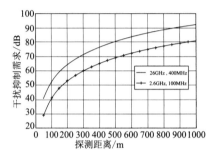

图 7-49　典型商用配置下的自干扰删除的最低要求与感知距离的关系

雷达回波感知算法有很多种，除了 2 维 FFT 算法，雷达领域经常用到 MUSIC 算法，其基本思想是将信号传输的信道建模成如下矩阵。

$$
\mathbf{D}=\begin{bmatrix} 1 & \exp\left(j2\pi T_{OFDM}\dfrac{2v_{rel}f_c}{c_0}\right) & \cdots & \exp\left(j2\pi(N_{sym}-1)T_{OFDM}\dfrac{2v_{rel}f_c}{c_0}\right) \\ \exp\left(-j2\pi\Delta f\dfrac{2R}{c_0}\right) & \exp\left(-j2\pi\Delta f\dfrac{2R}{c_0}\right)\exp\left(j2\pi T_{OFDM}\dfrac{2v_{rel}f_c}{c_0}\right) & \cdots & \exp\left(-j2\pi\Delta f\dfrac{2R}{c_0}\right)\exp\left(j2\pi(N_{sym}-1)T_{OFDM}\dfrac{2v_{rel}f_c}{c_0}\right) \\ \vdots & \vdots & \ddots & \vdots \\ \exp\left(-j2\pi(N_c-1)\Delta f\dfrac{2R}{c_0}\right) & \exp\left(-j2\pi(N_c-1)\Delta f\dfrac{2R}{c_0}\right)\exp\left(j2\pi T_{OFDM}\dfrac{2v_{rel}f_c}{c_0}\right) & \cdots & \exp\left(-j2\pi(N_c-1)\Delta f\dfrac{2R}{c_0}\right)\exp\left(j2\pi(N_{sym}-1)T_{OFDM}\dfrac{2v_{rel}f_c}{c_0}\right) \end{bmatrix}
\tag{7-25}
$$

被测物体的距离由时延计算而得，而时延在这个信道矩阵中的体现是每行引入固定相移；被测物体的速度由多普勒频移计算而得，而多普勒频移在这个信道矩阵中的体现是每列引入固定相移。MUSIC 方法实现测距和测速的过程大致如图 7-50 所示：分别取列向量和行向量，构成协方差矩阵，用 SVD 分解构建噪声子空间，进行谱峰搜索。

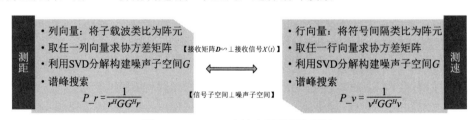

图 7-50　MUSIC 方法实现测距和测速

Root-MUSIC 是在 MUSIC 基础上的改进，构建多项式，噪声的影响体现在多项式的根在单位圆周围浮动，求解距离单位圆的最近 N 点，如图 7-51 所示。

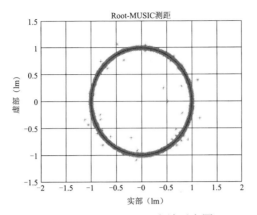

图 7-51　Root-MUSIC 方法示意图

总体来说，2D-FFT 算法具有相对较好的抗干扰能力，2D-FFT 与 MUSIC 的精度受到量化间隔的限制。Root-MUSIC 虽然达到一定精度，所需要的 SNR 较高，但随着 SNR 的增加，精度会持续提升。

···→ 7.3.4　通感信道模型与系统考虑

对于移动通信系统，业界最广泛使用的是基于几何的统计信道模型（Geometry-Based Statistical Model, GBSM）。在这种模型中，反射体和散射体的位置、大小和分布均基于大量测量统计而得，并不针对某一个具体的传播场景，以及某一个或者某几个特定的反射 / 散射物体。反射体和散射体也是抽象为一个散射簇或者一个散射簇中的没有特定形状和散射系数的散射体，本身不具有确定的物理电磁属性。对于回波感知系统，被测物体的形状、大小、材料质地、表面粗糙度等会对回波的强度、方向等产生重大影响，需要带有一定确定性的模型。除非采用极高分辨率的雷达或者综合孔径成像机制，被测物在雷达接收端呈现的是一个模糊的点。当距离一定时，这个点的强弱和大小在很大程度上取决于雷达截面积（RCS），而 RCS 包含了以上所列的物体形状、大小、材料质地、表面粗糙度等因素。

RCS 是目标在雷达接收方向上反射雷达信号能力的度量，一个目标的 RCS 等于目标在雷达接收天线方向上的单位立体角内反射的功率与入射到目标处的单位面积功率密度之比。简单来讲，RCS 可以表示为 σ = 目标投影截面积 × 目标表面反射率 × 反射方向性，单位是 dBsm。根据雷达波长与目标尺寸的相对关系，RCS 的特性大致分为 3 个区域来描述：①瑞利区，即目标尺寸远小于雷达波长，RCS 与观测角度关系不大，与雷达工作频率的 4 次方成正比；②谐振区，即目标尺寸与雷达波长相当或稍大，RCS 随频率变化而振荡变化，上下幅度可达 10 dB，而且由于目标形状的不连续性，RCS 随雷达观测角的变化而变化；③光学区，即目标尺寸大于雷达波长，如果目标形状简单，此时其 RCS 接近于光截面，目标或雷达的移动会造成视线角变化，导致 RCS 变化。

因此，感知信道建模的一个重要部分是被测物体 RCS 的建模，这里面既包含统计性参数，如一类材料的介电常数，一类表面粗糙度，一类形状，等等，也需要确定性的参数，如实际物体的长 / 宽 / 高尺寸、工作频段、测量距离等。图 7-52 是对长方形金属板 RCS 的实测结果，频段为毫米波 28 GHz，垂直入射和反射，测了 3 种尺寸的金属板，分别为 10×10 cm^2，15×15 cm^2 和 20×20 cm^2。对于 15×15 cm^2 的金属板，瑞利距离（近场与远场的转换点）是8.4m。可以看出，近场条件下的 RCS 与距离相关，远场条件下，金属板的 RCS 趋于平稳，分别在 10 dBsm、17 dBsm 和 22 dBsm 左右。

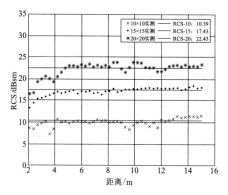

图 7-52　金属板 RCS 的实测结果

感知通信一体化系统中既有纯粹的通信信道，也有纯粹的回波感知信道，还有同时兼有通信和回波感知的信道，如图 7-53 所示。信道建模需要充分利用 GBSM 已有的模型，还要融入确定性建模的元素。

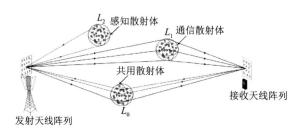

图 7-53　贴近真实场景传播特性的感知通信一体化信道模型示意图

与高空飞行物和空旷高速路车辆等的雷达探测场景不同，以地面环境为主的感知通信一体化系统通常有多个雷达发射端，同频同时发射时，会产生严重的干扰。考虑 26 GHz 毫米波波段，带宽为 400 MHz 的宏站同构网系统，每个基站配置 512 个收发天线单元，发射功率为 44 dBm，分别仿真了站间距为 100 m 和 300 m，以及 0° 和 11° 的基站天线下倾角的情形。从图 7-54 的结果可以发现，如果相邻的 3 个扇区基站同时发射雷达信号进行独立感知，会对邻扇区的接收机产生强烈的干扰，即使用 11° 的下倾角，90% 的 CDF 所对应的干扰水平也在 -7.6 dB（ISD = 300m）和 -10.7 dB（ISD = 100m）左右，远高于所能承受的 -27.6 dB 的干扰上限，因此需要关闭两个邻扇区，这会额外增加频谱资源的开销。

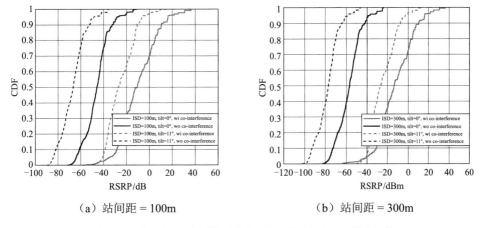

（a）站间距 = 100m　　　　　　　（b）站间距 = 300m

图 7-54　毫米波宏站同构网独立感知系统的互干扰仿真结果

干扰问题在车联网场景也是十分严重的问题，对感知通信一体化的设计提出严峻挑战。对于多车雷达的互干扰，一个比较简单的互干扰建模方式是基于均匀雷达截面积（RCS）模型[19]，即雷达探测信号照射的目标横截面在一段时间内无起伏、无变化，建模时视为固定的常数。但是，这个模型存在如下缺点：①雷达波的目标反射信息被遗弃。RCS 耦合程度低，造成回波不含有起伏特性，结果过于乐观，很难保证干扰建模的准确性。②雷达信道特征体现不明显。③造成目标识别能力缺失。④高频信号对起伏特性更敏感。

多车互干扰建模可以对直射干扰车辆进行更精确的刻画，包含 RCS 分布模型和车辆的随机性。例如，对于图 7-55 中的具有双向多条车道、多个直射干扰车辆、非干扰车辆、目标车辆、典型车辆等的车联网环境，考虑 RCS 的起伏，采用两种模型来描述：①针对具体场景特例的 Swerling I 模型；②更具有普适性的卡方模型[20]。

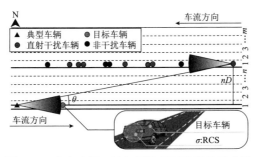

图 7-55　多车直射干扰与雷达截面积场景示意图

图 7-56 是多个直射干扰车辆场景下的目标探测能力与目标距离的推导和仿真结果。其中，图 7-56（a）是 Swerling I 模型下成功测距概率（Successful Ranging Probability, SRP）随目标距离的变化趋势，均匀分布模型[19]在这里作为基线，参数 λ 是单位距离内的车辆数量，体

现车辆密度。可以看出，Swerling I 模型的 SRP 衰减程度明显大于恒定 RCS 模型。随着车辆密度的增加，直射干扰越多，能够探测成功的目标距离越短。图 7-56（b）是卡方模型下成功测距概率随目标距离的变化趋势，以及与均匀分布模型的对比，相较于 Swerling I 模型，卡方模型的衰减程度更大，对典型车辆的探测性能影响更明显。

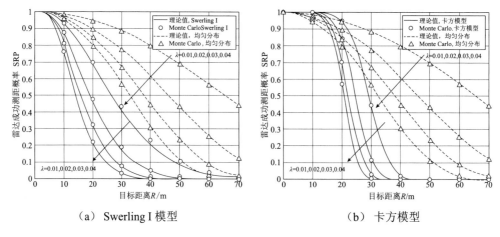

（a）Swerling I 模型　　　　　　　　　　（b）卡方模型

图 7-56　多个直射干扰的车辆网感知场景下的目标探测能力

在车联网感知场景中，除了直射干扰之外，还存在大量的反射干扰，如图 7-57 所示。反射干扰的角度和距离等在图 7-57 中有细节放大。采用具有普适性的卡方模型描述 RCS 起伏和几何构建同向车道迫近的车辆模型，可以直观反映反射干扰对雷达探测性能的影响程度。

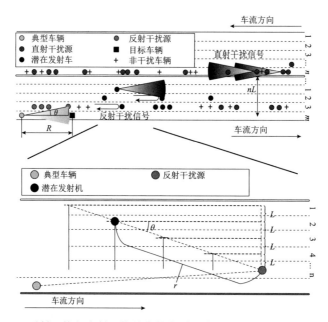

图 7-57　反射干扰与直射干扰共存的车联网感知场景示意图和局部放大图

利用基本的雷达方程近似建模潜在干扰点位置，结合反射干扰强相关条件下的毫米波雷达探测性能的上界与下界，推导和仿真在反射干扰与直射干扰共存场景下的目标探测能力，如图 7-58 所示。

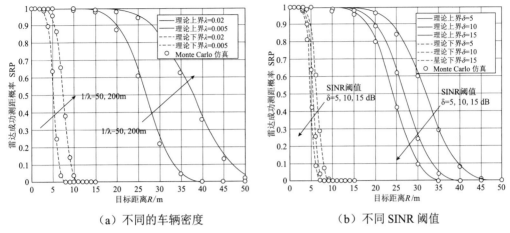

（a）不同的车辆密度　　　　　　　　　（b）不同 SINR 阈值

图 7-58　反射干扰与直射干扰共存的车辆网感知场景下仿真的目标探测能力

图 7-58（a）是当 SINR 阈值设为 5 dB 时不同的车辆密度条件下，成功测距概率（SRP）随目标距离的变化趋势，图 7-58（b）是在车辆密度一定（$\lambda = 0.01$）时，不同的 SINR 阈值下的成功测距概率随目标距离的变化趋势。可以看出，随着距离的增大，SRP 曲线快速下降。这表明无论是上界，还是下界，目标车辆的相对距离依然是影响雷达成功测距的主要因素。反射干扰的影响同样明显。在相同距离下，SINR 阈值越小，意味着典型车辆接收机对干扰抑制的要求越低。

到目前为止，所介绍的感知是独立感知，感知节点自发自收，本站自干扰强，需要一定的自干扰删除。如图 7-59 所示，协同感知是节点 A 发射感知信号，经探测目标反射，由节点 B 接收。协同感知的优点是无须自干扰删除，但存在一些挑战：①站间同步误差影响精度，需要消除同步误差影响；②需要相邻节点之间的紧密协同，尤其在多目标场景；③接收节点需要消除发射节点直射（未经目标反射）的信号。尽管可以通过收发节点选择合理的波束赋形来抑制，但这种直射干扰的强度还是有可能大大高于目标反射的信号功率。

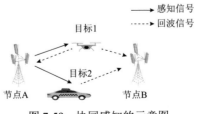

图 7-59　协同感知的示意图

协同感知的一个前提是大概知道目标相对节点 A 和节点 B 的位置角度信息，否则搜索空间太大。初步的角度信息可以通过各个节点的独立感知的方式得到；或者如图 7-60 的方式，对于节点 AP1，采用独立感知进行测距，确定等距的圆，再根据节点 AP2 收的时间，确定以 AP1 和 AP2 为焦点的椭圆，与以 AP1 为圆心的圆的两个交点就是被测目标的大致位置。

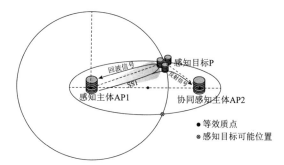

图 7-60   独立感知与协同感知结合来确定被测物体大致位置的示意图

参考文献

[1] KENNETH K, CHOI W, ZHONG Q, et al. Opening terahertz for everyday applications [J]. IEEE Communications Magazine, 2019, 57(8): 70-76.

[2] ZHANG J, ZHU M, LEI M, et al. Real-time 2 × 125.516 Gbps fiber-THz-fiber seamless transmission at THz band enabled by photonics [C]. Optical Fiber Comm. Conf. and Exhibition (OFC), 2022: 1-6.

[3] CHANG Z, Zhang J, TANG P, et al. Frequency-angle two-dimensional reflection coefficient modeling based on terahertz channel measurement [D/OL]. (2022-07-11)[2023-06-13], https://doi.org/10.48550/arXiv.2207.04596.

[4] TANG P, ZHANG J, TIAN H, et al. Channel measurement and path loss modeling from 220 GHz to 330 GHz for short-range wireless communications [J]. China Communications, 2021, 18(5):19-32.

[5] IEEE Std 802.15.3d. Standard for high data rate wireless multi-media networks—Amendment 2: 100 Gb/s wireless switched point-to-point physical layer [S]. 2017.

[6] KURNER T. Summary of results from TG3d link level simulations, IEEE 802.15-17-0039-04-003d [S]. 2017.

[7] PETROV V, KURNER T, HOSAKO I, IEEE 802.15.3d: First Standardization efforts for sub-terahertz band communications toward 6G [J]. IEEE Communications Magazine, 2020, 58(11): 28-33.

[8] ITU. WRC-19 Final Acts [R]. 2020.

[9] SHI J W, SHEU J K, CHEN C H, et al. High-speed GaN-based green light-emitting diodes with partially n-doped active layers and current-confined apertures [J]. IEEE Electron Device Letters, 2008, 29(2): 158-160.

[10] SHEN C, LEE C, NG T K, et al. High-speed 405-nm super luminescent diode (SLD) with 807-MHz modulation bandwidth [J]. Optics Express, 2016, 24(18): 20281-20286.

[11] LEE C, ZHANG C, CANTORE M, et al. 4 Gbps direct modulation of 450 nm GaN laser for high-speed visible light communication [J]. Optics Express, 2015, 23(12): 16232-16237.

[12] LEE C, SEHN C, OUBEI H M, et al. 2 Gbit/s data transmission from an unfiltered laser-based phosphor-converted white lighting communication system [J]. Optics Express, 2015, 23(23): 29779-29787.

[13] BAI R, HRANILOVIC S. Absolute value layered ACO-OFDM for intensity-modulated optical wireless channels [J]. IEEE Transactions on Communications, 2020, 68(11): 7098-7110.

[14] IEEE 802.15.7. Standard for local and metropolitan area networks—Part 15.7: short-range optical wireless communications [S]. 2018.

[15] ITU-T G.9991. High-speed indoor visible light communication transceiver—system architecture, physical layer and data link layer specification [S]. 2016.

[16] ITU-T G.9960. Unified high-speed wireline based home networking transceivers—system architecture and physical layer specification [S]. 2016.

[17] QUAN S, QIAN W, Gu J, et al. Radar-communication integration: An overview [C]. The 7th IEEE/International Conference on Advanced Infocomm Technology, 2014: 98-103.

[18] 宋换荣 . FMCW 雷达料位仪信号处理系统的研究及应用 [D]. 南京林业大学，2007.

[19] AL-HOURANI A, EVANS R J, KANDEEPAN S, et al. Stochastic geometry methods for modeling automotive radar interference [J]. IEEE Trans. on Intelligent Transportation Systems, 2016, 19(2): 333-344.

[20] FANG Z, WEI Z, CHEN X, et al. Stochastic geometry for automotive radar interference with RCS characteristics [J]. IEEE Wireless Comm. Letters, 2020, 9(11): 1817-1820.

[21] FANG Z, WEI Z, MA H, et al. Analysis of automotive radar interference among multiple vehicles [C]. IEEE Wireless Comm. and Networking Conf. Workshops (WCNCW), 2020: 1-6.